Anderson de Oliveira Ribeiro

INTRODUÇÃO À ASTROFÍSICA

intersaberes

SÉRIE DINÂMICAS DA FÍSICA

Rua Clara Vendramin, 58 . Mossunguê . CEP 81200-170 . Curitiba . PR . Brasil
Fone: (41) 2106-4170
www.intersaberes.com
editora@intersaberes.com

Conselho editorial
Dr. Alexandre Coutinho Pagliarini
Dr.ª Elena Godoy
Dr. Neri dos Santos
M.ª Maria Lúcia Prado Sabatella

Editora-chefe
Lindsay Azambuja

Gerente editorial
Ariadne Nunes Wenger

Assistente editorial
Daniela Viroli Pereira Pinto

Preparação de originais
Letra & Língua Ltda. - ME

Edição de texto
Arte e Texto Edição e Revisão de Textos
Caroline Rabelo Gomes

Capa
Débora Gipiela (*design*)
naratrip/Shutterstock (imagem)

Projeto gráfico
Débora Gipiela (*design*)
Maxim Gaigul/Shutterstock (imagens)

Diagramação
Rafael Ramos Zanellato

Iconografia
Maria Elisa Sonda
Regina Claudia Cruz Prestes

Dados Internacionais de Catalogação na Publicação (CIP)
(Câmara Brasileira do Livro, SP, Brasil)

Ribeiro, Anderson de Oliveira
 Introdução à astrofísica / Anderson de Oliveira Ribeiro. -- Curitiba, PR : InterSaberes, 2024. -- (Série dinâmicas da física)

 Bibliografia.
 ISBN 978-85-227-0773-7

 1. Astrofísica I. Título. II. Série.

23-170407 CDD-523.01

Índices para catálogo sistemático:
1. Astrofísica : Astronomia 523.01

Cibele Maria Dias – Bibliotecária – CRB-8/9427

1ª edição, 2024.

Foi feito o depósito legal.

Informamos que é de inteira responsabilidade do autor a emissão de conceitos.

Nenhuma parte desta publicação poderá ser reproduzida por qualquer meio ou forma sem a prévia autorização da Editora InterSaberes.

A violação dos direitos autorais é crime estabelecido na Lei n. 9.610/1998 e punido pelo art. 184 do Código Penal.

Sumário

Prefácio 7
De onde viemos? 9
Como aproveitar ao máximo esta viagem pelo cosmos 12

História e evolução da astronomia 16

1.1 Visão da astronomia dos povos da Antiguidade 19
1.2 Astrônomos da Grécia Antiga 25
1.3 Origem das constelações 38
1.4 Observação a olho nu 46
1.5 Revolução copernicana 54

Métodos e instrumentos observacionais 87

2.1 Esfera celeste e coordenadas astronômicas 90
2.2 Gnômon, astrolábio, sextante e luneta 100
2.3 Telescópios e supertelescópios 116
2.4 Sondas e telescópios espaciais 126
2.5 Natureza da luz e a astrofísica observacional 148

Astrofísica do Sistema Solar 178

3.1 Inventário do Sistema Solar 180
3.2 Origem do Sistema Solar 191
3.3 Evolução primordial do Sistema Solar 200
3.4 Astrofísica dos planetas e planetas anões 205
3.5 Astrofísica de luas, anéis e pequenos corpos do Sistema Solar 224

Estrelas 256

    4.1 O que são estrelas? 258

    4.2 Astrofísica estelar 260

    4.3 Tipos estelares 278

    4.4 Formação e evolução das estrelas 283

    4.5 Estrelas e a implicação na evolução do Universo 297

Galáxias 318

    5.1 Nascimento das galáxias 321

    5.2 Classificação das galáxias 335

    5.3 Massa e dinâmica das galáxias 341

    5.4 Grupos e aglomerados de galáxias 346

    5.5 Superaglomerados de galáxias 357

Grandes estruturas, objetos exóticos e cosmologia 370

    6.1 Meio interestelar 372

    6.2 Exoplanetas 379

    6.3 Buracos negros 394

    6.4 Quasares 404

    6.5 Magnetares 407

    6.6 Cosmologia 412

Para onde vamos? 446

Glossário 449

Referências 458

Segredos universais comentados 476

Gabarito galáctico 480

Sobre o autor 497

Dedicatória

Em memória de Nanci do Carmo de Oliveira Ribeiro e de Ademostano Ribeiro.

Epígrafe

"Acho que a física moderna definitivamente decidiu em favor de Platão. Na verdade, as menores unidades de matéria não são objetos físicos no sentido comum da palavra, elas são formas, estruturas ou – em termos platônicos – ideias que podem ser expressas sem ambiguidade apenas na linguagem matemática".

(Werner Heisenberg, 2001, p. 52, tradução nossa)

Prefácio

Quando os primeiros astrônomos do solo árido da Mesopotâmia miraram o céu noturno, certamente não imaginaram que o prazer da contemplação da noite estrelada se converteria na mais arrebatadora das ciências modernas: a astronomia. Em uma saga de quase quatro mil anos, saltamos das primeiras tábuas de argila que indicavam a posição dos astros para uma era de impressionante tecnologia, que impulsiona sondas interplanetárias para os confins do Sistema Solar e propicia a geração de imagens quase surreais, obtidas com os novos telescópios espaciais. Em *Introdução à astrofísica*, Anderson de Oliveira Ribeiro nos brinda com esta senda repleta de desafios, mágicas descobertas e inesgotáveis deslumbramento e curiosidade da humanidade ante os segredos do cosmos.

De onde viemos, para onde vamos, qual o futuro da Terra e do próprio Universo? Essas questões tão antigas quanto a história do *homo sapiens* continuam batendo à porta, e a astronomia teve o esmero e a audácia de investigar a fundo esses debates que povoam o imaginário humano para além dos círculos acadêmicos da filosofia. Se as grandes respostas ainda nos escapam, é preciso olhar mais longe. Entretanto, descobrimos e aprendemos muita coisa durante esta trajetória, seja através das lentes oculares dos telescópios, seja através da mente de cada astrônomo ou astrônoma, que nos incitou a olhar sempre além. De Galileu a Hubble, entendemos o balé dos planetas, a fulgência do brilho solar, a Lua ao compasso das marés, as estrelas e suas fábricas químicas incessantes e os recentes e impactantes cenários de descobertas advindos da astrobiologia, da cosmologia e dos exoplanetas.

Esta obra, introdutória sobre temas de permanente interesse em astronomia, é também profusa de questionamentos acerca do avanço do pensamento humano sobre o Universo. Didática e concebida para proporcionar um aprendizado salutar e gradual, ela convida o leitor a embarcar na mais emocionante viagem através do Sistema Solar, da Via Láctea, das nebulosas e supernovas, da misteriosa energia escura e da imensidão do infinito.

Boa leitura!

Dr. Daniel R. C. Mello

Astrônomo e coordenador de Extensão Universitária do Observatório do Valongo da Universidade Federal do Rio de Janeiro (OV/UFRJ).

De onde viemos?

Bem-vindos a uma jornada fascinante através do vasto universo! Nesta obra, convidamos você a mergulhar no conhecimento milenar que moldou nossa compreensão do cosmos e a explorar os segredos das estrelas, galáxias e objetos exóticos que pontuam o espaço sideral. Antes de partirmos para a exploração do Universo, preparamos o cenário perfeito para sua jornada cósmica. Aqui, você descobrirá como aproveitar ao máximo o conteúdo deste livro e entenderá o contexto histórico da astronomia e da astrofísica, que nos trouxe até onde estamos hoje.

Faremos uma viagem ao passado para explorar a visão que os povos da Antiguidade tinham do céu estrelado. Você conhecerá os grandes astrônomos da Grécia Antiga, a origem das constelações e o marco que foi a revolução copernicana. Mergulharemos na fascinante variedade de instrumentos que nos permitem explorar o cosmos. Desde os primitivos gnômon, astrolábio e sextante até os poderosos telescópios espaciais, você entenderá como a tecnologia impulsionou nossa compreensão do universo e como a natureza da luz desempenha um papel fundamental na astrofísica observacional.

Nosso sistema solar é o lar de planetas, luas, planetas anões e uma infinidade de pequenos corpos celestes; assim, faremos um inventário detalhado, explorando a origem e evolução de cada componente. Prepare-se para desvendar os mistérios do nosso pequeno cantinho no espaço. As estrelas são os astros mais brilhantes do céu noturno e são fundamentais para a vida como a conhecemos. Aqui, você entenderá o que são as estrelas, aprenderá sobre sua astrofísica e descobrirá os diferentes tipos estelares e como elas nascem e evoluem ao longo do tempo.

Estamos longe de estar sozinhos no universo. Viajaremos além das estrelas para explorar as galáxias. Entenderemos o nascimento dessas imensas estruturas, sua classificação e a fascinante massa e dinâmica que as impulsionam. Além disso, veremos como elas se organizam em grupos, aglomerados e superaglomerados. Finalmente, chegamos às fronteiras mais exóticas do cosmos. Exploraremos o meio interestelar, descobriremos exoplanetas em sistemas distantes, desvendaremos os segredos dos buracos negros, quasares e magnetares e, por fim, faremos uma imersão na vastidão da cosmologia.

A obra abrange um amplo escopo acadêmico, apresentando um panorama histórico da evolução da astronomia desde as antigas civilizações até os avanços contemporâneos da astrofísica. O livro busca fornecer aos leitores uma sólida compreensão dos principais conceitos, teorias e métodos observacionais utilizados na exploração do Universo. Com enfoque na astrofísica do Sistema

Solar, das estrelas e das galáxias, o texto aprofunda-se na análise detalhada das propriedades e características desses corpos celestes. Destinado tanto a estudantes de astronomia e astrofísica quanto a entusiastas do universo, este livro busca instigar a curiosidade científica e a paixão pela exploração do espaço sideral.

Como aproveitar ao máximo esta viagem pelo cosmos

Empregamos nesta obra recursos que visam enriquecer seu aprendizado, facilitar a compreensão dos conteúdos e tornar a leitura mais dinâmica. Conheça a seguir cada uma dessas ferramentas e saiba como elas estão distribuídas no decorrer deste livro para bem aproveitá-las.

Introdução a esta dimensão
Logo na abertura do capítulo, informamos os temas de estudo e os objetivos de aprendizagem que serão nele abrangidos, fazendo considerações preliminares sobre as temáticas em foco.

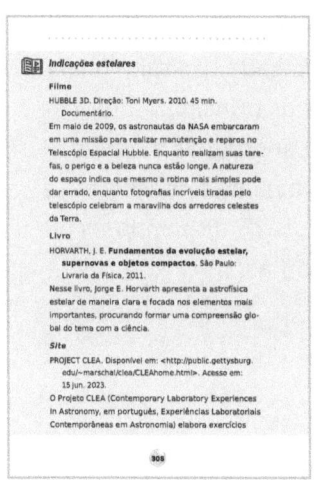

Indicações estelares

Para ampliar seu repertório, indicamos conteúdos de diferentes naturezas que ensejam a reflexão sobre os assuntos estudados e contribuem para seu processo de aprendizagem.

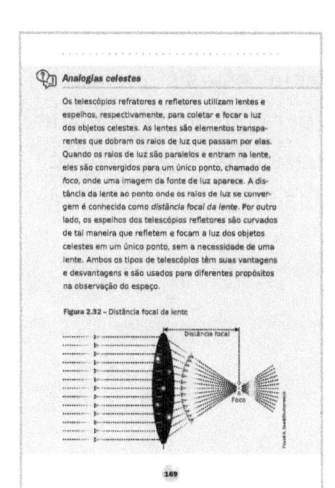

> **Indicações estelares**
>
> **Filme**
> HUBBLE 3D. Direção: Toni Myers. 2010. 45 min. Documentário.
> Em maio de 2009, os astronautas da NASA embarcaram em uma missão para realizar manutenção e reparos no Telescópio Espacial Hubble. Enquanto realizam suas tarefas, o perigo e a beleza nunca estão longe. A natureza do espaço indica que mesmo a rotina mais simples pode dar errado, enquanto fotografias incríveis tiradas pelo telescópio celebram a maravilha dos arredores celestes da Terra.
>
> **Livro**
> HORVARTH, J. E. **Fundamentos da evolução estelar, supernovas e objetos compactos**. São Paulo: Livraria da Física, 2011.
> Nesse livro, Jorge E. Horvarth apresenta a astrofísica estelar de maneira clara e focada nos elementos mais importantes, procurando formar uma compreensão global do tema com a ciência.
>
> **Site**
> PROJECT CLEA. Disponível em: <http://public.gettysburg.edu/~marschal/clea/CLEAhome.html>. Acesso em: 15 jun. 2023.
> O Projeto CLEA (Contemporary Laboratory Experiences in Astronomy, em português, Experiências Laboratoriais Contemporâneas em Astronomia) elabora exercícios

Analogias celestes

Disponibilizamos, nesta seção, exemplos para ilustrar conceitos e operações descritos ao longo do capítulo a fim de demonstrar como as noções de análise podem ser aplicadas.

> **Analogias celestes**
>
> Os telescópios refratores e refletores utilizam lentes e espelhos, respectivamente, para coletar e focar a luz dos objetos celestes. As lentes são elementos transparentes que dobram os raios de luz que passam por elas. Quando os raios de luz são paralelos e entram na lente, eles são convergidos para um único ponto, chamado de foco, onde uma imagem da fonte de luz aparece. A distância da lente ao ponto onde os raios de luz se convergem é conhecida como *distância focal da lente*. Por outro lado, os espelhos dos telescópios refletores são curvados de tal maneira que refletem e focam a luz dos objetos celestes em um único ponto, sem a necessidade de uma lente. Ambos os tipos de telescópios têm suas vantagens e desvantagens e são usados para diferentes propósitos na observação do espaço.
>
> Figura 2.32 – Distância focal da lente

Universo sintetizado

Ao final de cada capítulo, relacionamos as principais informações nele abordadas a fim de que você avalie as conclusões a que chegou, confirmando-as ou redefinindo-as.

Autodescobertas em teste

Apresentamos estas questões objetivas para que você verifique o grau de assimilação dos conceitos examinados, motivando-se a progredir em seus estudos.

Evoluções planetárias

Aqui apresentamos questões que aproximam conhecimentos teóricos e práticos a fim de que você analise criticamente determinado assunto.

Segredos universais comentados

Nesta seção, comentamos algumas obras de referência para o estudo dos temas examinados ao longo do livro.

História e evolução da astronomia

1

O progresso do conhecimento humano pode ser medido pelo aumento do hábito de olhar os acontecimentos sob novos pontos de vista, tanto pelo acúmulo de fatos quanto pelo entendimento de como esses fatos se relacionam. A capacidade mental de uma idade não parece diferir da de outras; mas é a imaginação de novos pontos de vista que dá um alcance mais amplo a essa capacidade. Isso é cumulativo e, portanto, progressivo. Aristóteles via o Sistema Solar como um problema geométrico; Kepler e Newton converteram o ponto de vista em um ponto de vista dinâmico. A capacidade mental de Aristóteles para compreender o significado dos fatos ou para criticar um raciocínio pode ter sido igual à de Kepler ou de Newton, mas o ponto de vista era diferente.

A astronomia é a mais antiga das ciências naturais e contribuiu muito para a expansão da capacidade de entendimento do ser humano. Nos primórdios da astronomia, sua evolução tinha uma relação direta com crenças e práticas religiosas, mitologias, cosmogonias e astrologia e começou a ser dotada de um caráter científico após a revolução copernicana.

Em termos filosóficos, o alcance da imaginação humana ao ver as estrelas intocáveis superava em muito o alcance dos olhos do observador. Isso é uma coisa perfeitamente óbvia quando você considera que olhar para o céu a olho nu dá uma imagem que é aparentemente em duas dimensões, ou seja um plano com todos os objetos dispostos nele. Era razoável, portanto, supor que o mundo estivesse envolto em uma esfera sobre a qual estrelas e planetas estavam fixados, aparentemente movendo-se juntos pelo céu noturno. Não passou despercebido que algumas das estrelas pareciam se mover independentemente da maioria das estrelas. Essas estrelas ficaram conhecidas como *estrelas errantes* muito antes de se perceber que eram planetas. Outra percepção era de que a Lua era um disco, já que só nos apresentava uma única face. As observações simples feitas a olho nu geraram duas motivações para a análise detalhada da dinâmica do céu. A primeira era a mais humana de todas: a curiosidade. A segunda era bem mais prosaica: a economia.

Acredita-se que a astronomia tenha surgido primeiramente como uma forma de observar e prever eventos astronômicos, como eclipses solares e lunares, para marcar datas importantes no calendário, para a navegação marítima, para a agricultura, além de motivos religiosos e culturais. Contudo, a curiosidade foi, e ainda é, de longe, a mais importante a longo prazo, mas, inicialmente, a maioria das observações sistemáticas estava associada à definição do ano em benefício da cobrança precisa dos impostos; sim, os impostos remontam à Antiguidade. Para os governos da época, conhecer a data em termos de sua posição dentro de um ciclo solar tornou-se importante para a cobrança de impostos. Certificar-se de que os impostos sejam recolhidos na época certa do ano a cada ano exigia um calendário confiável. Neste capítulo, exploraremos com mais detalhes os pontos principais dessa aventura científica de descoberta dos mecanismos de funcionamento do Universo.

1.1 Visão da astronomia dos povos da Antiguidade

Os registros sobre a impressão dos céus do homem primitivo são muito escassos, e os poucos achados são principalmente desenhos de eclipses, cometas e supernovas. No entanto, o homem primitivo claramente tinha uma relação cosmogônica com o céu. Uma das primeiras observações astronômicas registradas, que foi revelada em 2022, é o disco do céu de Nebra. O disco de 32 centímetros de diâmetro e decorado com elementos dourados que simulam o Sol, a Lua e as estrelas é uma das mais antigas representações visuais do céu conhecida – sua datação é controversa, porém está entre 1600 a.C. e 50 a.C.

Figura 1.1 – O disco do céu de Nebra: o artefato é considerado a mais antiga concepção de um fenômeno astronômico

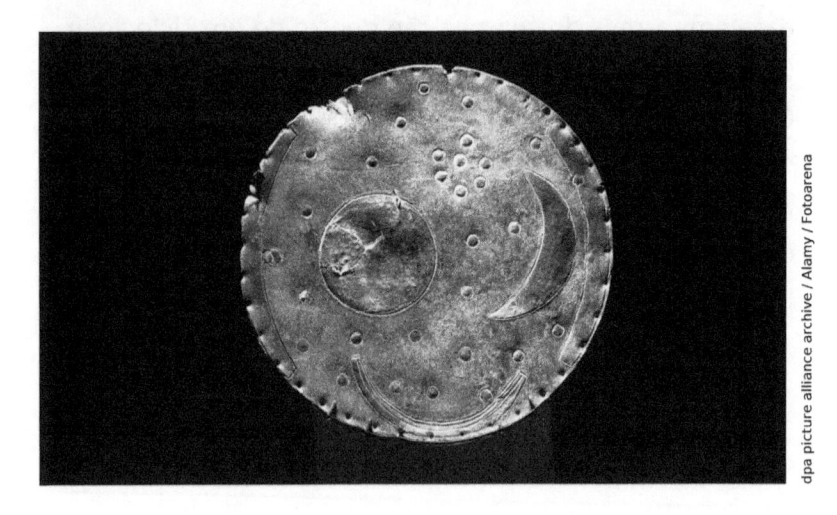

dpa picture alliance archive / Alamy / Fotoarena

Outro exemplo de registro do céu pelos povos antigos é um relógio de estrelas na pintura da parede de uma sepultura encontrada dentro da necrópole Tebas na província de Qena, no Egito, que remonta ao ano de 1463 a.C. O diagrama celestial descoberto nas escavações realizadas entre 1925 e 1927 orientadas por Herbert Winlock consistia em um painel do norte e do sul que representava constelações circumpolares na forma de discos, as quais estão dispostas em 24 seções indicando um período de 24 horas. Uma das constelações presentes no diagrama está correlacionada com a Ursa Maior e as demais não apresentam correlações com as constelações modernas.

Figura 1.2 – Diagrama celeste encontrado na tumba de Senenmut

WILKINSON, K. **Astronomical Ceiling**. c. 1479-1458 a.C. Têmpera sobre papel, 74,6 × 58,1 cm. The Metropolitan Museum of Art, Nova Iorque (EUA).

Os chineses foram os observadores meticulosas de cometas e outros fenômenos como estrelas novas, meteoros, auroras, eclipses e manchas solares desde Antiguidade, e esses dados foram preservados até os dias de hoje. São deles, de longe, a fonte mais importante de dados astronômicos confiáveis cobrindo um período de cerca de 1100 a.C. a cerca de 1700 d.C. A maioria dos cometas catalogados até o século XV depende de dados coletados por astrônomos chineses, com pequenas contribuições de astrônomos coreanos e japoneses. Os chineses se referiam aos cometas como *estrelas de vassoura*, *estrelas cintilantes* e, mais tarde, eles passaram a chamá-las de *estrelas de cauda longa*. Possivelmente, em alguns casos, não está claro se os objetos registrados eram cometas, estrelas novas ou meteoros.

Existem fortes indicações de que os babilônicos tenham mantido registro de aparições de cometas, embora, desses dados, muito poucos tenham chegado até nós de maneira direta. O mesmo pode ser dito das civilizações mesoamericanas (maias, astecas e outros povos), das quais pouquíssimos documentos sobreviveram até o presente em razão, principalmente, da devastação dos povos invasores que destruíram quase completamente sua cultura. As informações incompletas que nos chegaram apontam que os cometas eram vinculados a presságios de calamidades iminentes.

A descoberta feita na região da Caxemira de uma arte rupestre de 5 mil anos foi vinculada à representação de uma supernova (Figura 1.3). A arte descreve o que parece ser um mapa celeste, no qual são observados dois objetos brilhantes no céu com figura de animais e humanos. Primeiro, os dois objetos na cena foram interpretados como o Sol e a Lua ou duas estrelas brilhantes próximas, mas, depois, foi demonstrada a possibilidade de que isso poderia ser um registro de uma estrela supernova. Pesquisas em catálogo de supernovas reportam eventos que podem ter o brilho comparável ao do Sol ou da Lua e próximo da eclíptica entre 2000 a.C. e 10000 a.C. dentro da data estimada para as artes. Apenas um remanescente de supernova HB9 satisfaz essa condição. Além de ser datado de 4600 a.C., sua magnitude aparente no pico do brilho deve ter sido próxima à da Lua. Em seguida, fez-se uma comparação das estrelas próximas de HB9 com os detalhes talhados na pedra, e, por surpresa, os objetos da cena se encaixam muito bem no padrão das estrelas no céu.

Figura 1.3 – Esboço da arte rupestre em pedra de Burzahom

No entanto, como citamos na introdução do capítulo, a definição de um calendário era um dos objetivos emanentes do aumento de conhecimento do Universo. Era razoável, dada a memória humana dos ciclos diários (dias e noites), mensais (fases da Lua) e anuais como os das estações, correlacionar esses eventos celestes com épocas específicas de dado intervalo de tempo. Dessa forma, o calendário babilônico foi criado. Sua primeira implementação demonstrou imediatamente a dificuldade em contar com um único ciclo astronômico para um calendário – nesse caso, as fases da Lua. Eles basearam seu calendário anual em meses lunares, que são cerca de 11 dias mais curtos do que um ano solar. Essa discrepância entre os calendários lunar e solar exigia a inserção de dias adicionais de tempos em tempos para ajustar a diferença. O número exato dependia do espaço entre as inserções. Sem esse processo, as datas-chave passariam no decorrer do ano. É por isso que o calendário islâmico, que não tem dias inseridos, tem a posição móvel do Ramadã anualmente.

O funcionamento cíclico dos calendários mais antigos são bem relatados e fazem um estudo interessante em si mesmos, mas, em astronomia, eles representam o primeiro uso adequado dos dados observados pelo homem. O aspecto fundamental e interessante é a escolha do início dos ciclos. Quando começa o mês e o ano? Costuma-se pensar que o ano sempre começou em 1º de janeiro em nosso calendário usual, mas, até a mudança para o calendário juliano corrigido, normalmente chamado de *calendário gregoriano*, o início do ano era diferente em diferentes civilizações, o mesmo argumento vale para os meses. Eles podem ser iniciados na lua cheia ou no primeiro avistamento da lua crescente; o início é arbitrário e sem consequências, desde que todo o ciclo termine no mesmo ponto, porém tem de haver um início.

Uma vez que esses ciclos foram claramente reconhecidos, tornou-se possível definir matematicamente os eventos celestes e desenvolver uma melhor compreensão do céu observável; e é neste ponto que novas perguntas surgem e que serão respondidas com o ganho de conhecimento, principalmente em razão dos instrumentos de observação do céu, em particular o telescópio. Aparentemente, eram perguntas simples, como: Por que a Lua e o Sol não caem na Terra? Por que a Lua sempre apresenta a mesma face ao observador? A Lua era um disco? Todas essas perguntas deveriam fazer a mente dos homens borbulharem. Um fato importante é que não existem relatos de tentativas de explicação das causas que levavam à dinâmica observada no céu. As primeiras tentativas de explicar o Universo remontam a tempos antigos, quando as pessoas começaram a observar o céu noturno e a fazer perguntas sobre sua origem, composição e funcionamento. As explicações variavam de acordo com a cultura e a época, mas geralmente eram baseadas em mitos e histórias religiosas, o que será visto com detalhes a seguir.

1.2 Astrônomos da Grécia Antiga

Os gregos foram além do simples registro de fenômenos celestes e do uso de padrões repetidos para prever eventos e para a construção de calendários. Eles desenvolveram uma nova maneira de pensar, na qual, além da descrição, era fundamental a criação de modelos geométricos e trigonométricos para explicar fenômenos celestes. Esses modelos permitiram calcular a localização de objetos no céu dando um passo largo no entendimento do Universo. Embora o processo de modelagem tenha começado relativamente cedo entre os filósofos gregos, a aplicação da matemática a esses modelos levou vários séculos para se desenvolver de modo pleno.

Em trechos de *Ilíada*, escrita em torno de 800 a.C. por **Homero** (poeta épico da Grécia antiga), a Terra era imaginada como um disco plano e circular cercado por um grande rio, o Oceanus. Esse rio fluía em si mesmo e, por canais subterrâneos, produzia os outros rios do mundo. Sobre a Terra estava a abóbada hemisférica dos céus e, abaixo dela, a abóbada hemisférica do Tártaro. De acordo com essa visão, depois que os planetas se puseram, eles flutuaram em torno de Oceanus de volta ao leste, onde subiram novamente na noite seguinte.

Desenvolvidos pelos gregos, os sistemas cosmogônicos foram propostos por filósofos jônicos da cidade de Mileto, e algumas de suas especulações deram a direção para o pensamento grego posterior.

Tales de Mileto foi um filósofo pré-socrático da antiga cidade grega de Mileto, na Jônia (atual Turquia), conhecido por seu interesse em fenômenos naturais e suas tentativas de explicar o mundo natural por meios racionais, em vez de confiar em mitos e superstições (Deutsche Digitale Bibliothek, 2023).

Figura 1.4 – Tales de Mileto

André Muller

O mais antigo entre os filósofos jônicos foi Tales (~624 a.C.-~547 a.C.), que se destacou em várias áreas: astronomia, matemática, política e negócios. Ele descreveu um ano de 365 dias, escreveu sobre os solstícios e equinócios e previu um eclipse solar que ocorreu em 585 a.C. Para Tales, o elemento primário era a água, da qual resultaram os outros elementos: terra da condensação, ar da rarefação e fogo do aquecimento. Ele via a Terra como um disco plano ou cilíndrico flutuando na água, uma ideia que ele pode ter aprendido em sua trajetória de formação intelectual (Deutsche Digitale Bibliothek, 2023).

Tales propôs um modelo segundo o qual o Sistema Solar se desenvolveu quando uma esfera quente se formou ao redor da Terra fria e se separou em anéis de fogo, representando o Sol, a Lua e as estrelas. Cada um desses anéis era cercado por ar comprimido e opaco com uma única abertura circular, produzindo a aparência de um corpo celeste redondo por onde o fogo podia brilhar. Acredita-se que Tales realizou mais três grandes contribuições: (i) foi o primeiro grego a construir um relógio solar; (ii) foi o primeiro a desenhar um mapa de todo o mundo habitado conhecido; (iii) e sugeriu uma teoria da evolução quando especulou que os animais surgiram no mar e que os humanos nasceram dentro de peixes e depois saíram da água e foram para a terra (Deutsche Digitale Bibliothek, 2023).

Anaxímenes foi um filósofo pré-socrático que viveu na cidade de Mileto, na Grécia, por volta do século VI a.C. **Empédocles** de Acragas foi um filósofo pré-socrático que viveu na Sicília por volta do século V a.C. (Dubose, 1967).

Anaxímenes (~585 a.C.-~528 a.C.) colocou o ar como elemento primário, sobre o qual se apoiava uma Terra plana. À medida que a umidade surgia da Terra e ia ficando rarefeita, tornava-se fogo e produzia o Sol, a Lua e as estrelas. As estrelas fixas estavam presas a uma esfera cristalina, e as estrelas errantes flutuavam livremente no ar. Ele postulou corpos escuros adicionais flutuando entre os céus que, às vezes, ficavam entre nós e o Sol ou a Lua, explicando os eclipses.

As esferas cristalinas surgiram no modelo de Empédocles de Acragas (~490 a.C.-~444 a.C.), que postulou que havia quatro elementos originais (terra, água, ar e fogo) e que toda a matéria era feita de seus vários elementos combinados. Ele via os céus como uma esfera cristalina e um pouco em forma de ovo, com as estrelas fixas ligadas a ela. Dentro desse corpo cristalino giravam dois hemisférios, um com fogo produzindo durante o dia e outro com ar produzindo durante a noite. Ele também teve a ideia presciente de que a luz viajava e levava um tempo finito para ir de um lugar para outro, algo somente comprovado por Maxwell no fim do século XIX.

Pitágoras nasceu por volta de 572 a.C. na ilha de Samos e, durante sua vida, fez importantes contribuições para a astronomia (Clement et al., 2011).

Figura 1.5 – Pitágoras

Will Amaro

A percepção da Terra como um corpo plano ou cilíndrico com superfície relativamente plana mudou com Pitágoras. Ele viajou para o Egito e a Babilônia, onde se aprofundou em matemática e na ciência feita por esses povos. Estabeleceu-se no sul da Itália por volta de 535 a.C., onde fundou sua famosa escola pitagórica, e morreu por volta de 500 a.C. Uma de suas contribuições alterava profundamente o entendimento do mundo: acredita-se que ele foi o primeiro a incorporar em seu modelo a Terra como uma esfera (Clement et al., 2011).

De maneira semelhante, ele pensava que o Universo também tinha forma esférica e que os céus finitos giravam em torno de uma Terra estacionária e central. Pitágoras descreveu que os planetas tinham movimentos independentes das estrelas e que a brilhante estrela "da manhã" e a estrela "da noite" eram o mesmo corpo (ou seja, o planeta Vênus), ideias que ele provavelmente aprendeu com os dados coletados pelos egípcios ou babilônicos. Finalmente, Pitágoras pensava que havia harmonia no Universo, tanto em termos dos sons que o Sol, a Lua e os planetas emitiam ao se moverem ao longo de suas órbitas quanto em termos das proporções de suas distâncias entre si, que eram semelhantes às proporções das notas em uma escala musical (Clement et al., 2011).

Pitágoras construiu toda uma escola de pensamento, sendo muito difícil saber com certeza quais ideias foram desenvolvidas por ele e quais foram desenvolvidas por um ou outro de seus alunos. Um desses estudantes foi Parmênides de Elea, que estava em uma fase muito produtiva por volta de 500 a.C. Seguindo a escola de pensamento de Pitágoras, ele viu a Terra como sendo esférica e reconheceu a natureza matutina e vespertina de Vênus. Mas, ao contrário de Pitágoras, Parmênides não acreditava na existência de um vazio infinito e achava que o movimento da esfera celeste era uma ilusão (Clement et al., 2011).

No século V a.C., os sucessores de Pitágoras desenvolveram a noção de que a Terra não era o centro do Universo, mas um planeta giratório como os outros. Mas este não era um sistema heliocêntrico. Em vez disso, o centro do Universo foi ocupado por um fogo central (a "Torre de Vigia de Zeus") e do centro para fora da Terra giravam a Lua, o Sol, os cinco planetas conhecidos e a esfera das estrelas fixas. Fora desse Universo esférico finito estava o vazio infinito. Os pitagóricos, em busca de uma descrição cada vez mais precisa do Universo, foram introduzindo modificações e elementos nesse modelo pitagórico (Clement et al., 2011).

O famoso filósofo grego **Platão**, nascido em torno de 427 a.C. em Atenas, via a filosofia como a fonte de cura para a sociedade. Assim, no início do século IV a.C. e como uma espécie de tratamento para a sociedade, fundou sua famosa academia – lugar dedicado à pesquisa e ao ensino filosófico. Platão foi um autor que contribuiu com mais de 20 diálogos e cartas. Entre outros tópicos, seus escritos continham várias ideias sobre astronomia. Sua apresentação mais completa é encontrada no Timeu, particularmente o diálogo entre Sócrates e o substituto de Platão, o astrônomo Timeu. Acredita-se que Platão foi mais influenciado por Pitágoras do que por seus alunos não geocêntricos, e seus escritos certamente apresentam essa visão (Williams, 2000).

O modelo platônico descreve um Universo feito por um único, desejando que todas as coisas fossem boas e perfeitas e encontrando ao seu redor desordem e desarmonia. Assim, ele criou um projeto para um Universo ordenado e harmonioso imbuído de inteligência, uma espécie de alma ou mente cósmica, como se o Universo fosse um "ser" vivo. Em contraste com esse mundo perfeito de ideias, nossa versão corpórea é apenas um reflexo disso e é finita e mutável. É composto por quatro elementos: terra, água, ar e fogo. A esfera celestial é retratada como girando de leste a oeste em torno de uma Terra grande, esférica, central e imóvel. O Sol, a Lua e os planetas são transportados com os céus, mas, além disso, cada um se move em sua própria órbita circular de oeste para leste. Como muitos pitagóricos, Platão via a Lua como a mais próxima de nós, seguida pelo Sol, Vênus, Mercúrio, Marte, Júpiter, Saturno e a esfera de estrelas fixas. A área do céu em que o Sol, a Lua e os planetas se movem (ou seja, a eclíptica) foi chamada de *círculo do diferente* (Williams, 2000).

O "círculo do diferente" é um conceito desenvolvido por Platão em sua obra *Parmênides*, em que ele explora o problema da relação entre as ideias (ou formas) e as coisas materiais. Segundo Platão, as ideias são entidades universais, imutáveis e eternas, que existem em um mundo separado das coisas materiais, perecíveis, mutáveis e imperfeitas, que habitam o "círculo do diferente". Assim os planetas que têm orbitas distintas das estrelas "vivem neste meio". Essa área estava inclinada obliquamente à área do céu que representava o equador da esfera das estrelas fixas, o qual foi chamado de *círculo "do mesmo"*, ou seja, lugar das coisas eternas (Williams, 2000).

Essa cosmologia básica foi muito influente em duas frentes principalmente. A primeira, a descrição geocêntrica do Universo de Platão foi retomada por filósofos posteriores, como Aristóteles e Ptolomeu, cujas versões modificadas se tornaram os modelos usados na Idade Média e na Europa durante o início do Renascimento. Em segundo lugar, a visão de Platão de um único criador do Universo era muito popular entre a classe religiosa (cristã), podendo tornar-se um exemplo de filósofo grego clássico cujas visões da criação eram semelhantes às defendidas pelos religiosos cristãos. Como a maior parte do Timeu foi traduzida para o latim, a cosmologia de Platão permaneceu popular na Europa durante a Idade Média (Williams, 2000).

Aristóteles nasceu em 384 a.C. na Macedônia. Aos 17 anos, foi para Atenas e estudou por duas décadas na Academia de Platão. Após a morte de Platão, Aristóteles foi para a Ásia Menor, onde fundou uma academia. Em 342 a.C., ele foi convocado para a Macedônia pelo rei Filipe para ser o tutor de seu filho, nada mais nada menos que Alexandre, que depois ficou conhecido como *Alexandre, o Grande*. Quando Filipe conquistou a Grécia em 338 a.C., Aristóteles voltou para Atenas, onde fundou seu Liceu e continuou a receber patrocínio de seu aluno, Alexandre. Durante sua vida, Aristóteles escreveu ensaios sobre vários aspectos da filosofia, incluindo a filosofia natural. Realizou contribuições na cosmologia que seriam muito influentes ao longo dos séculos (Russel, 2001).

Refletindo as ideias de seu professor Platão, Aristóteles levantou a hipótese de um cosmos geocêntrico com uma Terra grande, esférica e imóvel cercada por um Universo esférico. Mas, ao contrário de Platão, Aristóteles defendia um Universo mais físico, que pudesse ser entendido e descrito por meio da lógica e da observação. Ele minimizou o papel de um criador e tentou entender a natureza em termos puramente naturais, mas acreditava que um "motor primordial" era responsável por manter as esferas celestes em movimento (Russel, 2001).

Aristóteles via a parte do Universo abaixo da esfera da Lua como mutável e corrompida e composta pelos elementos terra, água, ar e fogo, que podiam se misturar e se transformar um no outro. Esses elementos tinham tendências a se mover em linha reta, com a terra se movendo fortemente para baixo (e, portanto, concentrada no centro do Universo), a água fracamente para baixo, o ar fracamente para cima e o fogo fortemente para cima. Cometas e meteoros foram produzidos no reino de fogo quente e seco. Além dessa região estavam os corpos celestes imutáveis. Cada um desses corpos estava embutido em uma esfera, e o corpo e a esfera eram feitos de éter, uma substância cristalina que era lisa, pura, imutável e divina. A separação feita por Aristóteles de que céu era imutável e perfeito e que o mundo sublunar era mutável e imperfeito só foi reacomodada por Issac Newton muitos séculos depois (Russel, 2001).

Hiparco foi talvez o maior dos astrônomos da era pré-cristã. Ele nasceu em Nicéia por volta de 190 a.C. Ele era um verdadeiro observador dos céus e, assim, fez melhorias em instrumentos astronômicos e confeccionou catálogos de estrelas. Foi muito influenciado pelos babilônios, compilando uma lista de eclipses lunares observados na Babilônia no decorrer dos séculos e adotando seu sistema de numeração sexagesimal (Dávila, 1990).

Hiparco fez uma série de descobertas durante sua vida. Talvez o mais importante tenha sido a precessão dos equinócios. A precessão dos equinócios é um fenômeno astronômico que consiste no movimento cíclico do eixo de rotação da Terra, que faz com que a posição dos equinócios (pontos em que a eclíptica cruza o equador celeste) se desloque gradualmente ao longo de um ciclo de aproximadamente 25.800 anos. Esse movimento ocorre em decorrência da interação gravitacional entre a Terra, a Lua e o Sol, que exercem uma força de torção sobre o planeta. Essa força faz com que o eixo de rotação da Terra descreva um movimento cônico no espaço, de modo semelhante ao movimento de um pião, que começa a desacelerar e a oscilar em torno de seu eixo (Dávila, 1990).

Esse fenômeno também explica o deslocamento da Estrela Polar. Hiparco foi também um excelente astrônomo matemático com cálculos precisos para a duração do mês lunar médio e para a duração de um ano tropical. Ele sabia da desigualdade das quatro estações e forneceu valores precisos para suas durações (por exemplo, 94,5 dias para a primavera, 92,5 dias para o verão), além de popularizar o uso de uma órbita excêntrica para descrever o movimento do Sol ao redor da Terra, explicando a diferença no tempo do equinócio de outono ao equinócio vernal e do equinócio vernal ao equinócio de outono (Oliveira Filho; Saraiva, 2004).

Uma órbita excêntrica é um tipo de trajetória que um objeto celeste, como um planeta, satélite ou cometa, pode seguir ao redor de outro objeto com maior massa, como uma estrela. Nesse tipo de órbita, o objeto segue uma trajetória elíptica em torno do objeto maior, em vez de uma trajetória circular perfeita.

Outro resultado obtido foi a melhora das estimativas de Aristarco sobre os tamanhos e as distâncias do Sol e da Lua. Hiparco também foi uma das primeiras pessoas a usar sistematicamente a trigonometria em seu trabalho. Por aceitar o modelo geocêntrico do Universo e a necessidade de as órbitas dos corpos celestes serem círculos perfeitos, ele se comprometeu com as hipóteses excêntrica e dos epiciclos. Por exemplo, ele usou uma única órbita excêntrica para descrever o movimento do Sol ao redor da Terra e uma combinação de epiciclos centrados na Terra para descrever o movimento da Lua.

Os epiciclos são uma construção geométrica que foi desenvolvida na Grécia antiga para explicar o movimento aparente dos planetas no céu. A ideia central dos epiciclos é que cada planeta segue uma órbita circular em torno de um ponto, que, por sua vez, se move ao longo de outra órbita circular em torno da Terra. Os epiciclos foram propostos por **Ptolomeu**, um astrônomo e matemático grego que viveu no século II d.C., como uma forma de explicar o movimento aparente dos planetas no céu. Naquela época, os gregos acreditavam que a Terra era o centro do Universo e que os planetas, o Sol e a Lua orbitavam em torno dela em órbitas circulares perfeitas (Newton, 1982).

Ptolomeu, é o símbolo do apogeu da astronomia clássica na Europa no segundo século depois de Cristo. Em seus escritos estão descritos os fundamentos do modelo mais bem sucedidos, até então, para a descrição dos objetos celestes (Newton, 1982).

Ptolomeu nasceu por volta do ano 100 e morreu por volta de 178 d.C. Durante sua vida, ele escreveu vários livros que cobriam uma variedade de tópicos, como teoria musical, relógios de Sol, ótica, projeção estereográfica e astrologia. Dessa vasta obra, destaca-se o *Almagesto*, que resumia o estado do conhecimento astronômico clássico na época em que foi escrito, por volta de 150 d.C. (Newton, 1982).

Em *Almagesto*, Ptolomeu teceu suas próprias ideias com fios de conhecimento de muitos de seus predecessores. O resultado foi um compêndio de cosmologia que não era apenas descritivo, mas também derivado empiricamente e matematicamente preciso. O livro era consistente com o modelo geocêntrico e esférico de Aristóteles do Universo e as noções de Hiparco sobre epiciclos e excêntricos. No primeiro livro introdutório do *Almagesto*, muitos dos princípios básicos de Ptolomeu foram apresentados e defendidos (Newton, 1982).

Ele imaginou uma Terra esférica, que era imóvel e localizada no centro do Universo. Embora maciço o suficiente para que todos os objetos caíssem em direção ao seu centro, o tamanho grande do Universo era tal que a Terra era "como um ponto" em relação à esfera das estrelas fixas. Havia dois movimentos primários nos céus. Um deles explicava o movimento diário de estrelas e planetas de leste a oeste. O outro explicava os movimentos das esferas dos planetas em direções menores de oeste para leste em relação às estrelas fixas. Para Ptolomeu, a ordem dos corpos celestes era diferente daquela dos pitagóricos e de Platão. Como filósofos estoicos posteriores, Ptolomeu defendeu a seguinte ordem: Lua, Mercúrio, Vênus, Sol, Marte, Júpiter e Saturno. Essa ordem foi adotada por estudiosos medievais e apareceu em textos que mostram o sistema cosmológico aristotélico/ptolomaico (Newton, 1982).

1.3 Origem das constelações

Na história humana, em muitas culturas diferentes e espalhadas pelo mundo, nomes e histórias míticas foram atribuídos aos padrões de estrelas identificados no céu noturno, dando origem ao que conhecemos hoje como *constelações*. As constelações de estrelas são invenções humanas, não coisas que realmente existem "lá fora" no céu. Uma constelação é um agrupamento aparente de estrelas, os quais os humanos da Antiguidade imaginaram formar figuras ao ligá-las por uma linha imaginária. As formas podiam ser de pessoas, animais ou objetos, em geral ligadas à própria cultura. Em uma noite sem poluição visual, algo incomum nos dias de hoje, pode-se ver entre 1.000 e 1.500 estrelas.

Estudos arqueológicos identificaram possíveis registros de nossos ancestrais nas paredes das cavernas de Lascaux, no sul da França, por volta de 17.300 anos atrás. A União Astronômica Internacional (IAU) reconhece 88 constelações hoje e mais da metade delas são atribuídas aos gregos antigos, que consolidaram os trabalhos anteriores dos antigos babilônicos, egípcios e assírios. Quarenta e oito das constelações que conhecemos foram registradas no sétimo e oitavo livro *Almagesto*, de Ptolomeu, embora a origem exata dessas constelações ainda permaneça incerta. Entre os séculos XVI e XVII, astrônomos europeus e cartógrafos celestes acrescentaram as demais constelações, as quais eram, principalmente, "novas descobertas" feitas pelos europeus que exploraram pela primeira vez o Hemisfério Sul.

Entre aqueles que fizeram contribuições particulares para as "novas" constelações incluem-se o astrônomo alemão Johannes Hevelius; três cartógrafos holandeses,

Frederick de Houtman, Pieter Dirksz Keyser e Gerard Mercator; o astrônomo francês Nicolas Louis de Lacaille; o cartógrafo flamengo Petrus Plancius; e o navegador italiano Américo Vespúcio.

Até o início do século XX a lista de constelações permaneceu confusa. Mas, em uma série de resoluções de 1922 a 1930, a IAU dividiu a esfera celeste em 88 constelações precisamente definidas com grafias e abreviações oficiais. Cada nome de constelação tem duas formas: o nominativo, para uso quando você está falando sobre a própria constelação, e o genitivo, ou possessivo, que é usado em nomes de estrelas. Por exemplo, Hamal, a estrela mais brilhante da constelação de Áries (forma nominativa), também é chamada de *Alpha Arietis* (forma genitiva), significando literalmente "o Alfa de Áries". De modo enxuto, escreve-se **α Ari**, usando a letra grega minúscula *alpha* e a abreviatura de *Áries*.

Originalmente, as constelações foram definidas pelas suas formas, feitas por seus padrões estelares, e isso levava a uma grande dificuldade de determinar exatamente qual eram os limites na esfera celeste de cada uma delas. Mas, à medida que o ritmo das descobertas celestes se acelerou no início do século XX, surgiu um consenso muito útil de se traçar um conjunto oficial de limites de constelações. Em 1930, a Comissão 3 da IAU adotou a obra de Eugène Delporte, *Délimitation cientifique des constellations,* para que cada ponto do céu pertença a apenas uma constelação.

As constelações tiveram muitas facetas, que, por vezes, foram usadas para a construção de dogmas religiosos e para a determinação de ciclos temporais, acontecimentos importantes para aquela cultura e para a orientação espacial. Atualmente os astrônomos, sejam amadores, sejam profissionais, não precisam mais saber nada sobre as constelações, pois os objetos são localizados por um sistema de coordenadas que orienta, com precisão, os instrumentos de medição.

Na esfera celeste, as posições relativas das estrelas permanecem praticamente inalteradas há séculos, razão por que são indispensáveis como marcas de registro para fixar os movimentos dos corpos itinerantes, como o Sol, a Lua e os planetas. Uma região importante da esfera celeste é o caminho aparente do Sol, da Lua e dos planetas. O exato percurso aparente do Sol é chamado de *eclíptica*, enquanto a Lua e os planetas seguem trajetórias próximas à eclíptica. Uma forma de registrar essa região e estabelecer sua divisão é por meio das constelações. Essas doze constelações são conhecidas como *zodiacais* e formam o cinturão do zodíaco. Sua configuração é irregular, apresentando extensão longitudinal variável. Os doze signos do Zodíaco – que são setores geometricamente corretos do cinturão do Zodíaco, com extensões de longitude iguais de 30° cada – estão conectados com as constelações tradicionais correspondentes. Uma representação artística pode ser vista na figura a seguir.

Figura 1.6 – *Scenographia systematis mvndani Ptolemaici*, uma das belas representações do Universo até então

As 88 constelações oficialmente reconhecidas são visíveis em diferentes épocas do ano. Cada estação do ano tem padrões estelares distintos porque a visibilidade das estrelas no céu muda à medida que a Terra orbita o Sol. Os céus dos Hemisférios Norte e Sul são muito diferentes um do outro, e existem alguns padrões em cada um que não podem ser vistos entre os hemisférios. Em geral, a maioria das pessoas pode ver cerca de 40 a 50 constelações durante um ano. Na tabela a seguir, apresentamos os dados detalhados das constelações.

Tabela 1.1 – As atuais 88 constelações com seu significado e símbolo

N°	Constelação	Significado	Símbolo	N°	Constelação	Significado	Símbolo
1	Andrômeda	a princesa da Etiópia		45	Lacerta	o Lagarto	
2	Antlia	a Máquina Pneumática		46	Leo	o Leão	
3	Apus	a Ave-do-Paraíso		47	Leo Minor	o Leão Menor	
4	Aquarius	Aquário, o Aguadeiro		48	Lepus	a Lebre	
5	Aquila	a Águia		49	Libra	a Balança	
6	Ara	o Altar, ou Ara		50	Lupus	o Lobo	
7	Aries	o Carneiro		51	Lynx	o Lince	
8	Auriga	o Cocheiro		52	Lyra	a Lira	
9	Boötes	o Boieiro, ou Pastor.		53	Mensa	a Montanha da Mesa na Cidade do Cabo	
10	Caelum	o Cinzel, ou Buril		54	Microscopium	o Microscópio	
11	Camelopardalis	a Girafa		55	Monoceros	o Unicórnio	
12	Câncer	o Caranguejo		56	Musca	a Mosca	
13	Canes Venatici	os Cães de Caça, ou Pegureiros		57	Norma	a Régua, ou Esquadro	
14	Canis Major	o Cão Maior		58	Octans	o Oitante	
15	Canis Minor	o Cão Menor		59	Ophiuchus	Ofiuco	
16	Capricornus	Capricórnio, a cabra do mar		60	Orion	o caçador mítico	
17	Carina	a quilha do navio		61	Pavo	o Pavão	
18	Cassiopeia	a rainha da Etiópia		62	Pegasus	Pégaso	
19	Centaurus	o centauro rústico		63	Perseus	Perseu, o herói grego	

(continua)

(Tabela 1.1 – continuação)

N°	Constelação	Significado	Símbolo	N°	Constelação	Significado	Símbolo
20	Cepheus	o rei da Etiópia		64	Phoenix	a Fênix	
21	Cetus	a Baleia		65	Pictor	o Pintor	
22	Chamaeleon	o Camaleão		66	Pisces	os Peixes	
23	Circinus	o Compasso		67	Piscis Austrinus	o Peixe Austral, ou Peixe do Sul	
24	Columba	a Pomba		68	Puppis	a Popa (do navio)	
25	Coma Berenices	a Cabeleira de Berenice		69	Pyxis	a Bússola	
26	Corona Australis	a Coroa Austral		70	Reticulum	o Retículo	
27	Corona Borealis	a Coroa Boreal		71	Sagitta	a Flecha, ou Seta	
28	Corvus	o Corvo		72	Sagittarius	Sagitário, o Arqueiro	
29	Crater	a Taça		73	Scorpius	o Escorpião	
30	Crux	o Cruzeiro do Sul		74	Sculptor	o Escultor	
31	Cygnus	o Cisne		75	Scutum	o Escudo	
32	Delphinus	o Golfinho, ou Delfim		76	Serpens	a Serpente	
33	Dorado	o Peixe Dourado		77	Sextans	o Sextante	
34	Draco	o Dragão		78	Taurus	o Touro	
35	Equuleus	Potro, o cavalinho		79	Telescopium	o Telescópio	
36	Eridanus	o Rio		80	Triangulum	o Triângulo	
37	Fornax	a Fornalha		81	Triangulum Australe	o Triângulo Austral	
38	Gemini	os Gêmeos		82	Tucana	o Tucano	
39	Grus	o Garça		83	Ursa Major	a Ursa Maior	
40	Hércules	Filho de Zeus		84	Ursa Minor	a Ursa Menor	
41	Horologium	o Relógio		85	Vela	o Velame (do navio)	

(Tabela 1.1 – conclusão)

N°	Constelação	Significado	Símbolo	N°	Constelação	Significado	Símbolo
42	Hydra	Hidra		86	Virgo	a Virgem	♍
43	Hydrus	Hidra Macho		87	Volans	o Peixe-Voador	
44	Indus	o Índio		88	Vulpecula	a Raposa	

Fonte: Elaborado com base em Delporte, 1930; Ridpath, 2012.

Como já esclarecemos, os povos de todo o mundo criaram suas constelações. Os povos indígenas primordiais do Brasil sempre utilizaram as estrelas como marcadores temporais de ciclos do clima e como bússola para orientação. O missionário capuchinho francês Claude d'Abbeville, em 1612, passou uma temporada em Tupinambá do Maranhão, perto da Linha do Equador, escrevendo uma obra belíssima, *Histoire de la Mission de Pères Capucins en l'Isle de Maragnan et terres circonvoisins*, publicada em Paris, em 1614. Esse texto de 839 páginas é considerado uma das mais importantes fontes da etnografia da cultura Tupi. Nele, o autor registrou o nome de cerca de 30 estrelas e constelações conhecidas pelos índios da ilha (D'Abbeville, 1614).

Uma destas constelações descritas é a constelação da Ema. D'Abbeville (1614, citado por Lima; Moreira, 2005, p. 9) escreveu que os Tupinambás "conhecem uma constelação denominada Iandutim, ou Avestruz Branca, formada de estrelas muito grandes e brilhantes, algumas das quais representam um bico; dizem os maranhenses que ela procura devorar duas outras estrelas que lhes estão juntas e às quais denominam uirá-upiá".

1.4 Observação a olho nu

As formas das constelações foram definidas com observações a olho nu. Antes da invenção do telescópio ou da luneta, um observador podia ver os seguintes objetos a olho nu: o Sol, a Lua, os planetas, os cometas e uma quantidade enorme de estrelas. Com essa capacidade de identificação, o ser humano pode determinar uma variedade de movimentos que governam a mecânica do Universo.

O primeiro movimento caracterizado é o movimento do Sol na esfera celeste, a partir do qual rapidamente foi entendido pelo homem primitivo que o Sol definia o ciclo dia e noite. Em qualquer dia, o Sol se move pelo nosso céu da mesma maneira que uma estrela. Ele nasce em algum lugar no horizonte leste e se põe em algum lugar no horizonte oeste.

Contudo, à medida que o tempo avança, que as semanas e os meses passam, você notará que o movimento do Sol não é exatamente o mesmo que o de qualquer estrela. Por um lado, o Sol leva um certo intervalo de tempo (24 horas) para fazer um círculo completo ao redor da esfera celeste. Por razões óbvias, definimos nosso dia com base no movimento do Sol. A duração de um dia descreve o momento em que o arco superior do disco solar aparece acima do horizonte durante o nascer do Sol até o momento em que o arco superior desaparece abaixo do horizonte durante o pôr do Sol.

Figura 1.7 – Trajetória do Sol durante o dia esdurantedo ano

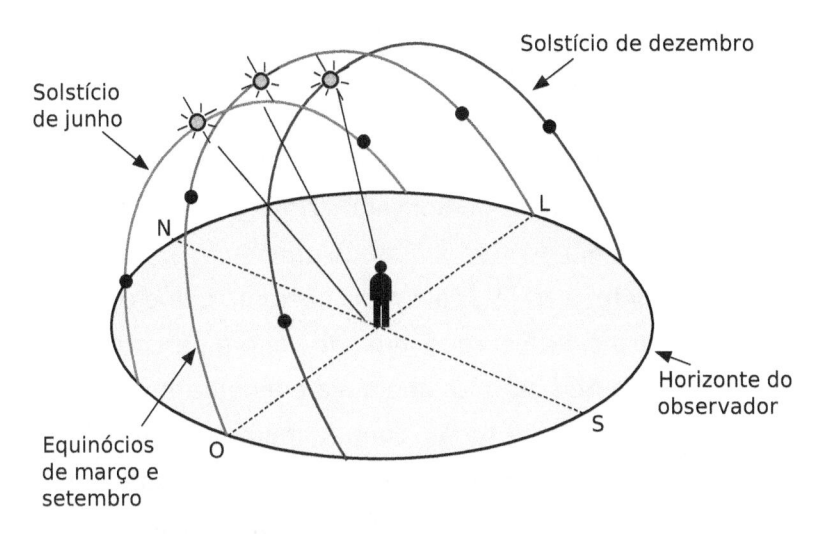

Solstício de junho
Solstício de dezembro
Horizonte do observador
Equinócios de março e setembro

Fonte: Costa; Maroja, 2018, p. 4.

Como o avanço das observações do Sol, pode-se perceber que a localização do caminho do Sol no céu varia com as estações do ano. No verão, o Sol está em seu ponto mais alto no céu. No inverno, segue um caminho mais baixo, razão pela qual os dias são mais longos no verão do que no inverno. Na primavera e no outono, o Sol descreve caminhos intermediários.

Durante as estações do ano, o Sol parece se mover pelo céu em relação às estrelas de fundo. Esse movimento aparente é causado pelo fato de que a Terra orbita o Sol em uma órbita elíptica e gira em torno de seu próprio eixo inclinado em relação ao plano da órbita. Quando a Terra está no solstício de verão, o Sol atinge sua maior altura no céu durante o dia e parece se mover para o norte em relação às estrelas de fundo.

No primeiro dia da primavera, o Sol realiza uma trajetória tal que o dia e a noite tenham exatamente a mesma duração: 12 horas. Durante os dias subsequentes, o movimento aparente do Sol segue trajetórias mais altas até o primeiro dia de verão, quando atinge o máximo.
No dia seguinte, a trajetória é mais baixa no céu e desce até o primeiro dia de outono, quando volta a percorrer uma trajetória que permite que o dia e a noite tenham a mesma duração de 12 horas, continuando até o primeiro dia de inverno no ponto mais baixo. O Sol nasce todos os dias para voltar ao primeiro dia de primavera que corre ao longo do equador, reiniciando assim o ciclo de um novo ano.

Um homem primitivo em algum lugar do planeta, apenas com a observação e a tabulação do movimento do Sol poderia ser capaz de identificar intervalos cíclicos de tempo e associá-los as estações do ano. Caso esse homem se deslocasse ou pudesse trocar informações com outras comunidades em outros pontos da Terra descobriria que a variação da duração do dia ao longo do ano depende da latitude. A inclinação do eixo de rotação da Terra faz com que as estações mudem e a posição do nascer e do pôr do Sol mude todos os dias. A distância angular máxima entre dois amanheceres ou dois pores do Sol é o ângulo entre dois solstícios. Este ângulo muda com a latitude do local.

Figura 1.8 – Ilustração utilizada para demostrar a posição da Lua em suas diferentes fases, vistas a partir do Hemisfério Norte

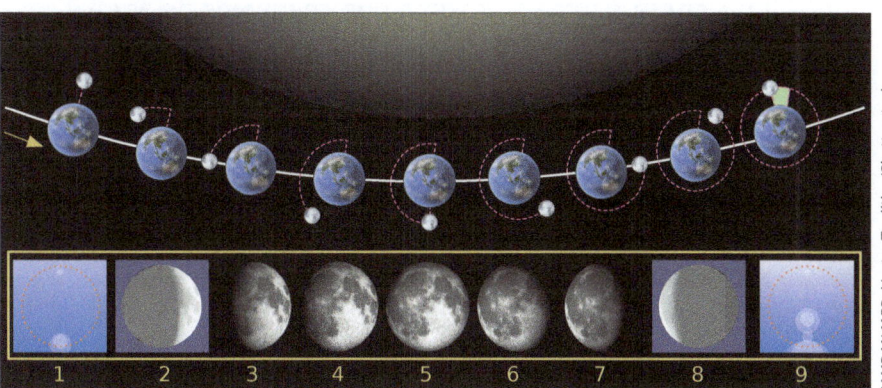

A primeira fase apresentada é a Lua nova. É importante notar que, ao final do ciclo lunar representado no gráfico, a seção verde destacada indica a porção adicional da órbita que a Lua percorreu para retornar à fase nova, em decorrência do movimento simultâneo da Lua e da Terra ao redor do Sol.

Com o pôr do Sol, o homem pode observar uma quantidade enorme de objetos, porém, entre todos a Lua é o mais expendido. A Lua, nosso satélite natural, deveria ser fruto de muitas especulações, tendo em vista que, durante um ciclo, ela se apresenta de formas diferentes. Em um período de 29 dias, a Lua se apresenta como um disco brilhante e vai sendo coberta pela sombra da Terra até que deixa de ser vista e, posteriormente, surge da sombra outra vez até se tornar um disco brilhante novamente. Esse ciclo foi divido em quatro fases: Lua cheia, quarto minguante, Lua nova e quarto crescente, estas são as faces da Lua que podem ser vistas na figura anterior.

Lua cheia é o mais próximo que chegamos de ver a iluminação do Sol de todo o lado diurno da Lua (então, tecnicamente, essa seria a meia-lua real). A Lua está oposta ao Sol, vista da Terra, revelando o lado diurno da Lua. A lua cheia nasce ao pôr do sol e se põe ao nascer do Sol.

Na fase **quarto minguante**, a Lua parece meio iluminada da perspectiva da Terra, mas, na verdade, você está vendo metade da metade da Lua que é iluminada pelo Sol – ou um quarto. A Lua minguante, nasce por volta da meia-noite e se põe por volta do meio-dia.

A fase **Lua nova** é invisível para nós, uma vez que o lado iluminado da Lua está voltado para o Sol e o lado escuro para a Terra. Durante essa fase, a Lua ocupa a mesma posição no céu que o Sol, e nasce e se põe aproximadamente ao mesmo tempo que ele. Além disso, durante o dia, o lado iluminado da Lua está voltado para cima, longe da Terra. É importante lembrar que, devido à inclinação da órbita da Lua, ela não passa necessariamente entre a Terra e o Sol durante essa fase, e a ocultação do Sol é rara.

Na fase **quarto crescente**, a Lua já percorreu um quarto de sua trajetória mensal, e podemos ver metade do lado iluminado dela. Embora muitas pessoas se refiram a essa fase como "meia Lua", é importante lembrar que o que estamos observando é apenas uma fração iluminada da Lua inteira – exatamente metade dessa fração. Durante a fase crescente, a Lua nasce por volta do meio-dia e se põe cerca da meia-noite, ficando alta no céu durante a noite e oferecendo uma excelente oportunidade de observação.

O ciclo lunar serviu para diversas culturas como padrão para a construção de um calendário. Os calendários lunares mais antigos e as primeiras constelações foram identificados na arte rupestre encontrada na França e na Alemanha. Os sacerdotes astrônomos dessas últimas culturas do Paleolítico Superior entendiam os conjuntos matemáticos e a interação entre o ciclo anual da lua, a eclíptica, o solstício e as mudanças sazonais na Terra.

Embora o mundo em geral tenha adotado o calendário gregoriano em virtude da influência dos impérios ocidentais, muitas culturas ainda mantêm seus calendários lunares tradicionais para feriados. Os feriados hindus e judaicos ainda são baseados no calendário *lunisolar*, assim como as celebrações de Ano Novo no leste e sudeste da Ásia.

Durante a Antiguidade, o calendário lunar que melhor se aproximava do calendário do ano solar era baseado em um período de 19 anos, com 7 desses 19 anos tendo 13 meses. Ao todo, o período continha 235 meses. Ainda usando o valor da lunação de 29,5 dias, isso perfazia um total de 6.932,5 dias, enquanto 19 anos solares somavam 6.939,7 dias, uma diferença de apenas uma semana por período e cerca de cinco semanas por século. Mesmo o período de 19 anos exigiu ajustes, mas se tornou a base dos calendários dos antigos chineses, babilônios, gregos e judeus (Seidelmann, 2020).

Talvez o entendimento mais complexo seja sobre os planetas e as estrelas, corpos que, a olho nu, são vistos como fontes pontuais de luz; o que os separava era o movimento que os planetas realizavam em relação as estrelas. As estrelas eram "fixas" na esfera celeste, e os planetas "viajavam" por entre elas. O catálogo de posição de estrelas mais antigo que chegou diretamente aos pesquisadores modernos é o compilado por Ptolomeu; muito possivelmente esse catálogo, publicado como o *Almagesto*, é uma extensão do catálogo realizado por Hiparcus.

O catálogo de Ptolomeu contém 1.028 registros representando 1.025 estrelas distintas ou objetos nebulosos. Esse catálogo agrupa as estrelas em 48 constelações, as chamadas *48 constelações ptolomaicas*, pensadas como figuras imaginárias desenhadas no céu representando personagens, criaturas míticas, animais ou objetos inanimados (Tucker, 1916).

Por fim, a observação a olho nu dos planetas apresentava uma particularidade: o movimento aparente dos planetas na esfera celeste era muito difícil de explicar para os astrônomos da Antiguidade, e dois aspectos levavam a essa dificuldade. O primeiro é a observação de que o movimento usual dos planetas enquanto eles "vagavam" na esfera celeste era para o leste contra as estrelas de fundo. Isso é chamado de *movimento direto*. No entanto, observou-se que, às vezes, os planetas se moviam para o oeste por algum período na esfera celeste, o que foi denominado *movimento retrógrado*. Os episódios de movimento retrógrado eram difíceis de explicar. Uma segunda dificuldade se dava pelo fato de que os planetas, em certos momentos, foram observados mais brilhantes que em outros. Esse brilho variável também foi um desafio para explicar.

A trajetória do movimento dos planetas pode ser complexa, e a transição para o movimento retrógrado cria laços, como pode ser visto na figura a seguir.

Figura 1.9 – Movimento retrógrado aparente do planeta Marte de agosto até setembro de 2003 e, ao fundo, a constelação de Aquário; as datas estão no formato AA:MM:DD

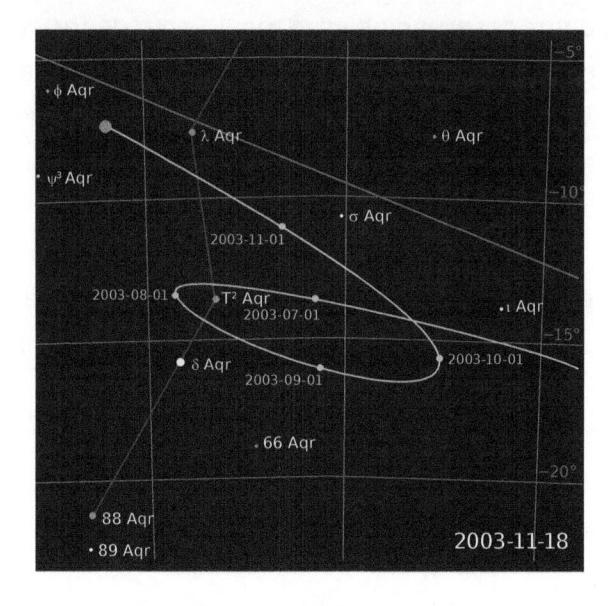

O movimento retrógrado ocorre porque o movimento aparente dos planetas surge de uma combinação de seu movimento intrínseco e do movimento reflexo que aparece porque a Terra está se movendo, e essa era a dificuldade do entendimento, pois, em um modelo geocêntrico, com a Terra como centro do Universo e conforme a filosofia de que o céu é imutável e perfeito, tornava-se difícil uma teoria que conciliasse as trajetórias de laço e a variação do brilhos com a perfeição celeste.

Hoje sabemos que o modelo mais adequado é o sistema heliocêntrico. Desse forma, a explicação para o movimento aparentemente retrógrado dos planetas internos (Mercúrio e Vênus) é que eles orbitam ao redor do Sol, e nós observamos esse movimento de fora de suas órbitas. Durante metade de seus anos, eles parecem se mover em uma direção quando vistos da Terra; na outra metade, parecem se mover na direção oposta. Já os planetas externos exibem movimento retrógrado porque a Terra se desloca ao redor do Sol mais rápido do que eles e, como resultado, a Terra periodicamente ultrapassa esses planetas em suas órbitas, causando a impressão de que invertem a direção quando vistos da Terra.

1.5 Revolução copernicana

A biografia de **Nicolau Copérnico** não é totalmente conhecida e há poucas informações pertinentes ao seu trabalho em astronomia. Ele nasceu na cidade de Torún na Polônia, no dia 19 de fevereiro de 1473, em uma família de ricos negociantes. Torun era um importante centro de comércio e, além de comerciante, o pai de Nicolau Copérnico era também um magistrado e líder da cidade. Após o falecimento de seu pai, em algum momento entre 1483 e 1485, Copérnico ficou sob a proteção de seu tio materno, Lucas Watzenrode (1447-1512), um homem severo e autoritário que exerceu uma grande influência em sua vida e, possivelmente, em sua personalidade, de acordo com os fragmentos históricos disponíveis (Mourão, 2004).

Há especulações, mas sem uma comprovação absoluta, sobre a educação inicial de Copérnico em Torún. Alguns biógrafos assumem que seu tio Lucas primeiro enviou o jovem Copérnico para a Escola de São João, em Toruń, onde ele próprio havia sido um mestre. Em 1491, ele e seu irmão mais velho, Andreas, matricularam-se na Universidade de Cracóvia, sem dúvida sob a orientação e o apoio de seu tio, que tinha se doutorado em Direito nessa instituição e, evidentemente, pretendia para ambos os jovens uma carreira eclesiástica e política como a sua. Acredita-se que Copérnico tenha permanecido em Cracóvia até 1495, mas não há registro de fontes primárias sobre sua graduação. No entanto, é razoavelmente presumido que ele tenha feito alguns dos cursos de astronomia e matemática oferecidos no momento de sua frequência, entre eles palestras sobre astronomia esférica, teoria planetária, tabelas de eclipses etc. (Mourão, 2004).

Copérnico, durante sua trajetória acadêmica, adquiriu uma biblioteca de obras fundamentais em astronomia esférica e planetária, geometria e astrologia. Presume-se que ele tenha deixado Cracóvia aproximadamente aos 22 anos de idade com pelo menos as competências universitárias em matemática, astronomia e astrologia. É possível que, durante cerca de um ano, tenha viajado para várias universidades alemãs, talvez assistindo a palestras, mas não se inscrevendo formalmente. No entanto, no outono de 1496, ele se matriculou na Universidade de Bolonha como estudante de Direito. Copérnico também deve ter estudado direito civil em Bolonha, pois é referido em um documento de 1499 como "estudante de ambas as leis", e foi provavelmente em Bolonha que empreendeu o estudo do grego, disciplina em que se tornou proficiente (Neugebauer; Swerdlow, 1984, p. 5).

Durante esse período, Copérnico não abandonou a astronomia. Ele foi "não tanto o aluno como o assistente e testemunha das observações do homem instruído", (seja lá o que isso possa significar) do professor de astronomia da Universidade de Bolonha (Mourão, 2004). A primeira observação datada de Copérnico foi relatada em *De revolutionibus orbium coelestium libri VI. Henricpetrus* (Copernicus, 1927), foi uma ocultação da Aldebaran em 9 de março de 1497, feita em Bolonha, talvez na presença de Dominico Maria. Em 9 de janeiro e 4 de março de 1500 ele observou conjunções da Lua e Saturno.

Copérnico, por volta de 1500, tinha cerca de 27 anos. Ele deu palestras sobre matemática em Roma diante de uma grande multidão de estudantes, homens importantes e especialistas neste assunto (Mourão, 2004). Exatamente o que isso diz sobre a reputação e a importância de Copérnico na época não está claro, mas, no final de 1500, ele estava definitivamente em Roma, onde observou um eclipse lunar em 6 de novembro. Copérnico saiu de Bolonha sem se formar e regressou para a Polônia em julho de 1501, onde foi nomeado cônego da Catedral de Frauenburg. Conseguiu uma licença para retornar à Itália e iniciou seus estudos médicos na Universidade de Pádua – na época, a instituição mais eminente da Europa para o estudo da medicina e de todas as disciplinas científicas. Pouco se tem documentado sobre esse período de Copérnico em Pádua, de onde mais uma vez ele saiu sem um diploma (Neugebauer; Swerdlow, 1984).

Talvez tenha sido nessa época que ele aprendeu sobre a teoria planetária dos astrônomos de Maragha, que mais tarde forneceram a base de grande parte de sua própria teoria planetária. De qualquer forma, há evidências de que a teoria de Maragha era conhecida na Itália, especificamente em Pádua, no final do século XV e início do XVI, e se Copérnico soubesse dela enquanto estava em Pádua, seria a contribuição mais importante de seus anos na Itália ao seu trabalho posterior.

Em algum momento durante o primeiro semestre de 1503, Copérnico viajou de Pádua para Ferrara, onde, em 31 de maio, finalmente recebeu um diploma de doutorado em Direito Canônico pela Universidade de Ferrara. Acredita-se que a razão pela qual ele se formou em Ferrara em vez de Bolonha, onde estudou por quatro anos, foi que as despesas necessárias eram menores em Ferrara. Enquanto isso, seu tio Lucas cuidava do interesse de seu sobrinho e, no início de 1503, havia acrescentado ao seu benefício em Vármia uma posição permanente na escolástica da Igreja da Santa Cruz em Breslau – benefício que Copérnico manteve até 1538. Assim, quando voltou a Vármia, no final de 1503, sua subsistência estava assegurada. Além de breves viagens ao território prussiano e polonês, Copérnico nunca mais deixou o que chamou na dedicação de *De revolutionibus*.

No entanto, ele começou a trabalhar em astronomia por conta própria. Em algum momento entre 1510 e 1514, escreveu um ensaio que veio a ser conhecido como o *Commentariolus*, no qual introduziu sua nova ideia cosmológica, o Universo heliocêntrico, enviando cópias para vários astrônomos. Ele continuou fazendo observações astronômicas sempre que podia, prejudicado pela má posição para observações em Frombork e suas muitas responsabilidades urgentes como cânone. No entanto, ele continuou trabalhando em seu manuscrito *On the Revolutions*.

Em 1539, um jovem matemático chamado Georg Joachim Rheticus, da Universidade de Wittenberg, veio estudar com Copérnico. Rheticus trouxe consigo livros de matemática, em parte para mostrar a Copérnico a qualidade de impressão que estava disponível nas cidades de língua alemã. Ele publicou uma introdução às ideias de Copérnico, *Narratio prima*. Mais importante ainda, ele convenceu Copérnico a publicar *On the revolutions*. Rheticus supervisionou a maior parte da impressão do livro.

A jornada acadêmica de Copérnico levou-o a ser um pensador claro, um dos primeiros matemáticos da Renascença e da Reforma, mas que não estava tentando conciliar uma discrepância filosófica. É improvável que ele estivesse particularmente incomodado com a posição da Terra em relação ao cosmos; era muito mais motivado pela busca de um modelo matemático confiável que se ajustasse precisamente ao Universo observado. Copérnico tinha a ideia de que, geometricamente, o Universo era simples e elegante, o que a complicada descrição dada no *Almagesto* não era. Desde os primeiros tempos, o círculo era visto como simples e perfeito. Afinal, era considerado o cerne da mobilidade humana, embora nem roda nem eixo sejam encontrados na natureza.

Assim, parecia razoável a Copérnico que as órbitas circulares como reflexos perfeitos da geometria deveriam ser importantes em qualquer esquema de explicação. Na época em que Copérnico publicou *De Revolutionibus orbium coelestium* (*Sobre as revoluções das esferas celestiais*), em 1543, parece que a premissa geral de um Universo centrado no Sol era bem conhecida, se não aceita. A ideia de aceitação foi significativa, pois nos primeiros anos da ideia, Copérnico a considerou como uma hipótese a ser testada. Foi só mais tarde, mais notavelmente com seu aluno Joachim Rheticus, que isso foi visto como um fato.

O texto original em latim de *De revolutionibus orbium coelestium* foi publicado em várias edições. O segundo, em 1566, é quase tão raro quanto o primeiro. A terceira edição de 1617 foi publicada em Amsterdã e pela primeira vez ganhou algumas notas explicativas. Tomou-se o cuidado de não ofender deliberadamente autoridades como a Igreja; a primeira edição foi vista por meio da publicação de Andreas Osiander, que era um clérigo. Ele acrescentou um prefácio que sugeria que a ideia de um Universo heliocêntrico possivelmente não era verdade, mas apenas uma técnica matemática útil para explicar as observações. Ao manter a ideia de que as órbitas eram circulares, Copérnico teve de introduzir vários epiciclos, tornando sua ideia simultaneamente revolucionária e evolutiva; uma explicação ptolomaica renovada dos céus com o Sol se tornando central.

Figura 1.10 – (a) Nicolau Copérnico, retrato da Câmara Municipal de Toruń, no norte da Polônia, pintado por volta de 1580 por um artista desconhecido; (b) *De revolutionibus orbium coelestium*, capa da segunda edição de 1566

O livro de Copérnico apresenta o diagrama mais famoso e transformador, até aquele momento, da história da ciência. Nesse diagrama, o Sol é o corpo central seguido de uma série de círculos concêntricos que representa a órbita dos planetas. Depois de Copérnico calcular as velocidades nas quais os planetas orbitavam em torno do corpo central, ele obteve os planetas na ordem correta: Mercúrio, Vênus, Terra, Marte, Júpiter, Saturno. Seus cálculos, porém, realmente não previam as posições dos planetas muito melhor do que o método de Ptolomeu.

As ideias de Copérnico se difundiram, em parte, em decorrência do livro escrito por Leonard Digges na Inglaterra, que podemos considerar um precursor da divulgação científica. Em 1576, o filho de Digges, Thomas, escreveu um apêndice ao livro descrevendo as novas ideias de Copérnico. Nesse apêndice, uma versão em inglês do diagrama de Copérnico foi apresentada. Além disso, Digges mostrou as estrelas em diferentes distâncias do Sistema Solar, e não apenas em uma esfera celeste, o que contribuiu para uma melhor compreensão do Universo e para a disseminação das ideias de Copérnico.

Figura 1.11 – O diagrama de Copérnico mostra primeiro o Sol no centro do que agora se chama *Sistema Solar*; consta da primeira edição do *De revolutionibus orbium celestium*, publicado em 1543

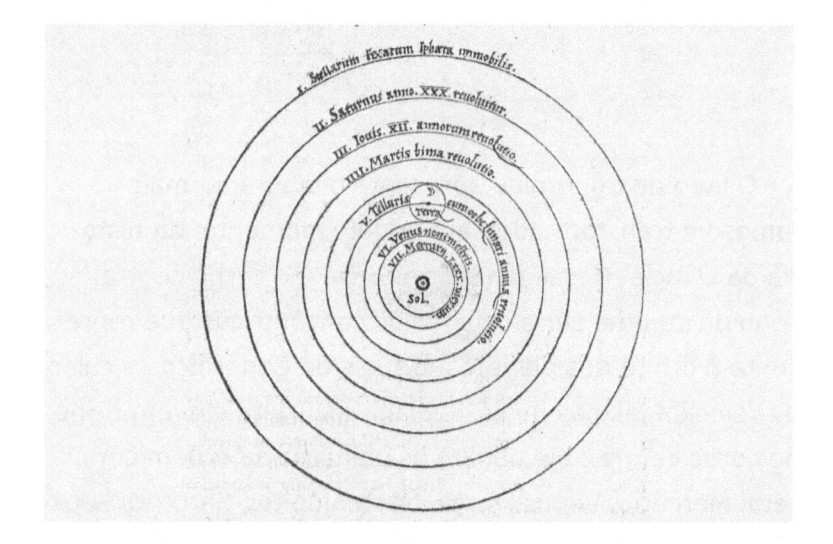

Copérnico fez uma inovação fundamental na teoria planetária, cujas consequências só se tornaram evidentes no trabalho de Kepler e Newton. No restante de sua astronomia, ele foi um dos últimos representantes de uma tradição que se estende desde Hiparco, ou melhor, Ptolomeu, até seus predecessores diretos. Copérnico era herdeiro desse amálgama de conhecimento, mas, fundamentalmente, sua astronomia, em comum com a astronomia mais sofisticada do período intermediário, repousa sobre o trabalho de Ptolomeu.

E mesmo as principais maneiras pelas quais Copérnico difere de Ptolomeu (exceto pela teoria heliocêntrica) são parte de uma tradição árabe preocupada mais com problemas internos na obra de Ptolomeu do que com novas descrições dos movimentos dos planetas, algo que não ocorreu até as observações e inovações teóricas de Tycho e Kepler. A base da astronomia de Copérnico é, naturalmente, todo o acúmulo de observações, procedimentos, modelos e parâmetros desde o tempo de Ptolomeu, na medida em que foram transmitidos a Copérnico. Mas fora desse grande e diversificado corpo de conhecimento, o que é o mais importante a considerar aqui são os princípios gerais da astronomia matemática e física de Ptolomeu.

O aristocrata dinamarquês **Tycho Brahe** (1546-1601) assumiu uma ilha na costa de Copenhague e recebia aluguel do povo de lá. Nessa ilha, Hven, ele usou sua riqueza para construir um grande observatório com instrumentos maiores e melhores. Embora fossem instrumentos pré-telescópicos, eles eram notáveis por permitir medições mais precisas das posições das estrelas e dos planetas do que anteriormente. Ele fez dispositivos de observação cada vez melhores para medir essas posições e manteve registros precisos de suas observações (Dreyer, 1953).

Contudo, em seu zelo científico, ele negligenciou alguns de seus deveres para com seu monarca e, quando novos rei e rainha entraram, foi forçado a sair. Optou por se mudar para Praga, no continente europeu, levando até mesmo suas prensas e páginas já impressas, seus discos e suas ferramentas móveis. Tycho conseguiu melhorar a precisão das observações científicas. Suas observações precisas de um cometa em várias distâncias mostraram a ele que as esferas não precisavam ser alinhadas com a Terra no centro. Então, ele fez seu próprio modelo do Universo, um híbrido entre o de Ptolomeu e o de Copérnico: o Sol e a Lua giram em torno da Terra, enquanto os outros planetas giram ao redor do Sol. Tycho ainda manteve os círculos, mas, ao contrário de Aristóteles, ele permitiu que os círculos se cruzassem. Valorizamos Tycho principalmente pelo tesouro de observações de alta qualidade das posições. Para se juntar a ele em Praga, Tycho convidou um jovem matemático, Johannes Kepler. É através de Kepler e de seus desenvolvimentos teóricos que a fama de Tycho permanece em grande parte.

Johannes Kepler (1571-1630), em sua infância, tornou-se interessado pela astronomia depois de ver um eclipse lunar e de observar a passagem de um cometa. Ele percebeu que existem cinco formas sólidas feitas de lados iguais, e que, se esses sólidos fossem alinhados e separados por esferas, eles poderiam corresponder aos seis planetas conhecidos até então. Seu livro sobre o assunto, *Mysterium cosmographicum* (*Mistério do Cosmos*), publicado em 1596, continha um dos mais belos diagramas da história da ciência. Na figura a seguir, podemos ver que ele alinhava um octaedro, icosaedro, dodecaedro, tetraedro e cubo, com oito, doze, vinte, quatro e seis lados, respectivamente, para mostrar o espaçamento dos planetas então conhecidos. O diagrama, embora muito bonito, está completamente errado (Thoren; Christianson, 1990; Dreyer, 1953).

Figura 1.12 – O diagrama de Kepler de seu *Mysterium cosmographicum*, publicado em 1596

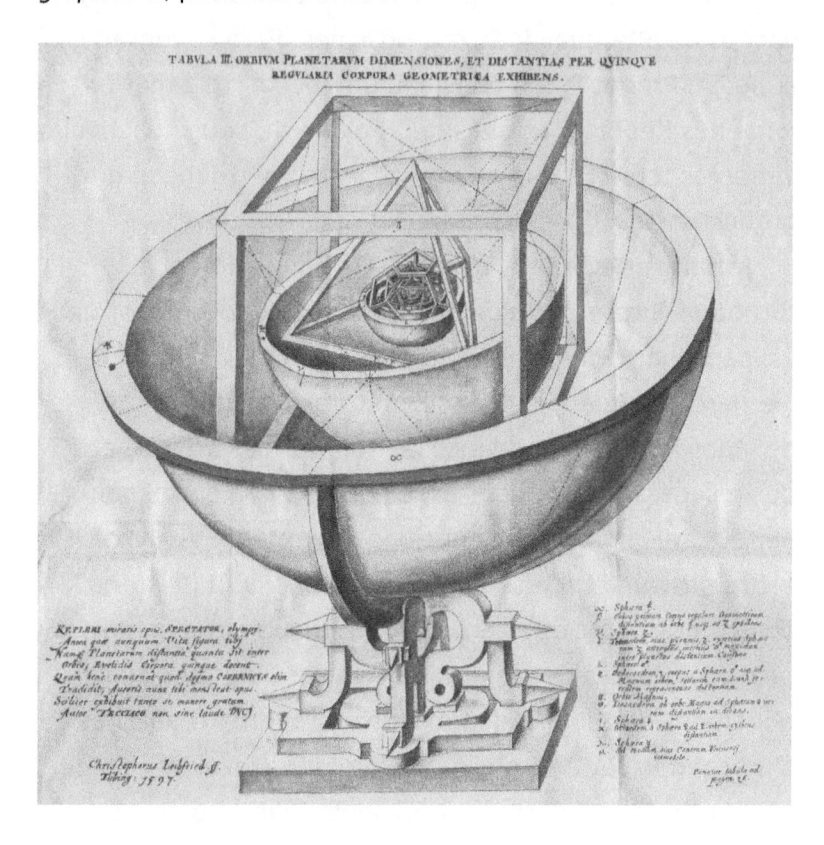

As habilidades matemáticas de Kepler lhe renderam uma entrevista com Tycho. Em 1600, ele se tornou um dos vários assistentes de Tycho e fez cálculos usando os dados que Tycho havia acumulado. Então, Tycho foi a um jantar formal e bebeu à vontade. Segundo a história, a etiqueta o impediu de sair da mesa e ele acabou com a bexiga estourada. No livro *The lord of Uraniborg: a biography of Tycho Brahe*, os autores Thoren e

Christianson (1990) descrevem um cenário para a misteriosa morte deste astrônomo. Nesse cenário, Tycho Brahe morreu repentinamente em 24 de outubro de 1601, aos 54 anos, devido ao surgimento de uma doença na bexiga. Ele tinha participado de um banquete dias antes e, após a refeição, começou a sentir dores abdominais intensas. No livro *Heavenly intrigue: Johannes Kepler, Tycho Brahe, and the murder behind one of history's greatest scientific discoveries* é apresentada outra versão: os autores sugerem que Tycho poderia ter sido envenenado com mercúrio intencionalmente. Os dois principais suspeitos eram Johannes Kepler, por conta dos dados utilizados, e seu inimigo Christian IV, por meio de Erik Brahe. Uma exumação foi realizada e a análise não mostrou qualquer dose letal de veneno. Esse é mais um mistério que abre brechas para lendas e contos que trazem para a ciência esse ar glamuroso e cativante.

Com sua morte, era de se esperar que Kepler receberias os dados, mas não foi isso que aconteceu, ele não tomou posse dos imediatamente. Por um lado, os dados eram uma das poucas coisas valiosas que os filhos de Tycho podiam herdar, já que Tycho havia se casado com uma plebeia e não tinha permissão para legar bens imóveis. Kepler acabou tendo acesso aos dados de Tycho de observações do planeta Marte e tentou ajustá-los aos seus cálculos. Para fazer seus cálculos precisos, Kepler até elaborou sua própria tabela de logaritmos.

Os dados que Kepler tinha de Tycho eram da posição de Marte no céu contra um fundo de estrelas. Ele tentou calcular qual deveria ser o movimento real ao redor do Sol. Por um longo tempo, ele tentou encaixar um círculo ou uma órbita em forma de ovo, mas ele simplesmente não conseguia combinar as observações com precisão suficiente. Eventualmente, ele tentou uma figura geométrica chamada *elipse* e, com isso, conseguiu uma descrição muito precisa da posição de Marte. A descoberta é uma das maiores da história da astronomia e, embora Kepler a tenha aplicado pela primeira vez a Marte, outros planetas do nosso Sistema Solar também foram descritos com precisão.

O livro de Kepler de 1609, *Astronomia nova* (*A nova astronomia*), continha as duas primeiras de suas três leis do movimento. A Primeira Lei de Kepler diz que "os planetas orbitam o Sol em elipses, com o Sol em um foco", ao passo que a segunda postula que "uma linha que une um planeta e o Sol varre áreas iguais em tempos iguais" (Dreyer, 1953; Wall, 2018).

Uma elipse é uma curva fechada, que será apresentada em detalhes nos próximos capítulos, que possui dois pontos conhecidos como *focos*. Para desenhar sua própria elipse, coloque dois pontos em um pedaço de papel; cada ponto corresponde a um foco. Em seguida, pegue um pedaço de barbante maior que a distância entre os focos. Depois, coloque um lápis no barbante, puxando-o bem, e mova-o suavemente de um lado para o outro.

A curva que você gerar será um lado de uma elipse. Esse experimento com o barbante mostra que, para definir uma elipse, é necessário que a soma das distâncias de um ponto na elipse a cada foco permaneça constante, o que é representado pelo tamanho do barbante. Um círculo é um tipo especial de elipse no qual os dois pontos estão um em cima do outro.

Kepler continuou procurando por harmonias nos movimentos dos planetas. Ele associou as velocidades dos planetas com notas musicais, com as notas mais altas correspondendo aos planetas mais rápidos, ou seja, Mercúrio e Vênus. Em 1619, ele publicou sua principal obra *Harmonices mundi* (*A harmonia dos mundos*). Nessa obra foi apresentado o que chamamos de *Terceira Lei de Kepler*: "O quadrado do período da órbita de um planeta ao redor do Sol é proporcional ao cubo do tamanho de sua órbita" (De Luca, 1982). Estava, assim, estabelecida a cinemática do movimento dos corpos celestes, bem como uma mudança completa no entendimento do movimento dos corpos celestes, que se juntou à compreensão obtida a partir das observações realizadas por Galileu Galilei por meio de um instrumento revolucionário que ampliou a concepção de Universo, o telescópio. Esse instrumento descortinou uma janela para a explosão do conhecimento astronômico.

Galileu Galilei (1564-1642) é conhecido por muitas contribuições à ciência, bem como por sua perseguição e seu confinamento domiciliar sentenciado pela Santa Inquisição. Entre suas realizações mais memoráveis está a adaptação de um novo instrumento, o telescópio, com o qual observou a Lua e suas crateras, descobriu quatro satélites orbitando o planeta Júpiter e observou as fases de Vênus. No processo, ele ajudou a liderar uma revolução na cosmologia ao lado de todo o conhecimento desenvolvido por seus colegas astrônomos. Essa revolução, que chamamos hoje de *revolução copernicana*, derrubou conclusivamente o modelo aristotélico tradicional em favor do sistema copernicano e se espraiou para os demais campos do pensamento, como a filosofia (Mariconda; Vasconcelos, 2006).

Embora existam evidências de que os princípios dos telescópios eram conhecidos no final do século XVI, é aceito que os primeiros telescópios foram criados na Holanda em 1608 com finalidades militares. A genialidade de Galileu foi apontar esse instrumento para o céu como uma ferramenta na busca de uma compreensão do cosmos. Galileu construiu seu próprio telescópio. Posteriormente, ele expôs o telescópio em Veneza, e essa demonstração foi tão espetacular que o Senado veneziano, para recompensá-lo, ordenou a duplicação de seu salário e lhe deu um mandato vitalício na Universidade de Pádua (Mariconda; Vasconcelos, 2006).

Em sua obra *Sidereus nuncius* (*O mensageiro das estrelas*), Galileu apresentou o resultado do uso do instrumento para uma série de observações da Lua, que se aproximaram da conclusão no final de 1609, quando Júpiter estava em oposição e mais próximo da Terra e, portanto, era o objeto mais brilhante no céu noturno, além da própria Lua. Depois de fazer os ajustes necessários, ele começou a observar o planeta. Em 7 de janeiro de 1610, viu que Júpiter parecia ter três estrelas fixas nas proximidades. Intrigado, retornou à observação na noite seguinte, esperando que o planeta então retrógrado tivesse se movido de leste para oeste, deixando as três estrelinhas para trás. Em vez disso, Júpiter parecia ter se movido para o leste – uma anomalia interessante (Galilei, 2009).

Figura 1.13 – À esquerda, um dos dois telescópios sobreviventes de Galileu, presente no Museu da Ciência, em Florença, na Itália; à direita, uma gravura feita das observações da Lua mostrando suas irregularidades superficiais

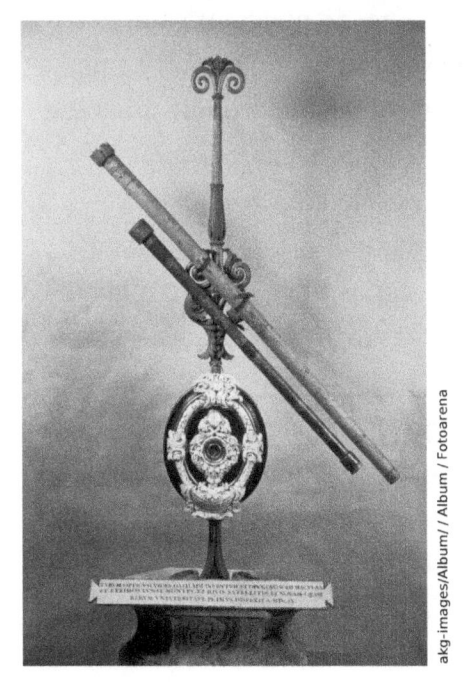

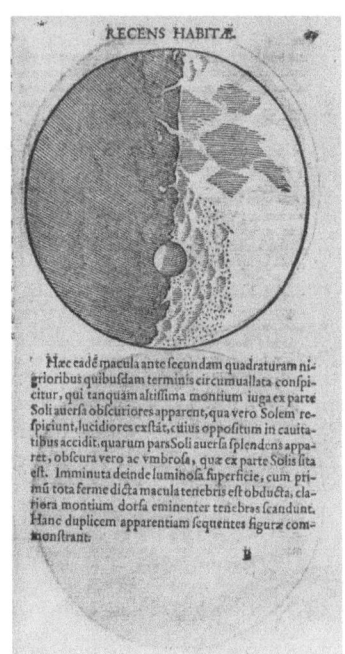

Intrigado com o comportamento do planeta, Galileu voltou à formação repetidamente, observando vários detalhes importantes. Primeiro, as pequenas estrelas nunca deixaram Júpiter, mas pareciam ser carregadas com o planeta. Em segundo lugar, à medida que eram carregadas, elas mudavam de posição em relação uma a outra e a Júpiter. Finalmente, havia quatro dessas pequenas estrelas. Em 15 de janeiro, ele concluiu que os objetos não eram estrelas fixas, mas corpos planetários que giravam em torno de Júpiter.

Desde Aristóteles e Ptolomeu, pensava-se que a Terra era o único centro de revolução – e Aristóteles era considerado infalível. Assim, a descoberta dos satélites de Júpiter, mostrando que Aristóteles poderia estar errado, foi um tremendo golpe para a noção geocêntrica e, portanto, um ponto forte a favor da teoria heliocêntrica de Copérnico. Ele continuou a escrever sobre uma variedade de tópicos científicos, como manchas solares, cometas, corpos flutuantes. Cada descrição apontava para a existência de falhas nos argumentos dos estudos de Aristóteles. Ao entender que Vênus tinha fases e que ele orbitava o Sol, deu mais um passo em direção ao heliocentrismo de Copérnico.

Em 1616, os oficiais da Igreja em Roma lhe disseram para não ensinar o copernicanismo, ou seja, que o Sol, e não a Terra, estava no centro do Universo. Ele conseguiu ficar quieto por um longo tempo, mas, em 1632, publicou seu *Dialogo* (*Diálogo sobre dois sistemas principais do mundo*), em que três homens discutem os sistemas heliocêntrico e geocêntrico. Ele tinha permissão oficial para publicar o livro, mas este deixava evidente sua preferência pelo sistema heliocêntrico copernicano. Ele foi julgado por sua desobediência e condenado à prisão domiciliar, onde permaneceu pelo resto de sua vida. Como nota histórica, apenas em 31 de outubro de 1992 a Igreja Católica reconheceu os erros cometidos pelo tribunal eclesiástico ao condenar Galileu Galilei.

A consolidação da revolução copernicana ocorreu com o nascimento do que chamamos hoje de *mecânica clássica*. Esta, que é um dos pilares da física, surgiu com o entendimento e a compactuação da cinemática terrena desenvolvida por Galileu com a cinemática celeste definida por Kepler. Esse campo tem como obra base o texto publicado em 5 de julho de 1687 por Newton e talvez o mais famoso livro de física do mundo, o chamado *Philosophiae naturalis principia mathematica* (*Princípios matemáticos da filosofia natural*).

Isaac Newton (1643-1727) entrou na antiga faculdade onde seu tio estudara, o Trinity College Cambridge, em 5 de junho de 1661. Naquele momento, a revolução copernicana já estava em pleno vigor. A visão heliocêntrica do Universo era bem conhecida na maioria dos círculos acadêmicos europeus. Em 1665, a peste bubônica que assolava a Europa chegou à Cambridge, forçando a universidade a fechar. Newton fez sua quarentena na mansão em de que nasceu, Woolsthorpe, perto de Lincolnshire, na Inglaterra. Ele tinha menos de 25 anos quando iniciou avanços revolucionários em matemática, óptica, física e astronomia. Foi nesse período que surgiu a lenda da maçã, segundo a qual, supostamente, Newton viu uma maçã cair de uma macieira e percebeu que a força que controlava a queda da maçã era, sem dúvida, a mesma força que controlava a movimento da Lua. Newton morou por aproximadamente um ano e meio em Woolsthorpe, até poder retornar para Cambridge e seguir seus estudos e sua carreira acadêmica (Valadares, 2003; Campos, 2003).

Quando a Universidade de Cambridge reabriu após a praga, em 1667, Newton se apresentou como candidato a uma bolsa e foi aceito. Ele recebeu seu grau de Mestre em Artes em 1669, antes dos 27 anos. A maior conquista de Newton foi seu trabalho em física e em mecânica celeste, que culminou na teoria da gravitação universal. Em 1666, ele idealizou que cada objeto no Universo exerce uma força gravitacional em todos os outros objetos com massa; a força gravitacional é determinada pela massa dos objetos e pela distância entre eles. Quanto maior a massa dos objetos, maior a força gravitacional, e quanto maior a distância entre eles, menor a força gravitacional (Valadares, 2003; Campos, 2003).

Figura 1.14 – *Philosophae naturalis principia mathematica* primeira edição (1687)

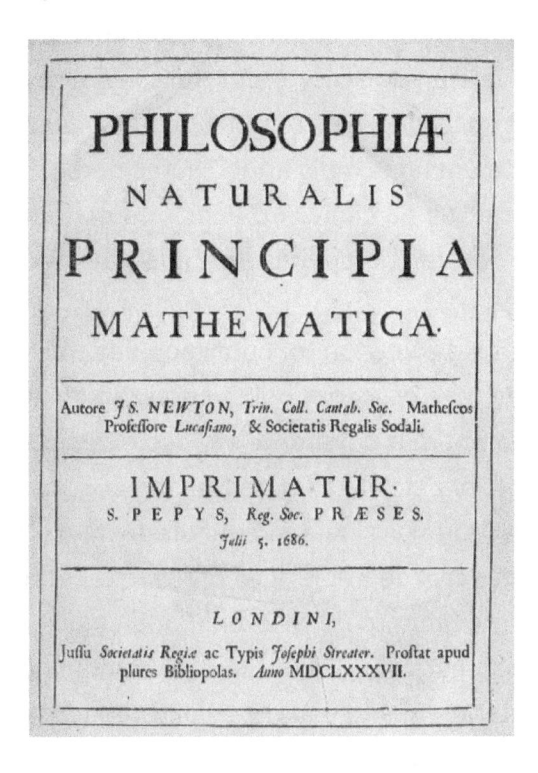

> **PHILOSOPHIÆ**
> NATURALIS
> **PRINCIPIA**
> MATHEMATICA.
>
> Autore *JS. NEWTON,* Trin. Coll. Cantab. Soc. Mathefeos Profeffore *Lucafiano,* & Societatis Regalis Sodali.
>
> IMPRIMATUR·
> S. PEPYS, *Reg. Soc.* PRÆSES.
> *Julii* 5. 1686.
>
> *LONDINI,*
> Juffu *Societatis Regiæ* ac Typis *Jofephi Streater.* Proftat apud plures Bibliopolas. *Anno* MDCLXXXVII.

Edmond Halley (sim, o personagem de dá nome ao cometa) foi enviado a Cambridge para confirmar a história de que um brilhante matemático, Isaac Newton, poderia ajudá-lo em uma importante questão científica. Halley perguntou a Newton: Se houvesse uma força que dependesse do inverso do quadrado da distância, que forma teria uma órbita de um corpo sujeito a essa força? A resposta de Newton foi de que seria uma elipse. Animado, Halley perguntou se também havia provado, e Newton respondeu que a prova estava em alguns de seus papéis. Ele disse que não conseguiu encontrá-los embora talvez estivesse apenas esperando o tempo e julgar se realmente queria entregar sua análise. Halley persuadiu Newton a escrever um tratado sobre sua nova física e sua aplicação à astronomia e, em alguns anos, foi publicada uma das mais importantes obras científicas de toda a história da ciência: o *Princípios matemáticos de filosofia natural*, ou apenas *Principia* (Valadares, 2003; Campos, 2003).

O *Principia* de Newton foi publicado em 1687, em latim. Halley teve de pagar pela impressão do livro de Newton e também a defendeu, até escrevendo um prefácio. O *Principia* incluiu a lei de Newton que mostrava como a gravidade diminui pelo quadrado da distância e sua prova das leis de Kepler das órbitas planetárias, além das leis do movimento de Newton. Pode-se dizer, e é claro que isso está em discussão pela comunidade acadêmica, que Newton foi capaz de compreender o paradigma vigente e, a partir desse entendimento, formular uma teoria que deu conta de explicar quase todos os eventos observados de maneira única (Valadares, 2003; Campos, 2003).

Assim como os povos antigos tinham curiosidade sobre o céu e queriam encontrar nosso lugar no Universo, os astrônomos de hoje tem a mesma motivação. Descobertas teóricas e observacionais mudaram nossa compreensão de nosso lugar no Universo da visão geocêntrica de Ptolomeu para a hipótese heliocêntrica de

Copérnico, ou seja, a descoberta de que o Sistema Solar não estava no centro de nossa galáxia, e nossa compreensão das galáxias distribuídas pelo Universo.

A astronomia contemporânea lida com os programas de encontrar a natureza da matéria e a dinâmica e as propriedades do Universo. A teoria da relatividade de Einstein indica que não apenas nossa galáxia não está no centro do Universo, mas que o "centro" não tem sentido. Descobertas mais recentes de centenas de exoplanetas orbitando outras estrelas mostraram o quão incomum nosso Sistema Solar pode ser. Novas teorias de formação de planetas são paralelas a novas observações de sistemas planetários esperados. O caminho da descoberta está para os astrônomos da era moderna assim como para aqueles de milhares ou centenas de anos atrás.

Indicações estelares

Artigo

MEDEIROS, A. Entrevista com Kepler: do seu nascimento à descoberta das duas primeiras leis. **Física na Escola**, v. 3, n. 2, p. 19-33, 2002. Disponível em: <http://www.sbfisica.org.br/fne/Vol3/Num2/a09.pdf>. Acesso em: 15 jun. 2023.

O texto aborda uma série de pontos sérios e complexos relacionados à interpretação do processo pelo qual Kepler chegou às suas leis, alternados com elementos mais leves e divertidos. Um exemplo disso é a polêmica envolvendo Tycho e o próprio Kepler. Embora a conversa seja desenvolvida de forma intencionalmente irreverente, os relatos históricos são embasados em obras de reconhecido valor acadêmico.

Filme

A ODISSEIA. Direção: Andrey Konchalovskiy. Alemanha/EUA/Grécia/Itália/Reino Unido/Irlanda do Norte/Turquia, 1997. 176 min.

A jornada do herói da guerra de Tróia, Odisseu, rei de Ítaca, para voltar para casa é recheada de deuses antigos, locais míticos e assustadores e muita aventura.

Livro

MOURÃO, R. R. de F. **Copérnico**: pioneiro da revolução astronômica. São Paulo: Odysseus, 2004. (Coleção Imortais da Ciência).

O livro traça a história e o impacto duradouro do astrônomo polonês Nicolau Copérnico na astronomia e no pensamento científico. Escrito por renomados estudiosos, o autor mergulha na vida e obra de Copérnico, destacando sua coragem e sua visão revolucionária que desafiaram as concepções estabelecidas do cosmos.

Site

NOITES gregas. Disponível em: <https://noitesgregas.com.br/>. Acesso em: 15 jun. 2023.

Confira no *site* "Noites Gregas" o podcast sobre mitologia grega.

Software

STELLARIUM. Disponível em: <https://stellarium.org/pt>. Acesso em: 15 jun. 2023.

O Stellarium é um *software* de código aberto e gratuito que simula um planetário em seu computador. Ele permite que os usuários visualizem o céu noturno em 3D, com estrelas, planetas, constelações, galáxias e outros objetos celestes, em tempo real ou em qualquer data e hora. O Stellarium é usado por astrônomos amadores, estudantes, professores e entusiastas da astronomia em todo o mundo. Ele é uma ferramenta poderosa para aprender sobre o céu noturno e para planejar observações astronômicas.

Analogias celestes

A física de Aristóteles *versus* a física de Galileu

Aristóteles ensinou que as substâncias que compõem a Terra eram diferentes das substâncias que compõem os céus. Ele também ensinou que a dinâmica (o ramo da física que lida com o movimento) era determinada principalmente pela natureza da substância que estar se movendo. Por exemplo, despojado de sua essência, Aristóteles acreditava que uma pedra caiu no chão porque a pedra e o solo eram semelhantes em substância (em termos dos 4 elementos básicos, eles eram, principalmente, "terra"). Da mesma forma, a fumaça subiu da Terra porque; em termos dos 4 elementos básicos, era principalmente ar (e um pouco de fogo), e, portanto, a fumaça desejava estar mais próxima do ar e mais distante da terra e da água.

Aristóteles sustentava que a substância mais perfeita (a "quintessência") que compunha os céus tinha por natureza executar o movimento perfeito (isto é, circular uniforme). Ele também acreditava que os objetos só se moviam enquanto eram empurrados. Assim, os objetos na Terra pararam de se mover uma vez que as forças aplicadas foram removidas, e as esferas celesses só se moviam por causa da ação do Primeiro Motor, que continuamente aplicava a força às esferas externas que giravam os céus inteiros. Um problema notório para a visão aristotélica era porque as flechas disparadas de um arco continuavam a voar pelo ar depois de terem deixado o arco e a corda não estar mais aplicando força a elas. Explicações foram elaboradas; por exemplo, fosse proposto que a flecha criava um vácuo atrás dela, no qual o ar corria e aplicava uma força na parte de trás da flecha.

Assim, Aristóteles acreditava que as leis que governavam o movimento dos céus eram um conjunto de leis diferente daquelas que governavam o movimento na Terra. Como vimos, o conceito de inércia de Galileu era bastante contrário às ideias de movimento de Aristóteles: na dinâmica de Galileu, a flecha (com forças de atrito muito pequenas) continuava a voar pelo ar por causa da lei da inércia, enquanto um bloco de madeira sobre uma mesa parava de deslizar uma vez que a força aplicada fosse removida por causa de forças de atrito que Aristóteles não conseguiu analisar corretamente.

Além disso, as extensas observações telescópicas de Galileu dos céus tornavam cada vez mais plausível que eles não fossem feitos de uma substância perfeita e imutável. Em particular, a confirmação observacional de Galileu da hipótese copernicana sugeriu que a Terra era apenas outro planeta, motivo por que talvez fosse feita do mesmo material que os outros planetas.

Assim, as bases foram lançadas por Galileu (e, em menor grau, por outros como Kepler e Copérnico) para derrubar a física de Aristóteles, além de sua astronomia. Coube a Isaac Newton juntar esses fios e demonstrar que as leis que governavam os céus eram as mesmas leis que governavam o movimento na superfície da Terra.

Universo sintetizado

Os registros sobre a impressão dos céus do homem primitivo são muito escassos; os poucos achados são principalmente desenhos de eclipses, cometas e supernovas. O fato de encontrarmos esses registros é um forte indicativo do quão importante esses eventos eram para o homem. Com a evolução das sociedades, os registros passaram a compor um conjunto de informações que levaram à construção de calendários e técnicas de navegação. Além do entendimento dos corpos celestes trazerem avanços tecnológicos, nossa visão de mundo mudou completamente.

A revolução copernicana trouxe uma ruptura nos paradigmas religiosos científicos e comportamentais. A revolução copernicana foi a mudança de paradigma do modelo ptolomaico dos céus, que descrevia o Cosmos como tendo a Terra estacionária no centro do Universo, para o modelo heliocêntrico, com o Sol no centro do Sistema Solar. Essa revolução consistiu em duas fases: a primeira de natureza extremamente matemática, e a segunda, por meio de 1610, com a publicação de um panfleto de Galileu. Começando com a publicação do *De revolutionibus orbium coelestium*, de Nicolau Copérnico, as contribuições para a "revolução" continuaram até finalmente terminar com o trabalho de Isaac Newton mais de um século depois.

Autodescobertas em teste

1) O primeiro movimento caracterizado é o movimento do Sol pela esfera celeste, a partir do qual rapidamente foi entendido pelo homem primitivo que o Sol definia o ciclo dia e noite. A que se deve essa percepção?

2) Qual é o movimento terrestre responsável pela ocorrência das estações do ano?

3) Sobre a chamada *revolução científica*, por assinale a afirmativa **incorreta**:
   a) A lei da gravitação universal foi formulada por Newton a partir da teoria heliocêntrica e da teoria do movimento dos astros.
   b) O método da observação e da experimentação, aliado à razão matemática, contribuiu para o desenvolvimento das ciências modernas.
   c) A revolução científica foi um movimento de legitimação do poder absoluto monárquico e de aumento do poder eclesiástico.
   d) As novas descobertas científicas possibilitaram as grandes navegações e a ascensão da burguesia.
   e) As ideias racionalistas de Descartes e a física newtoniana influenciaram o pensamento iluminista do século XVIII.

4) No contexto da revolução científica, levada a cabo no século XVII, as pesquisas de Galileu Galilei foram decisivas. A respeito da vida e obra de Galilei, assinale a alternativa **incorreta**:
   a) Galileu desenvolveu o telescópio por meio do aperfeiçoamento de lunetas e lentes.
   b) Galileu elaborou teorias consistentes sobre o movimento dos corpos, sendo a Lei da Inércia uma expressão dessas teorias.
   c) Galileu foi submetido ao tribunal da Inquisição para esclarecer suas opiniões a respeito do movimento do planeta Terra em torno do Sol.

d) Galileu colaborou diretamente com Isaac Newton na elaboração do livro *Philosophiae naturalis principia mathematica* (1678).

e) Galileu conseguiu observar, por meio do telescópio, as imperfeições da Lua, como as crateras que nela existem.

5) Leia o trecho a seguir:

> É em função da astronomia que se elabora [...] a nova física; mais precisamente: em função dos problemas postos pela astronomia coperniciana, e, especialmente, da necessidade de responder aos argumentos físicos apresentados por Aristóteles e por Ptolomeu contra a possibilidade do movimento da Terra. (Koyré, 1992, p. 205)

O historiador do pensamento científico Alexandre Koyré destaca que a "nova física", que foi erigida sobretudo por Galileu e, depois, por Newton, desenvolveu-se por meio das discussões em torno dos fenômenos astronômicos, sobretudo a respeito do movimento da Terra. Copérnico, Galileu e outros questionavam a física aristotélica e a ptolomaica porque estas afirmavam, entre outras coisas:

a) que as teses sobre a imobilidade da Terra não tinham valor porque foram concebidas por pessoas ignorantes.

b) que o telescópio usado por Aristóteles não era preciso o suficiente para a observação astronômica.

c) que as investigações de Aristóteles não puderam ser compreendidas, haja vista que seus livros foram alterados pelos árabes.

d) que Aristóteles não poderia compreender bem os fenômenos naturais, pois viveu na época errada.

e) que o cosmos estava organizado em esferas celestes e que a Terra era imóvel.

Evoluções planetárias

Reflexões meteóricas

1) Leia os fragmentos a seguir.

> Depois de longas investigações, convenci-me, por fim, de que o Sol é uma estrela fixa rodeada de planetas que giram em volta dela e de que ela é o centro e a chama. Que, além dos planetas principais, há outros de segunda ordem que circulam primeiro como satélites em redor dos planetas principais e com estes em redor do Sol. [...] Não duvido de que os matemáticos sejam da minha opinião, se quiserem dar-se ao trabalho de tomar conhecimento, não superficialmente, mas duma maneira aprofundada, das demonstrações que darei nesta obra. Se alguns homens ligeiros e ignorantes quiserem cometer contra mim o abuso de invocar alguns passos da Escritura (sagrada), a que torçam o sentido, desprezarei os seus ataques: as verdades matemáticas não devem ser julgadas senão por matemáticos.
> (Copernicus, 1927, p. 6, tradução nossa)

Aqueles que se entregam à prática sem ciência são como o navegador que embarca em um navio sem leme nem bússola. Sempre a prática deve fundamentar-se em boa teoria. Antes de fazer de um caso uma regra geral, experimente-o duas ou três vezes e verifique se as experiências produzem os mesmos efeitos. Nenhuma investigação humana pode se considerar verdadeira ciência se não passa por demonstrações matemáticas.
(Da Vinci, **Cartas**, citado por Garin, 1996, p. 98)

Que característica do racionalismo moderno é possível inferir com base na leitura desses textos?

2) Nicolau Copérnico fez uma inovação fundamental na teoria planetária. Tal inovação foi implementada e relevante para a obra de quais autores?

Práticas solares

1) Aristóteles via a parte do Universo abaixo da esfera da Lua como mutável e corrompida e composta pelos elementos da terra, água, ar e fogo, que podiam se misturar e se transformar um no outro. Nessa visão de mundo, qual a diferença entre o Universo além da Lua e o terreno?

2) Os gregos foram além do simples registro e passaram a fazer previsões de eventos e construção de calendários. Qual a relação disso com a evolução da estrutura da sociedade?

Métodos e instrumentos observacionais

2

A astronomia desempenha um papel essencial na organização das sociedades em geral, como vimos no capítulo anterior. Compreender os ciclos do Sol e da Lua foi uma condição essencial para o desenvolvimento de nossas sociedades agrícolas. Stonehenge é um exemplo do conhecimento do céu em tempos pré-históricos. Foi construído com base em matemática e geometria de ponta, está alinhado com o nascer e o pôr do sol e serviu como observatório astronômico.

Figura 2.1 – Stonehenge é um monumento pré-histórico na planície de Salisbury em Wiltshire, Inglaterra; os arqueólogos acreditam que Stonehenge foi construído de 3000 a.C. a 2000 a.C.

Para a maioria das pessoas, a astrofísica, a ciência do Sistema Solar, as estrelas, as galáxias e o Universo em que vivemos têm sua evolução intimamente ligada aos instrumentos e métodos observacionais. Muitos objetos maravilhosos que podem ser observados no céu noturno só se revelaram com a melhorias ou a invenção de instrumentos capazes de fazer com eles se revelassem. Por exemplo, muitos astrônomos amadores estão familiarizados com a estrela Rigel, na constelação de Órion, mas quantos de vocês sabem que ela é uma estrela gigante, com uma massa mais de 40 vezes a do Sol e quase meio milhão de vezes mais luminosa que este? Apenas depois de todo desenvolvimento tecnológico e científico foi possível obter essa resposta.

Como em alguns campos da ciência, o estudo da astronomia é prejudicado por não ser possível experimentos diretos com as propriedades do Universo distante, apenas pode-se interpretar sua evolução.

No entanto, isso é parcialmente compensado pelo fato de que os astrônomos têm muitos exemplos visíveis de fenômenos celestes que podem ser examinados. Isso permite que os dados observacionais sejam apresentados em gráficos, registrando-se, assim, as tendências gerais para a formulação de teorias. Neste capítulo, apresentaremos a evolução dos instrumentos astronômicos e as melhorias na tecnologia digital que permitiram que os astrônomos obtivessem avanços impressionantes na descrição e na compreensão das leis que governam o Universo.

2.1 Esfera celeste e coordenadas astronômicas

Da Terra, vemos o Sol deslizando lentamente para o leste, a uma taxa de 1° por dia. Em um ano, o caminho do Sol define um grande círculo na esfera celeste que os astrônomos chamam de *eclíptica*. Como visto no primeiro capítulo, esse movimento, conhecido desde a Antiguidade, é apenas aparente: na realidade, é a Terra que gira em torno do Sol em um ano. A eclíptica e o equador celeste não se confundem. Eles formam um ângulo denominado *obliquidade da eclíptica* (ϵ), cujo valor é atualmente 23° 26'. É o ângulo em que a Terra é inclinada em seu curso ao redor do Sol.

Figura 2.2 – À esquerda, o sistema de coordenadas equatorial – o astro M tem coordenadas ascensão reta (α) medida a partir do ponto vernal (ϒ) e declinação (δ) medida a partir do equador celeste, e ϵ é a inclinação do equador celeste em relação à eclíptica; à direita, uma foto com longo tempo de exposição para o registro das trajetórias das estrelas no céu

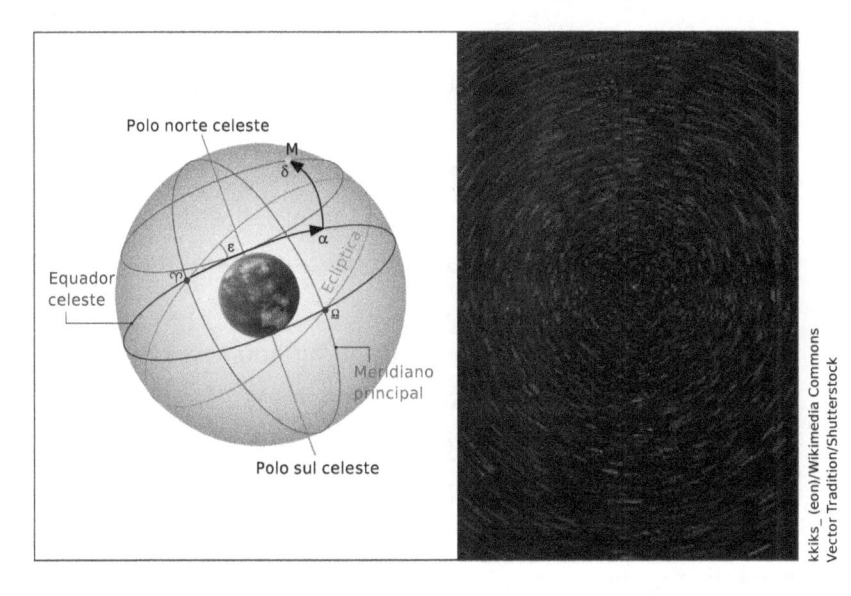

Fonte: Arana, 2000.

No Universo, os corpos celestes estão distribuídos em um espaço tridimensional. Contudo, em razão da imensa distância que separa esses objetos da Terra, ao observarmos o céu, temos a impressão de que todos esses astros se encontram em uma esfera. Para determinar as posições absolutas de estrelas e planetas nessa esfera, recorremos à projeção da superfície esférica da Terra no firmamento, um procedimento conhecido como *esfera celeste*. Essa esfera imaginária tem dois polos, norte e sul, que são determinados pela projeção do eixo de rotação terrestre sobre a esfera celeste. Essa projeção define um equador celeste, e ambos funcionam como pontos de referência projetados para as mesmas posições na superfície da Terra.

Em decorrência da rotação da Terra em seu eixo, a esfera celeste parece girar diariamente de leste a oeste, e as estrelas parecem seguir trilhas circulares em torno de dois pontos no céu. O ponto diretamente acima do observador é chamado de *zênite*, e a linha na esfera celeste que une o zênite do observador com os polos celestes norte e sul é denominado *meridiano celeste*. A projeção do equador da Terra na esfera celeste é chamada de *equador celeste*.

São dois os sistemas de coordenadas mais usados na astronomia. O primeiro é o **sistema de coordenadas horizontal**, que usa o horizonte do observador como referência e mede a altitude de um objeto (altura acima do horizonte) e o azimute (distância angular do norte medido para o leste). Ao contrário do sistema de coordenadas equatorial, a posição de cada objeto depende da localização do observador e do tempo da observação. Esse sistema de coordenadas é comumente utilizado em projetos na construção de telescópios. O segundo sistema, e sobre o qual vamos entrar em mais detalhes, é o sistema de coordenadas equatorial.

O **sistema de coordenadas equatorial** é de longe o mais comum para observações astronômicas, sendo basicamente uma extensão do sistema de coordenadas de latitude e longitude usado na Terra. Ao definir uma ascensão reta, uma declinação e uma época, cada objeto astronômico é identificado com uma posição única no céu.

Figura 2.3 – Exemplo para localização de um astro com coordenadas equatoriais, RA ascensão reta e DEC declinação

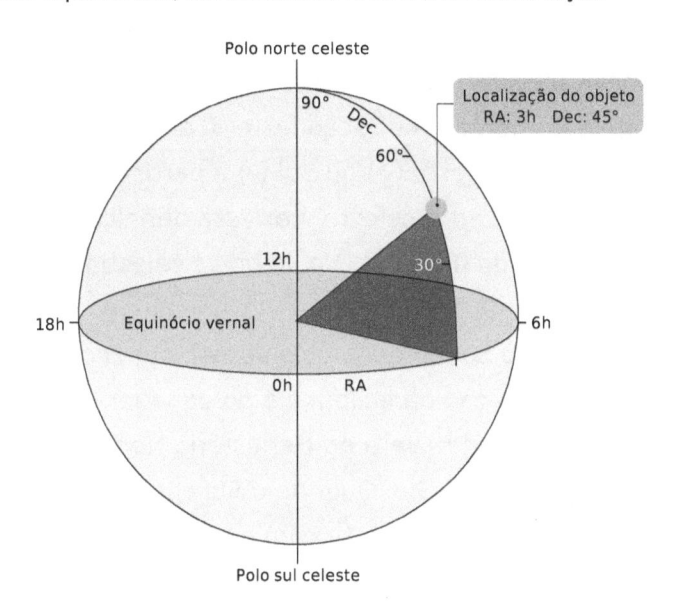

Fonte: Elaborado com base em Les différents..., 2022.

A ascensão reta e a declinação servem como um sistema de coordenadas absoluto fixado no céu para uma época. A **ascensão reta** é o equivalente à longitude, medida apenas em horas, minutos e segundos (já que a Terra gira nas mesmas unidades). A **declinação** é o equivalente à latitude medida em graus a partir do equador celeste (0° a 90°). Qualquer ponto associado a um corpo celeste (isto é, à posição de uma estrela ou planeta) pode ser referenciado com um único par de coordenadas, ascensão reta e declinação para uma dada época.

A ascensão reta é medida a partir do Sol no equinócio de março. O equinócio é o lugar na esfera celeste onde o Sol cruza o equador celeste de Sul para Norte, ponto que está localizado atualmente na constelação de Peixes. A ascensão reta é medida continuamente em um círculo completo e aumenta na direção leste. A declinação é medida em graus Norte (+) ou Sul (–) a partir do equador celeste. O equador celeste, por essa definição, tem uma declinação de 0 graus. O polo norte celestial tem 90 graus e o sul –90 graus.

A chegada do Sol no equinócio vernal, que, como vimos, é a interseção da eclíptica e do equador celeste, indica o início da primavera no Hemisfério Norte e do outono no Hemisfério Sul. Quando o Sol chega a outra interseção do equador celeste com a eclíptica, o chamado *equinócio de outono*, isso indica o início do outono no Hemisfério Norte e da primavera no Hemisfério Sul. A época do equinócio vernal é tipicamente por volta de 21 de março e do equinócio de outono, por volta de 22 de setembro.

O ponto na eclíptica onde o Sol está mais ao norte do equador celeste é denominado *solstício de verão*, ao passo que o ponto onde o Sol está mais ao sul do equador celeste é denominado *solstício de inverno*. No Hemisfério Norte, as horas de luz do dia são mais longas quando o Sol está perto do solstício de verão (por volta de 22 de junho) e mais curtas quando o Sol está perto do solstício de inverno (por volta de 22 de dezembro). O oposto é verdadeiro no Hemisfério Sul.

Essa inversão entre os hemisférios Norte e Sul e as estações do ano tem uma origem em comum: a obliquidade da Terra. A obliquidade é o ângulo entre o eixo rotacional de um objeto e seu eixo orbital, que é a linha perpendicular ao seu plano orbital; equivalentemente, é o ângulo entre seu plano equatorial e o plano orbital. Em uma obliquidade de 0, o eixo de rotação é perpendicular ao plano orbital.

O eixo da Terra permanece inclinado praticamente na mesma direção em relação à esfera celeste no decorrer de um ano, independentemente em que ponto de sua órbita esteja. A implicação direta do eixo de rotação ser praticamente fixo é que, dependendo da época do ano, os hemisférios Norte e Sul são iluminados diferentemente e temos, assim, as estações do ano. O verão ocorre no Hemisfério Norte quando o Polo Norte está recebendo mais iluminação do Sol.

É importante deixar claro que a distância da Terra ao Sol não é responsável pelas estações do ano. A diferença da maior distância entre a Terra e o Sol (afélio) e a menor distância (o periélio), em razão da forma elíptica da órbita da Terra, é de aproximadamente 3,3% da distância média da Terra ao Sol ao longo de sua órbita – 3,3% é algo em torno de 5 milhões de quilômetros. Essa variação de distância leva a uma variação de luminosidade solar de 6,8% e não é capaz de provocar as estações do ano. Uma observação lógica que demonstra isso é o fato de que, se a distância fosse a geradora das estações do ano da Terra, as estações do ano seriam iguais nos dois hemisférios, Norte e Sul, simultaneamente.

Existem mais alguns sistemas de coordenadas utilizados especificamente. Assim como as coordenadas horizontais e as coordenadas equatoriais, as *coordenadas eclípticas* são um sistema de referência esférica ortogonal, ou seja, no qual as duas séries de círculos selecionados para fixar a posição de um ponto na esfera celeste se cruzam em ângulos retos. Como o sistema é baseado em referências celestes, as coordenadas da eclíptica estão, em uma primeira aproximação, ligadas às estrelas fixas. Isso significa que os dois ângulos usados para identificar um corpo celeste – longitude (eclíptica) e latitude (eclíptica) – são idênticos para todos os observadores terrestres.

O sistema de coordenada galáctica constitui um sistema útil de localizar as posições e os movimentos relativos dos componentes da galáxia Via Láctea. A latitude galáctica (indicada pelo símbolo *b*) é medida em graus ao norte ou ao sul da base fundamental da galáxia, ou seja, do plano de simetria da Via Láctea. Esse plano é definido pelo equador galáctico, o grande círculo no céu que melhor se ajusta ao plano da Via Láctea, conforme determinado por uma combinação de medições ópticas e de rádio. O equador galáctico está inclinado a cerca de 62°36′ em relação ao equador celeste, que é a projeção do equador da Terra no céu.

A longitude galáctica (indicada pelo símbolo *l*) é medida em graus a leste de uma linha imaginária que atravessa o plano da Galáxia e conecta a Terra (supostamente nesse plano) com um ponto próximo ao centro galáctico na constelação de Sagitário. Antes de 1958, a longitude galáctica era medida a partir de um ponto escolhido arbitrariamente, uma interseção dos equadores galácticos e celestes na constelação de Aquila. O desenvolvimento da radioastronomia e a rediscussão dos resultados ópticos levaram a uma determinação mais precisa da posição do centro galáctico e sua adoção em 1958 como o novo ponto zero de longitude.

Figura 2.4 – Representação do sistema de coordenadas galácticas

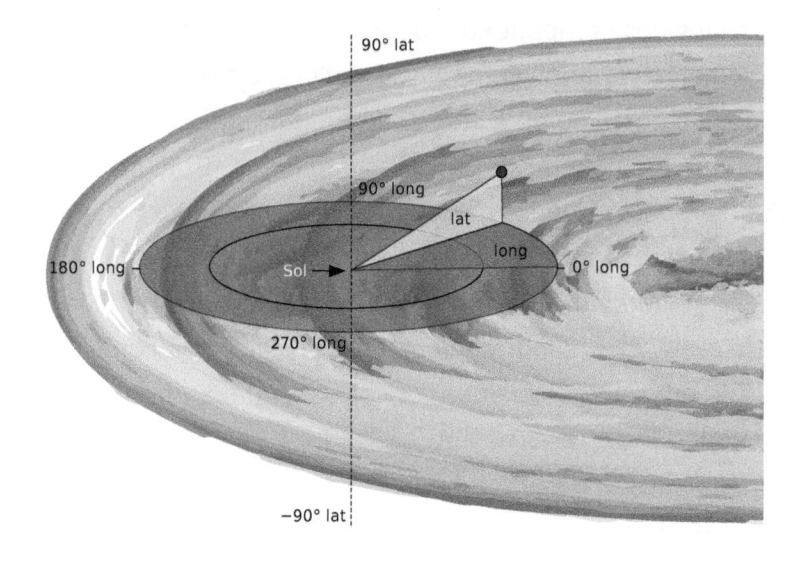

Legenda: *Sol* é a posição do Sol na galáxia, *lat* é a latitude galáctica, e *long* é a longitude galáctica.

Fonte: Coordonnées..., 2023, tradução nossa.

Para finalizar essa introdução aos principais sistemas de coordenadas em astronomia, contudo sem esgotar o tema, o sistema de coordenadas supergalácticas é um sistema de referência conveniente usado para localizar galáxias distantes, aglomerados de galáxias e superaglomerados. O sistema de coordenadas supergalácticas foi desenvolvido por Gérard de Vaucouleurs. O sistema de coordenadas tem seu equador alinhado com o plano supergaláctico, uma estrutura importante no Universo local formada pela distribuição preferencial planar de aglomerados de galáxias próximos.

O plano supergaláctico é aproximadamente perpendicular ao plano galáctico da Via Láctea. A longitude supergaláctica é definida como 0 graus onde esse plano supergaláctico intercepta o plano galáctico. Como o sistema de coordenadas supergaláctico é baseado no plano supergaláctico observado da Terra, ele passa pela Terra. Objetos nesse plano supergaláctico têm uma latitude supergaláctica de 0 graus. O polo supergaláctico norte (com longitude supergaláctica = 90°) encontra-se nas coordenadas galácticas l = 47,37°, b = +6,32°. O ponto zero encontra-se em l = 137,37°, b = 0° (Almirante, 2017; Tempel, 2016).

A história da construção de sistemas de coordenadas celestes tem paralelo com a história da astronomia e de nossa compreensão do Universo e a evolução da conceituação humana de seu tamanho. A União Astronômica Internacional (IAU, do *inglês International Astronomical Union*) tutela um painel chamado *Standards of Fundamental Astronomy* (Sofa) para fornecer algoritmos e *software* para uso em computação astronômica. Os membros desse painel são indicados pela Divisão A da IAU. O Conselho obtém os mais recentes modelos e teorias aprovados pela comunidade de astronomia fundamental, implementa-os como código de computador, verifica-os quanto à precisão e disponibiliza-os. Esses *softwares* tratam de calendários, sistemas de coordenadas etc. O subcampo da astronomia que estuda esse tema é chamado de *astrometria*.

2.2 Gnômon, astrolábio, sextante e luneta

O **gnômon** mais antigo que se conhece até hoje foi encontrado na China e é datado de 2300 a.C.; a descoberta foi feita no sítio astronômico de Taosi. O gnômon foi amplamente utilizado na China antiga a partir do século II a.C. para determinação das mudanças nas estações, orientação e latitude geográfica.

Porém, o que é um gnômon? Um *gnômon* é a parte de um relógio de sol que projeta uma sombra usada para indicar a hora. Também é um termo usado na matemática e na geometria para se referir a uma figura que é adicionada a outra figura para completar determinado padrão ou forma. Ou seja, uma das formas de um gnômon é uma haste vertical que projeta sua sombra. Outra forma é o gnômon perfurado: ele projeta uma imagem do Sol em um anteparo. Os dois formatos permitem a realizações de medidas para indicar a hora do dia e do ano.

Figura 2.5 – Descrição de um gnômon

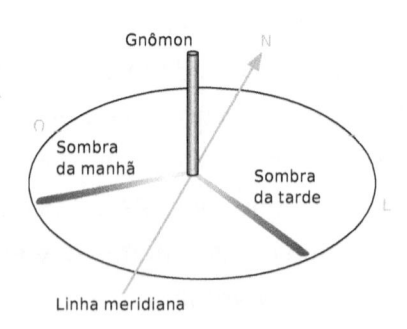

Fonte: O movimento..., 2023.

Amarrando um prego em uma das extremidades de uma corda, ou barbante, de forma que ela fique presa no prego e a outra extremidade fique presa na base do Gnômon, que a corda possa ser esticada e que possa girar em torno da haste sem se enrolar nele e, ainda, que seu comprimento possa ser regulado facilmente. Pode-se marcar, no solo, um ponto pela manhã e traçar um círculo. Aguardando, pela tarde, a sombra projetada atingir o círculo, pode-se definir o eixo Norte-Sul e Leste-Oeste. O gnômon é uma parte fundamental do relógio de sol.

O relógio de sol mais simples possível consiste em duas partes: uma placa plana e um Gnômon que projeta uma sombra sobre a placa. Quando o relógio de sol estiver devidamente alinhado, ele informará a hora solar local. Isso pode ter que ser ajustado para encontrar a hora do relógio nacional em função de longitude, estação e horário de verão. É possível construir seu próprio relógio de sol traçando a sombra em uma folha de papel em diferentes momentos do dia e durante um ano.

Com o avanço de nosso conhecimento, cabe uma pergunta: Onde você está na Terra? Hoje estão disponíveis aplicativos como Google Maps ou Google Earth em *smartphones*, contudo, nem sempre foi assim. Uma segunda pergunta pode ser feita: Quais estrelas estão no céu? Novamente, hoje existem aplicativos e *softwares* de planetários digitais que fornecem essas informações em tempo real para você. Durante a maior parte da história humana, esse não foi o caso. Vivemos em uma era notável, com todas essas informações ao nosso alcance.

Figura 2.6 – Relógio de sol localizado em Melbourne, Austrália

Assim como o gnômon, o **astrolábio** é um instrumento astronômico simples que consistia em um modelo portátil do Universo. Suas várias funções também o tornam um elaborado inclinômetro e um dispositivo de cálculo analógico capaz de resolver vários tipos de problemas em astronomia. O astrolábio primitivo foi inventado na civilização helenística por Apolônio de Perga entre 220 e 150 a.C., mas era frequentemente atribuído a Hiparco. Os astrolábios continuaram em uso no mundo de língua grega durante toda a era bizantina. Por volta de 550 d.C., o filósofo cristão John Philoponus escreveu um tratado sobre o astrolábio em grego, que é o mais antigo tratado existente sobre o instrumento. *Astrolábio* significa, literalmente, "tomador de estrelas" (Seidelmann; Hohenkerk, 2020).

A maioria das pessoas pensa nos astrolábios como sendo usados por navegadores apenas, mas isso não é correto. O astrolábio é, na prática, um "inclinômetro": ele permite ao usuário medir a posição inclinada de algo no céu (o Sol, a Lua, os planetas ou as estrelas) e usar as informações para determinar sua latitude, a hora na localização do usuário, assim como outros dados. Um astrolábio geralmente tem um mapa do céu gravado em metal. Alguns milhares de anos atrás, esses instrumentos constituíam a tecnologia *"hightech"* e foram fundamentais para a era da navegação.

Figura 2.7 – Os astrolábios foram desenvolvidos no mundo islâmico medieval, onde os astrônomos muçulmanos introduziram escalas angulares no desenho e os transformaram em verdadeiras joias

Magic Orb Studio/Shutterstock

Embora os astrolábios sejam uma tecnologia extremamente antiga, eles ainda estão em uso hoje, e as pessoas aprendem a fazê-los como parte do aprendizado de astronomia. Os caminhantes, às vezes, usam os astrolábios quando estão fora do alcance do GPS ou do serviço de celular. Você mesmo pode aprender a fazer um seguindo um guia prático no *site* da NOAA[*] (sigla

---

[*] NOAA – NATIONAL OCEANIC AND ATMOSPHERIC ADMINISTRATION. Disponível em: <https://www.noaa.gov/>. Acesso em: 15 jun. 2023.

em inglês para Administração Oceânica e Atmosférica Nacional) buscando por *Make Your Own Astrolabe*.

Existem, é claro, muitos tipos de astrolábios, mas o mais popular foi o astrolábio planisférico. Um modelo também interessante foi o astrolábio com calendário de engrenagens feito por Muhammad ibn Abi Bakr. Muhammad foi um astrônomo islâmico nascido em Aden (Iêmen). Ele é o autor de Al-Tuḥfa, que inclui um tratado contendo informações importantes para a história da astronomia islâmica e sua conexão com a religião do Islã. Esse antigo astrolábio persa com um movimento de calendário de engrenagens é a máquina de engrenagens mais antiga existente em um estado completo. Ela ilustra um estágio importante no desenvolvimento das várias máquinas astronômicas complexas das quais deriva o relógio mecânico moderno.

Os instrumentos até agora apresentados usam a observação direta da imagem, ou sombra, dos corpos estudados. A seguir, veremos um instrumento com um grau a mais de complexidade, o **sextante**. Um sextante é um instrumento de navegação duplamente refletor que mede a distância angular entre dois objetos visíveis. O principal uso de um sextante é medir o ângulo entre um objeto astronômico e o horizonte para fins de navegação celeste.

Figura 2.8 – Sextante

A estimativa do ângulo entre um objeto celeste e o horizonte, a altitude, é conhecida como *mirar* ou *fotografar* o objeto. O ângulo e a hora em que foi medido podem ser usados para calcular uma posição em uma carta náutica ou aeronáutica – por exemplo, avistar o Sol ao meio-dia ou a Estrela Polar à noite (no Hemisfério Norte) para estimar a latitude do observador. Também, a altura de um ponto de referência pode fornecer uma medida de distância e, utilizando-o horizontalmente, um sextante pode medir ângulos entre objetos para uma posição em dada região.

Um sextante também pode ser usado para medir a distância entre a lua e outro objeto celeste, como uma estrela ou um planeta, por exemplo. O princípio do instrumento foi implementado pela primeira vez, e de modo independente, por volta de 1731, por John Hadley (1682-1744) na Inglaterra e por Thomas Godfrey (1704-1749) um vidraceiro da Filadélfia; também foi encontrado relatos do instrumento nos escritos de Isaac Newton (Seidelmann; Hohenkerk, 2020).

A utilização do sextante é muito simples, basta segurar o instrumento verticalmente e apontá-lo para o corpo celeste. Veja o horizonte através de uma parte não prateada do espelho do horizonte. Ajuste o braço indicador até que a imagem do Sol ou da estrela – que foi refletida primeiro pelo espelho indicador e depois pela parte prateada do espelho do horizonte – pareça repousar no horizonte. A altitude do corpo celeste pode ser lida na escala do arco da estrutura do instrumento. É importante ressaltar que a altura do instrumento em relação ao nível do mar deve ser levada em conta.

Figura 2.9 – Ilustração de um sextante: (a) posicionamento inicial do instrumento; (b) busca do objeto-alvo; e (c) determinação do ângulo entre o horizonte e o objeto-alvo.

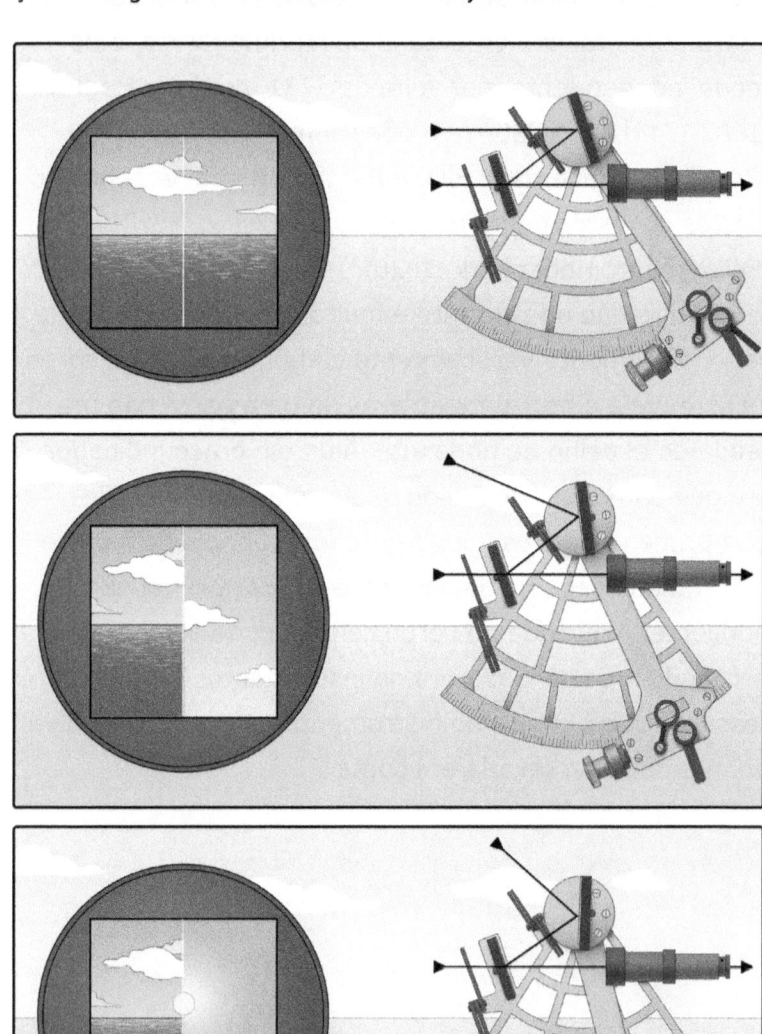

Provavelmente, o melhor fabricante de instrumentos do século XVIII foi o inglês Jesse Ramsden (1735-1800). Sua especialidade era a divisão de escala precisa. A criação de uma divisão de escala mais precisa foi um marco no desenvolvimento do instrumento. Certamente, viabilizava observações mais precisas, mas também permitia instrumentos menores, mais leves e mais fáceis de manusear.

Passos importantes foram dados para o desenvolvimento da astronomia com os instrumentos apresentados, porém, o grande salto foi dado com a **luneta**. Uma luneta é um telescópio de refração da luz; em outras palavras, é um instrumento que usa um conjunto de lentes por onde a luz observada passa e, sob o efeito de refração, isso resulta em um aumento da imagem observada. Como vimos, o primeiro a usar esse instrumento para fazer observações do céu foi Galileu Galilei. O poder de ampliação do instrumento usado por ele era de aproximadamente 30 vezes.

Sem mergulhar fundo na óptica, o telescópio focaliza a luz usando uma combinação de lentes côncavas para produzir uma imagem mais nítida e brilhante. Pode-se usar a equação do Lens Maker para representar matematicamente a dinâmica de um telescópio refrator. Com relação ao custo, os telescópios refratores são mais acessíveis para os iniciantes na astronomia. Além disso, alguns dos observatórios terrestres, como o Observatório Lowell, o Observatório Lick, o Observatório de Paris e o Observatório Nacional, usam telescópios refratores para realizar observações de apresentação e, alguns deles, até para pesquisas acadêmicas.

Para detalhar o funcionamento do telescópio refletor, faz-se necessária uma investigação inicial sobre a natureza da luz. A luz, ao se propagar, obedece a uma série de princípios físicos que foram descobertos primeiramente de forma empírica, ou seja, mediante a observação da natureza. Pode-se dizer que a primeira formulação bem-sucedida da natureza da luz foi por meio de uma interpretação geométrica.

A luz viaja através do vácuo em sua velocidade máxima – cerca de $3,0 \times 10^8$ m/s – e em uma trajetória reta. A luz viaja em velocidades mais lentas através de diferentes materiais, como vidro ou ar. Ao viajar de um meio para outro, alguma luz será refletida na superfície do novo meio. A luz que continua através do novo meio irá acelerar ou desacelerar, dependendo de quão rápido ela pode viajar através de cada meio. Por exemplo, a luz viaja mais rapidamente pelo ar do que pela água. O índice de refração de um meio é a razão entre a velocidade da luz no vácuo e a velocidade da luz no meio. Quanto maior o índice de refração, mais luz é retardada pela substância (Einstein, 2005).

Se a luz entrar no novo meio em ângulo reto com a superfície, ela mudará de velocidade, mas não de direção. Se entrar em um ângulo, sua velocidade e sua direção mudarão. A direção que a luz toma depende se ela viaja mais rápido ou mais devagar no novo meio. Imagine dirigir um carro de uma calçada lisa para uma praia de areia. Se você se aproximar da praia de forma frontal, o carro diminuirá a velocidade, mas não mudará de direção. Se você se aproximar da praia em ângulo, um dos pneus será desacelerado pela areia antes do outro, e o carro virará na direção do pneu que tocou a areia primeiro.

A luz segue o mesmo princípio: inclina-se em direção à normal ao entrar em um meio com um índice de refração mais alto e se afasta da normal ao entrar em um meio onde pode ir mais rápido. No diagrama apresentado na figura a seguir, a luz está saindo do ar e entrando no vidro: ela se inclina em direção à normal ao entrar e se afasta ao sair do vidro.

Figura 2.10 – Ilustração da refração sofrida por um raio de luz quando muda de meio

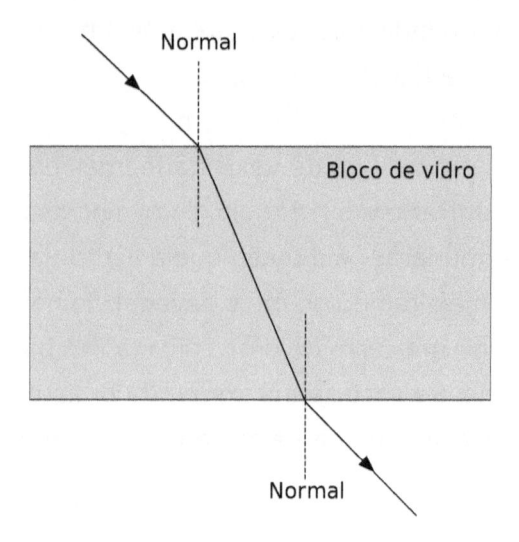

As lentes formam imagens por refração e, normalmente, são feitas de vidro ou plástico. Elas são construídas de modo que suas superfícies sejam segmentos de esferas ou planos. Se uma lente é convexa ou convergente, ela recebe raios de luz paralelos de um objeto distante e os direcionam de modo que convergem para um único ponto chamado *ponto focal*. A distância da lente ao ponto focal é denominada *distância focal* da lente. Se uma lente é côncava ou divergente, ela pega raios paralelos e os direciona para que eles se espalhem. Os raios parecerão, assim, originar-se de um ponto na frente da lente. Esse ponto também é chamado de *ponto focal* e sua distância é medida em unidades negativas.

Os primeiros telescópios, assim como muitos telescópios populares de hoje, usam lentes para coletar mais luz do que o olho humano poderia coletar sozinho. Eles focalizam a luz e fazem objetos distantes parecerem mais brilhantes, mais claros e ampliados. Esse tipo de telescópio, como vimos, é chamado de *telescópio refrator*. A maioria dos telescópios refratores usa duas lentes principais. A lente maior é denominada *lente objetiva*, e a lente menor, usada para visualização, é chamada de *lente ocular*.

O telescópio Kepleriano, inventado por Johannes Kepler em 1611, é uma melhoria no projeto idealizado por Galileu. Ele usa uma lente convexa como ocular em vez da côncava de Galileu. Isso permite um campo de visão muito mais amplo e maior alívio dos olhos, mas a imagem para o espectador é invertida. Ampliações consideravelmente maiores podem ser alcançadas com esse design, mas, para superar as aberrações, detalhes na construção da lente devem ser levados em conta. O projeto também permite o uso de um micrômetro no plano focal (para determinar o tamanho angular e/ou a distância entre os objetos observados) (Wall, 2018).

Embora os refratores possam ser ótimos telescópios para iniciantes – e nas mãos de Galileu e seus colaboradores tenham sido fundamentais na revolução copernicana – eles têm alguns problemas técnicos. Estes são apenas alguns dos problemas potenciais que um telescópio refrator pode ter: quando se tem uma lente pequena, não é possível conseguir uma imagem nítida para ampliação; já as lentes com grandes aberturas podem ter problemas em sua curvatura, e os defeitos na curvatura da lente podem distorcer a imagem que está sendo capturada.

O tamanho de uma imagem produzida por uma lente é proporcional à distância focal da lente. Quanto maior a distância focal, maior a imagem. O brilho de uma imagem de um telescópio depende, em parte, de quanta luz é coletada pelo telescópio. O poder de captação de luz de um telescópio é diretamente proporcional à área da lente objetiva. Quanto maior a lente, mais luz o telescópio pode coletar. Dobrar o diâmetro da lente aumenta o poder de captação de luz por um fator de 4. O brilho das imagens também depende de quão grande é a área em que a luz da imagem é espalhada. Quanto menor a área, mais brilhante a imagem. O poder de ampliação de um telescópio é a razão entre o diâmetro angular de um objeto e seu diâmetro a olho nu. Isso depende da distância focal de ambas as lentes, o que gera outro problema com esses telescópios, qual seja, para que uma pessoa veja a imagem no ponto focal, o telescópio precisa ser muito grande, transformando sua construção muito custosa e complexa.

Outra limitação dos telescópios de refração está nas lentes, as quais criam um tipo de distorção de imagem conhecido como *aberração cromática*. Isso ocorre porque, à medida que a luz passa por uma lente, cores diferentes são desviadas em ângulos diferentes (como em um prisma) e focalizadas em pontos diferentes. Em razão disso, as estrelas vistas através de uma lente simples são cercadas por halos coloridos do arco-íris. Isso pode ser corrigido adicionando uma lente fina de um tipo diferente de vidro atrás da lente objetiva.

Mesmo com todas as limitações, a luneta foi capaz de ampliar nosso Universo e trazer provas contundentes para a consolidação da revolução copernicana. E o próximo avanço, que levou nossa compreensão do Universo a um grau "infinito", foi dado por nada mais, nada menos que Isaac Newton. Durante seu hiato em Cambridge, Newton também começou a trabalhar em teorias do movimento que o levaram a escrever o que é conhecido como a *Lei da Gravitação Universal*. Ele também desenvolveu teorias das cores depois de supor que a luz branca era, na verdade, composta de partículas e de várias cores. Essa linha de estudo o levou a inventar um dispositivo que ajudou a selar sua reputação de visionário científico: o telescópio refletor, que veremos em detalhes nas próximas sessões.

Figura 2.11 – Primeiro telescópio refletor de Newton feito em 1668

Erich Lessing / Album / Album / Fotoarena

2.3 Telescópios e supertelescópios

As descobertas fascinantes desencadeadas pela introdução do telescópio refrator por Galileu seguidas pela invenção do telescópio refletor por Newton, no início do século XVII, representaram um notável e constante avanço tecnológico na exploração dos céus pela humanidade e, por consequência, a expansão do entendimento da grandeza do Universo. Hoje, uma variedade de instrumentos ópticos e não ópticos continua a expandir nossa compreensão e apreciação do cosmos.

A contribuição mais significativa para o desenvolvimento do telescópio no século XVIII foi de Sir William Herschel. Herschel, cujo interesse por telescópios foi despertado por um modesto instrumento de 5 cm, convenceu o rei da Inglaterra a financiar a construção de um refletor com distância focal de 12 m e um espelho de 120 cm. Herschel é creditado por ter usado esse instrumento para estabelecer as bases observacionais para o conceito de "nebulosas" extragalácticas, isto é, galáxias fora do sistema da Via Láctea. O Telescópio de 12 m de Herschel, também conhecido como *"Great Forty Foot"*, foi um telescópio refletor construído entre 1785 e 1789 no observatório House em Slough, Inglaterra, ilustrado na Figura 2.12, à esquerda. Para sua construção, utilizou-se um espelho primário de 120 cm com distância focal de 12 m. Foi desmontado em 1840, conservando apenas o espelho original e uma seção do tubo com 3 m de comprimento (Wall, 2018).

Figura 2.12 – À esquerda, gravura do Telescópio de Herschel; à direita, o refletor construído por Lord Rosse

Fondo Antiguo de la Biblioteca de la Universidad de Sevilla/Flickr/Domínio público

Os refletores continuaram a evoluir durante o século XIX com o trabalho de William Parsons (3º conde de Rosse, razão por que é chamado de Lord Rosse) e William Lassell. Em 1845 Lord Rosse construiu na Irlanda um refletor, apresentado na Figura 2.12, à direita, com um espelho de 185 cm e uma distância focal de cerca de 16 metros. Durante 75 anos, esse telescópio foi considerado o maior do mundo e foi usado para explorar milhares de nebulosas e aglomerados estelares. Lassell construiu vários refletores, sendo o maior deles em Malta; esse instrumento tinha um espelho primário de 124 cm e uma distância focal de mais de 10 metros. Seu telescópio tinha maior poder de reflexão do que o de Rosse e permitiu-lhe catalogar 600 novas nebulosas, bem como descobrir vários satélites dos planetas exteriores, como Tritão (a maior lua de Netuno), Hyperion (8ª lua de Saturno) e Ariel e Umbriel (duas das luas de Urano) (Wall, 2018; Lankford, 2013).

    O telescópio refletor predominou no século XX. A rápida proliferação de instrumentos cada vez maiores desse tipo começou com a instalação de um espelho refletor de 2,5 metros no Observatório Mount Wilson, perto de Pasadena, Califórnia, Estados Unidos. Logo em seguida, foi usado um tipo novo de vidro que sofre menos com expansões térmicas, permitindo que o Telescópio Hale tivesse um espelho refletor de 5 metros, tendo sua construção concluída em 1948 no Observatório Palomar. Pyrex (sim, o mesmo dos pratos) também foi utilizado no espelho principal do refletor de 6 metros do Observatório Astrofísico Especial em Zelenchukskaya, instalado na Rússia. Desde então, materiais e técnicas muito melhores para espelhos tornaram-se disponíveis. Cer-Vit, um material vitrocerâmico inventado por Owens Illinois em meados da década de 1960 foi usado para o espelho refletor do telescópio William Herschel, de 4,2 metros, do Observatório Roque de los Muchachos, nas Ilhas Canárias; e Zerodur, um material vitrocerâmico de alumino-silicato de lítio produzido pela Schott AG desde 1968, foi usado para o refletor de 10,4 metros do grande telescópio das Ilhas Canárias (Lankford, 2013).

Figura 2.13 – Grande Telescópio Canárias (GTC), localizado no Observatório del Roque de los Muchachos, na ilha de La Palma, nas Ilhas Canárias

Na Figura 2.14, é possível ver uma comparação de tamanhos nominais de espelhos primários de telescópios refletores ópticos notáveis já construídos ou em projeto de construção e alguns outros objetos para fator de comparação. As linhas pontilhadas mostram os espelhos equivalentes de captação de luz para a configuração proposta. Os telescópios mostrados nessa comparação estão comparados com dados de julho de 2020.

A astronomia moderna está à beira de outra revolução. Os maiores telescópios ópticos/infravermelhos, com diâmetros de até 10 m, logo serão ultrapassados por gigantes de 25 m a 42 m. Esses enormes baldes de luz têm muitos objetivos científicos declarados, mas dois dos mais atraentes são a detecção de luz fraca de planetas extrassolares em órbita em torno de estrelas próximas e, no outro extremo, a detecção dos primeiros sistemas de formação de estrelas no início do Universo. E um dos projetos mais ambiciosos nesse sentido é o *Extremely large telescopes* (ELT) (com tradução direta telescópio extremamente grande) (Liske, 2008; Gilmozzi; Spyromilio, 2007).

Figura 2.14 – Comparação do tamanho dos espelhos primários, em diversos telescópios

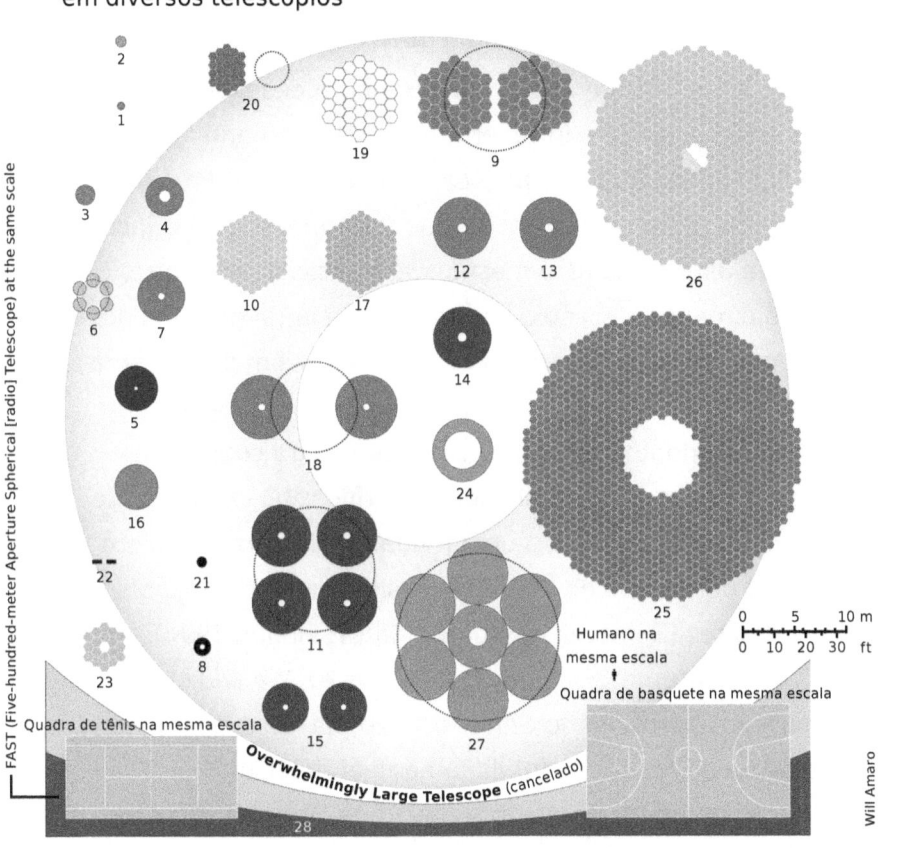

1. **Yerkes Observatory** (40" lente refratora na mesma escala). Williams Bay, Wisconsin (1893) | 2. **Great Paris Exhibition Telescope** (lente na mesma escala). Paris, França (1900) | 3. **Hooker (100")**. Mt Wilson, Califórnia (1917) | 4. **Hale (200")**. Mt Palomar, Califórnia (1948) | 5. **BTA-6 (Large Altazimuth Telescope)**. Zelenchuksky, Rússia (1975) | 6. **Multiple Mirror Telescope**. Mount Hopkins, Arizona (1979-1998) | 7. **Multiple Mirror Telescope**. Mount Hopkins, Arizona (1999-) | 8. **Hubble Space Telescope**. Órbita terrestre baixa (1990) | 9. **Keck Telescope**. Mauna Kea, Havaí (1993/1996) | 10. **Hobby-Eberly Telescope**. Davis Mountains, Texas (1996) | 11. **Very Large Telescope**. Cerro Paranal, Chile (1998-2000) | 12. **Gemini North**. Mauna Kea, Havaí (1999) | 13. **Subaru Telescope**. Mauna Kea, Havaí (1999) | 14. **Gemini South**. Cerro Pachón, Chile (2000) | 15. **Magellan Telescopes**. Las Campanas, Chile (2000/2002) | 16. **Large Zenith Telescope**. British Columbia, Canadá (2003) | 17. **Southern African Large Telescope**. Sutherland, África do Sul (2005) | 18. **Large Binocular Telescope**. Mount Graham, Arizona (2005) | 19. **Gran Telescopio Canarias**. La Palma, Ilhas Canárias, Espanha (2007) | 20. **Large Sky Area Multi-Objetc Filber Spectroscopic Telescope**. Hebei, China (2009) | 21. **Kepler**. Órbita solar terrestre (2009) | 22. **Gaia**. Ponto Terra-Sol L2 (2014) | 23. **James Webb Space Telescope**. Ponto Terra-Sol L2 (2021) | 24. **Large Synoptic Survey Telescope**. El Peñón, Chile (planejado 2020) | 25. **European Extremely Large Telescope**. Cerro Armazones, Chile (planejado 2022) | 26. **Thirty Meter Telescope**. Mauna Kea, Havaí (planejado 2022) | 27. **Giant Magellan Telescope**. Las Campanas, Chile (planejado 2020) | 28. Arecibo radio telescope na mesma escala

Fonte: Martin; Kim, 2016, tradução nossa.

Desde 2005, o ESO, sigla em inglês de *European Southern Observatory*, que podemos traduzir para Observatório Europeu do Sul, tem trabalhado com a comunidade científica e com a indústria para desenvolver um telescópio óptico e infravermelho extremamente grande. O ELT (do inglês *Extremely Large Telescope)* é um revolucionário telescópio terrestre que terá um espelho principal de 39 metros (isto mesmo: 39 metros de diâmetro) e será o maior telescópio de luz visível e infravermelha do mundo: o maior olho do mundo no céu. Além desse tamanho inigualável, o ELT estará equipado com uma linha de instrumentos de ponta, projetados para cobrir uma ampla gama de possibilidades científicas. O salto adiante com o ELT pode levar a uma mudança de paradigma em nossa percepção do Universo, assim como o telescópio de Galileu fez (Gilmozzi; Spyromilio, 2007; Finger, 1994).

O programa ELT foi aprovado em 2012 e a luz verde para a construção no *Cerro Armazones*, no deserto chileno do Atacama, foi dada no final de 2014. Da construção da imensa estrutura da cúpula do telescópio à fundição dos espelhos, o trabalho nessa maravilha da engenharia moderna foi possível graças ao espírito de colaboração. O ESO tem trabalhado ao lado de uma comunidade mundial e dezenas das empresas mais inovadoras da Europa para trazer à "primeira luz técnica" do ELT no final desta década.

As principais diferenças entre o ELT e os telescópios existentes está em seu espelho de 39 metros (quase metade do comprimento de um campo de futebol) e será de longe o maior telescópio do mundo para observar no visível e no infravermelho próximo. Os maiores telescópios ópticos atuais têm diâmetros de até dez metros, e o diâmetro do ELT será, portanto, quatro vezes maior. Esse diâmetro foi escolhido porque é o diâmetro mínimo necessário para responder a algumas das questões cientificas atuais. Por exemplo, o ELT será capaz de visualizar exoplanetas rochosos e caracterizar suas atmosferas, além de poder medir diretamente a aceleração da expansão do Universo.

Figura 2.15 – Vista panorâmica artística que mostra a cúpula do Extremely Large Telescope (ELT) em toda a sua imponência, no topo dos Cerro Armazones chilenos – o telescópio está atualmente em construção, e sua primeira luz está prevista para o fim da década de 2020

Quase tão importantes quanto o próprio telescópio são os instrumentos auxiliares que o astrônomo utiliza para explorar a luz recebida no plano focal. Exemplos de tais instrumentos são: câmera, espectrógrafo, tubo fotomultiplicador, dispositivo de carga acoplada (CCD) e dispositivo de injeção de carga (CID). Cada um desses tipos de instrumentos permitiram uma análise detalhada da luz que nos chega dos corpos celestes.

Desde que o americano John Draper fotografou a Lua já em 1840 – aplicando o processo para formar uma imagem no qual uma placa de cobre revestida com iodeto de prata é exposta à luz em uma câmera, depois fumegada com vapor de mercúrio e fixada (tornada permanente) por uma solução de sal comum – os avanços foram exponencias. Os físicos franceses A. H. L. Fizeau e J. B. L. Foucault conseguiram fazer uma imagem fotográfica do Sol em 1845. Cinco anos depois, os astrônomos do Observatório de Harvard tiraram as primeiras fotografias das estrelas (Gillespie, 2012).

O uso de equipamentos fotográficos em conjunto com telescópios beneficiou muito os astrônomos, dando-lhes duas vantagens distintas: primeiro, as imagens fotográficas forneceram um registro permanente dos fenômenos celestes. Com o avançar das técnicas e dos instrumentos, os astrônomos puderam usar as placas fotográficas para realizar fotos com longos períodos de exposição, o que permitiu ver objetos muito mais fracos do que seriam capazes de observar visualmente, gerando um aumento do conhecimento do Universo.

Normalmente, a chapa fotográfica (ou filme) da câmera era montada no plano focal do telescópio.

A placa ou filme consistia em um vidro ou um material plástico que era coberto com uma fina camada de um composto de prata. A luz que atingiu o meio fotográfico fez com que o composto de prata sofresse uma mudança química. Quando processado, resultou em uma imagem negativa; ou seja, os pontos mais brilhantes (a Lua e as estrelas, por exemplo) apareceram como as áreas mais escuras da placa ou do filme. Na década de 1980, com o desenvolvimento do CCD (sigla para *charge-coupled device*) no final da década de 1960, as placas e os filmes fotográficos rapidamente foram substituídos.

A astronomia se apropria e fomenta, simultaneamente, um avassalador desenvolvimento tecnológico que, associado ao aprimoramento do entendimento das leis que regem a natureza, proporcionou a nossa espécie uma visão mais abrangente do Universo. Contudo, a potente capacidade dos telescópios terrestres também introduziu desafios. A turbulência da atmosfera da Terra gera distorções nas imagens dos corpos celestes, mas também bloqueia certos tipos de radiação, para nossa sorte! Assim, o próximo passo para uma visão desobstruída é realizar observações acima da atmosfera. É por isso que foi idealizado o conceito de telescópio no espaço.

Mesmo em uma noite sem nuvens, temos de olhar através de nossa atmosfera para observar o Universo. A turbulência no ar faz com que as estrelas brilhem.

Isso torna impossível estudar detalhes muito finos. Além disso, muitos tipos de radiação eletromagnética do espaço são bloqueados pela atmosfera: raios gama, raios X, radiação ultravioleta e grandes porções do espectro infravermelho e submilimétrico não podem ser observados do solo. Portanto, desde o início da era espacial, os telescópios foram colocados a bordo de foguetes e satélites.

2.4 Sondas e telescópios espaciais

Vamos pontuar o começo da conquista do espaço pelo ser humano em 20 de junho de 1944, quando, durante a Segunda Guerra Mundial, ocorreu na Alemanha um teste do foguete conhecido como MW 18014. Ele foi disparado para o céu sem nenhum propósito científico, apenas como um teste de uma arma militar. Esse foguete atingiu uma altura de 176 km, cruzando o que é conhecido como a *Linha Kármán*. A Linha Kármán é um limite convencionado que fica a uma altitude de 100 km acima do nível do mar, usado para definir o limite entre a atmosfera terrestre e o espaço exterior. Dessa maneira, o foguete MW 18014 se tornou o primeiro objeto feito pelo homem na história a deixar o planeta Terra (Arendt, 1963; Brubaker, 2017).

Em 1957, o Sputnik 1 se tornou o primeiro objeto artificial a atingir a órbita da Terra, lançado pela União Soviética, em 4 de outubro de 1957. A exploração robótica do Sistema Solar começou quando a Luna 1, uma sonda espacial soviética, foi lançada de Tyuratam, URSS, em 2 de janeiro de 1959. A Luna 1 foi o primeiro objeto humano a chegar próximo à Lua e um marco na exploração espacial, mostrando que a humanidade poderia enviar sondas para explorar objetos celestes no espaço. Seus objetivos científicos pretendidos incluíam medições de gases interplanetários, radiação corpuscular do Sol e campos magnéticos da Terra e da Lua. O conjunto de instrumentos da Luna 1 incluía magnetômetro, contador Geiger, contador de cintilação, detector de micrometeoritos e outros instrumentos. A Luna 1 descobriu o vento solar e que a Lua não tem campo magnético (Arendt, 1963; Brubaker, 2017).

Figura 2.16 – À esquerda, o Sputnik 1; à direita, réplica da Luna 1

Após nosso primeiro passo no espaço interplanetário, a exploração robótica do Sistema Solar construída por humanos se expandiu para visitar todos os planetas,

planetas anões e vários pequenos corpos do Sistema Solar. Enviamos repetidamente naves espaciais para a Lua e para Marte. Os exploradores robóticos Pioneers 10 e 11, Voyagers 1 e 2, Galileo e as missões mais recentes visitaram muitos objetos celestes. Enviamos missões de sobrevoo e seguimos com missões orbitais para Mercúrio, Vênus, Lua e Marte. Em Marte, testamos o voou de um helicóptero na atmosfera de outro planeta. Pousamos e operamos robôs na superfície da Lua, Vênus, Marte, Titã, cometas e asteroides. Comandamos robôs para entrar nas atmosferas dos dois maiores corpos planetários do nosso Sistema Solar (Webber; Lockwood, 2001).

Figura 2.17 – Evolução das imagens da Lua: à esquerda, a primeira imagem do lado não visível da Terra; à direita uma imagem feira pela Apollo 16

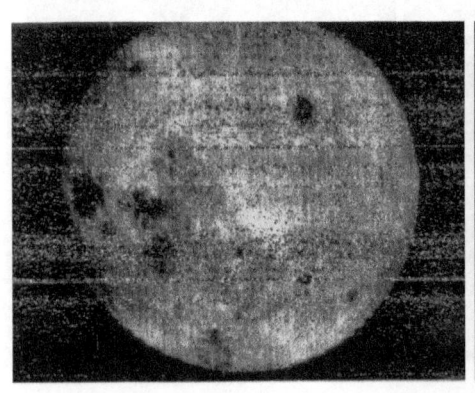

NASA
NASA/Lunar and Planetary Institute/Universities
Space Research Association

A sonda espacial Luna 2, lançada no fim de 1959, foi a primeira missão a fotografar o lado oculto da Lua e a terceira sonda espacial soviética a ser enviada para

a vizinhança da Lua. Essas vistas mostravam terreno montanhoso, muito diferente do lado voltado para Terra, e apenas duas regiões escuras e baixas que foram nomeadas *Mare Moscoviense*. O lado oculto da Lua foi posteriormente fotografado pela Apollo 16, em 1972.
Foi confirmado que esse lado da Lua tem um número maior de crateras do que o lado virado para Terra.
A sonda chinesa Longjiang-2 está em órbita da Lua e faz observações com sucesso desde maio de 2018; em 4 de fevereiro de 2019, obteve uma imagem do lado oculto da lua com a Terra ao fundo (Schefter, 2010).

Em 3 de fevereiro de 1966, uma espaçonave robótica, o Luna 9, da União Soviética, pousou pela primeira vez na Lua. Seu pouso se deu na vasta planície de lava conhecida como *Oceanus Procellarum* (Oceano de Tempestades). À esquerda da Figura está a primeira imagem transmitida, da câmera da torre no cilindro em cima. A sonda Venera 9, também da União Soviética, capturou a primeira imagem da superfície de Vênus.
O projeto Venera, que contou com 13 missões, mapeou a superfície do planeta vizinho. Eles revelaram céus amarelos e paisagens rochosas e desoladas – visões de um mundo que pode ter sido como a Terra antes de experimentar mudanças climáticas catastróficas. À direita da figura a seguir, podemos ver a primeira fotografia tirada na superfície do planeta Marte – foi obtida pela sonda Viking 1 apenas alguns minutos depois que a espaçonave

pousou com sucesso em 20 de julho de 1976, e o centro da imagem está a cerca de 1,4 metros da câmera (Schefter, 2010).

Figura 2.18 – Imagens das superfícies da Lua, de Vênus e de Marte

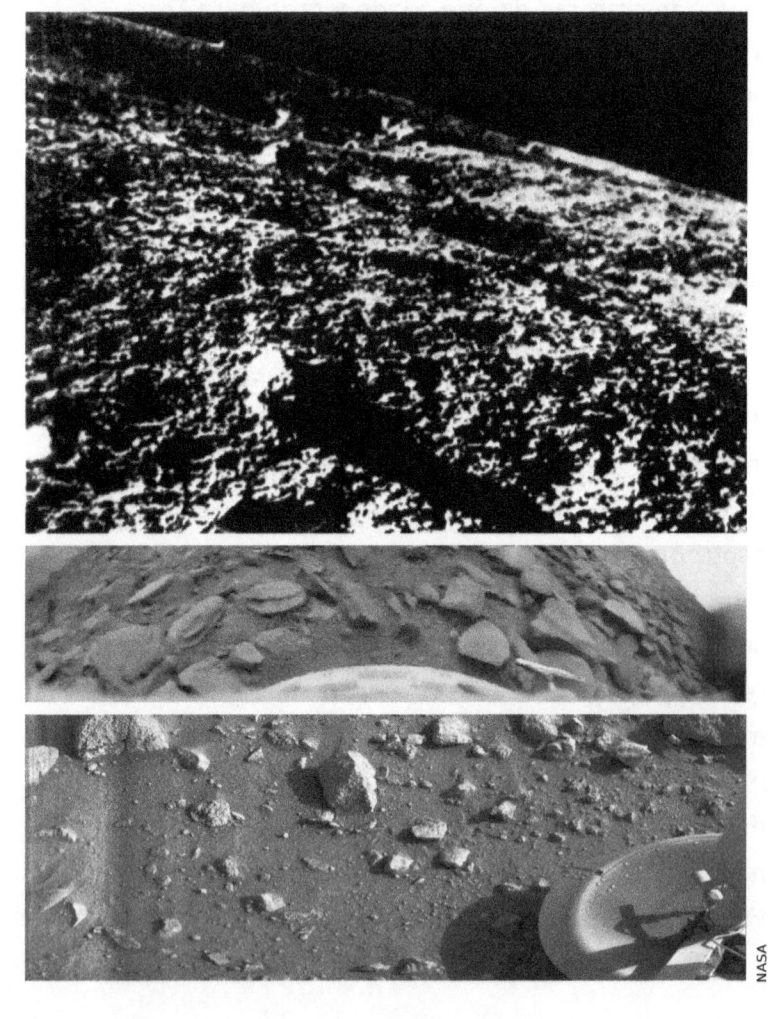

As espaçonaves gêmeas Voyager 1 e Voyager 2 foram lançadas pela NASA (*National Aeronautics and Space Administration*) em meses diferentes do verão de 1977 a partir do Cabo Canaveral, Flórida. Como originalmente projetadas, as Voyagers deveriam realizar estudos de Júpiter e Saturno, os anéis de Saturno e as luas maiores dos dois planetas. Para cumprir sua missão aos dois planetas, as espaçonaves foram construídas para durar cinco anos. No entanto, à medida que a missão prosseguia, e com a realização bem-sucedida de todos os seus objetivos, os sobrevoos adicionais aos dois planetas gigantes mais externos, Urano e Netuno, foram possíveis (Kohlhase; Penzo, 1977).

À medida que as espaçonaves voavam pelo Sistema Solar, elas foram reprogramadas por controle remoto para dotar as Voyagers de uma maior capacidade de operação. Sua missão de dois planetas passou para quatro. Suas vidas de cinco anos se estenderam para 44 e, no momento da escrita deste livro, elas ainda estão em operação. As Voyager 1 e 2 exploraram todos os gigantes planetas externos do nosso Sistema Solar, 48 de suas luas e os sistemas únicos de anéis e campos magnéticos desses planetas. Em agosto de 2012, a Voyager 1 fez a histórica entrada no espaço interestelar, a região entre as estrelas, repleta de material ejetado pela morte de estrelas próximas há milhões de anos. A Voyager 2 entrou no espaço interestelar em 5 de novembro de 2018 e os cientistas esperam aprender mais sobre essa região e poder aprimorar as definições dos limites do Sistema Solar (Cesarone; Sergeyevsky; Kerridge, 1984).

Figura 2.19 – À esquerda e à direita, imagens da V1; ao centro, imagem da V2, na qual pode ser vista a Lua

A Voyager 1 fez sua aproximação máxima de Júpiter em 5 de março de 1979, e a Voyager 2 fez aproximação máxima em 9 de julho de 1979. A primeira espaçonave voou a 206.700 quilômetros do topo das nuvens do planeta, e a Voyager 2 margeou dentro de 570.000 quilômetros. Os sobrevoos das Voyager 1 e 2 ao planeta Saturno ocorreu com nove meses de intervalo, com as aproximações máximas em 12 de novembro de 1980 e 25 de agosto de 1981. A Voyager 1 voou a 64.200 quilômetros dos topos das nuvens, enquanto a Voyager 2 chegou a 41.000 quilômetros (Hofstadter, 2019).

Em 19 de janeiro de 2006, foi lançada uma missão audaciosa: a sonda *New Horizons*. Ela passou por Júpiter para ter um impulso gravitacional e fez estudos científicos em fevereiro de 2007; no verão de 2015, e realizou um estudo durante seis meses de reconhecimento de Plutão e suas luas, culminando com a aproximação máxima de Plutão em 14 de julho de 2015. É esperado que a extensão da missão permita que a espaçonave vá para além do Cinturão de Kuiper para examinar outro dos antigos minimundos gelados naquela vasta região (Fountain, 2008).

A sonda *New Horizons* atualmente viaja a uma velocidade de aproximadamente 14 quilômetros por segundo em relação ao Sol. Um ano-luz equivale a, aproximadamente, 9,46 trilhões de quilômetros. Portanto, para percorrer 1 ano-luz, a sonda *New Horizons* levaria aproximadamente 674.285 anos. No entanto, é importante ressaltar que a sonda não foi projetada para alcançar tais velocidades nem para viajar por um período tão longo, sendo seu objetivo principal a exploração de Plutão e do Cinturão de Kuiper (Stern, 2008).

Figura 2.20 – À esquerda, imagens dos anéis feitas pela V2; à direita, imagem de Saturno feita pela V1

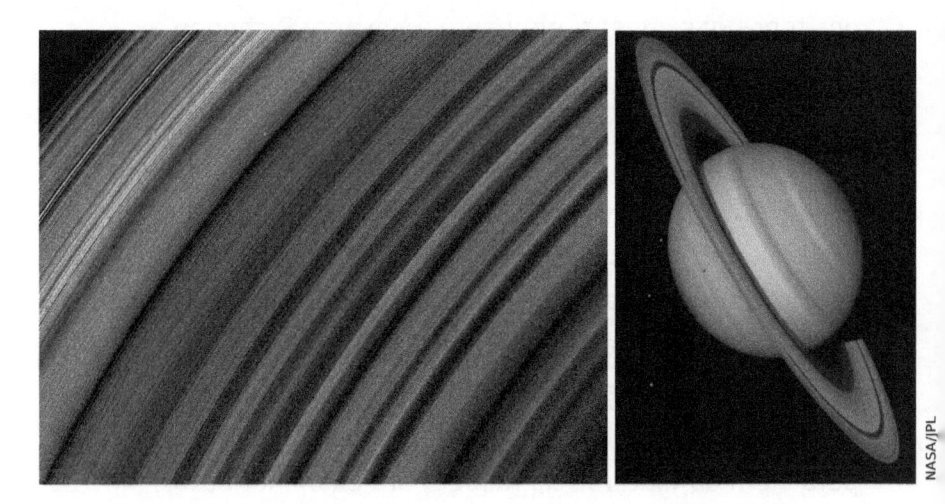

Plutão, um planeta anão, e sua maior lua, Caronte, pertencem a uma categoria conhecida como *corpos de gelo*. Eles têm superfícies sólidas, mas, ao contrário dos planetas terrestres, uma parte significativa de sua massa é material gelado. Usando imagens do Telescópio

Espacial Hubble, os membros da equipe *New Horizons* descobriram quatro luas de Plutão anteriormente desconhecidas: Nix, Hydra, Styx e Kerberos. A espaçonave iniciou sua fase de aproximação de Plutão em 15 de janeiro de 2015, e sua trajetória foi ajustada com uma queima de propulsores de 93 segundos em 10 de março (Dalle Ore, 2019).

Dois dias depois, faltando cerca de quatro meses para seu encontro próximo, a *New Horizons* finalmente se aproximou de Plutão a uma distância menor do que a do Sol até a Terra. Finalmente, no dia 14 de julho de 2015, a *New Horizons* voou cerca de 7.800 quilômetros acima da superfície de Plutão produzindo as mais detalhadas imagens do planeta e revelando uma estrutura rugosa. Em junho de 2022, a *New Horizons* estava a cerca de 7,9 bilhões de quilômetros da Terra, operando normalmente e acelerando mais profundamente no Cinturão de Kuiper a quase 53.000 quilômetros por hora. A Figura 2.21, à direita, apresenta as estruturas da superfície de Plutão, e à esquerda, uma imagem tirada durante a aproximação (Stern; Grinspoon, 2018).

Figura 2.21 – À esquerda, imagem feita pela sonda *New Horizons* ao se aproximar de Plutão; à direita, imagem detalhada da superfície de Plutão

NASA/Johns Hopkins University Applied Physics Laboratory/Southwest Research Institute
NASA/JHU APL/SwRI.

Por mais curioso que possa parecer, Wilhelm Beer e Johann Heinrich Mädler, em 1837, discutiram as vantagens de um observatório na Lua, e isso pode ter sido a semente para, em 1946, o astrofísico teórico americano Lyman Spitzer propor um telescópio no espaço. A proposta de Spitzer exigia um grande telescópio que não fosse prejudicado pela atmosfera da Terra. Depois de fazer campanha entre seus pares nas décadas de 1960 e 1970 para que tal sistema fosse construído, a visão de Spitzer finalmente se materializou no Telescópio Espacial Hubble, lançado em 24 de abril de 1990 pelo ônibus espacial Discovery (Gehrz, 2007).

Figura 2.22 – Sala limpa no Centro Espacial Kennedy da NASA em Cabo Canaveral, Flórida, no Observatório Astronômico Orbital 2 antes do lançamento da missão em 07/12/1968

NASA

Os primeiros telescópios espaciais operacionais foram os satélites do projeto *Orbiting Astronomical Observatory*, projeto que lançou um total de 4 satélites. O *OAO-1*, lançado em 1966, transportava instrumentos para detectar emissão de raios ultravioleta, raios X e raios gama. Antes que os instrumentos pudessem ser ativados, uma falha de energia resultou no término da missão após três dias. O *OAO-2* foi lançado em 1968 e carregava instrumentos de observação de radiação ultravioleta. Ele observou com sucesso até janeiro de 1973 e contribuiu para muitas descobertas astronômicas significativas. Entre eles estavam a descoberta de que os cometas são cercados por enormes halos de hidrogênio, com várias centenas de milhares de quilômetros de diâmetro. O *OAO-B* e *OAO-3* foram lançados em 1970 e em 1972, respectivamente. O primeiro não entrou em órbita por problemas na decolagem, mas o *OAO-3* provou ser a mais bem-sucedida das missões do projeto (Code; Savage, 1972).

A operação do *OAO-3* foi um esforço colaborativo entre a NASA e o Conselho de Pesquisa Científica do Reino Unido, e levava a bordo um detector de raios X construído pelo *Mullard Space Science Laboratory* da *University College London*, além de um telescópio de 80 cm com detector de raios ultravioleta construído pela Universidade de Princeton. Após o seu lançamento, foi nomeado Copérnico para marcar o 500º aniversário do nascimento de Nicolau Copérnico. O telescópio espacial Copérnico operou até fevereiro de 1981 e retornou espectros de alta resolução de centenas de estrelas junto com extensas observações de raios X. Entre as descobertas significativas feitas por Copérnico estavam a descoberta de vários pulsares de longo período (Code; Savage, 1972).

Esse início da experimentação dos telescópios espaciais culminou no instrumento que traria a maior e melhor visão do Universo: o telescópio espacial Hubble. Nomeado em homenagem ao astrônomo pioneiro Edwin Hubble, o telescópio espacial Hubble é um grande observatório espacial que revolucionou a astronomia desde seu lançamento e implantação pelo ônibus espacial Discovery em 1990. Muito acima das nuvens de chuva, poluição luminosa e distorções, o Hubble tem uma visão cristalina do Universo. Os cientistas usaram o Hubble para observar algumas das estrelas e galáxias mais distantes já vistas, bem como os planetas e asteroides de nosso Sistema Solar.

Durante sua operação, as capacidades do Hubble cresceram imensamente. Isso ocorreu porque novos instrumentos científicos de ponta foram adicionados ao telescópio ao longo de cinco missões de serviço de manutenção realizadas por astronautas. A substituição e a atualização das peças antigas prolongou muito a vida útil do telescópio. Os telescópios têm uma faixa específica de luz que podem detectar. O domínio do Hubble se estende do ultravioleta ao visível e ao infravermelho próximo. Essa faixa permitiu ao Hubble fornecer imagens impressionantes de estrelas, galáxias e outros objetos astronômicos que inspiraram pessoas ao redor do mundo e mudaram nossa compreensão do Universo.

Figura 2.23 – Telescópio espacial Hubble após a segunda missão de manutenção

O Telescópio Espacial Hubble é agora possivelmente o instrumento científico mais conhecido da história, com reconhecimento do público em geral em todo o mundo. Seu nome por si só agora evoca nossa capacidade de ver o Universo profundo. Tornou-se um símbolo de engenhosidade em nossa busca pela compreensão. É uma fonte de orgulho para a espécie humana. Esse nem sempre foi o caso. Sua gestação inicial foi marcada por crises orçamentárias e de cronograma e dificuldades técnicas.

Quando finalmente chegou à órbita, com anos de atraso e quase o dobro de preço, rapidamente se tornou notório como um erro pode custar caro. Em virtude de uma falha na esfericidade do espelho primário, o Hubble apresentava um tipo de "miopia", e foi necessária uma missão espacial extra para corrigir o erro. Mesmo como todo o avanço nos processos de manufatura, uma missão espacial hoje custa algo em tono de 133 milhões de dólares (Scoville et al., 2007; Freedman; Madore, 2010).

A decepção dos primeiros anos, no entanto, desaparece no brilho dos sucessos do Hubble. No entanto, além dos altos e baixos dessa missão, e da hipérbole frequentemente usada em ambos os casos, há simplesmente um telescópio muito inteligentemente projetado, bem projetado e bem cuidado para a tecnologia dos anos 1970, protegido por uma nave espacial envelhecida, mas notavelmente estável e robusta, e fantásticos instrumentos científicos de última geração. Com o Hubble, aprendemos sobre o Universo, mas de particular interesse para esse público também é o que a missão duradoura dele nos ensina sobre observatórios no espaço.

Durante sua vida, o Hubble fez mais de 1,5 milhão de observações. Mais de 19.000 artigos científicos revisados por pares foram publicados sobre suas descobertas, e todos os livros didáticos de astronomia atuais incluem contribuições do observatório. O telescópio rastreou objetos interestelares enquanto eles voavam pelo nosso

Sistema Solar, observou um cometa colidir com Júpiter e descobriu luas ao redor de Plutão. Ele encontrou discos de poeira e gás e berçários estelares em toda a Via Láctea que podem um dia se tornar sistemas planetários completos e estudou as atmosferas de planetas que orbitam outras estrelas. O Hubble olhou para o passado distante do nosso Universo, para locais a mais de 13,4 bilhões de anos-luz da Terra, capturando galáxias se fundindo, sondando os buracos negros supermassivos que se escondem em suas profundezas (Freedman; Madore, 2010; Zimmerman, 2010).

O Hubble é grande. Excluindo sua porta de abertura e painéis solares, a espaçonave tem 13,3 metros de comprimento e 4,3 metros de diâmetro em seu ponto mais largo. Ao todo, pesa cerca de 11.340 kg, e com um espelho de 2,4 metros, ele pode coletar aproximadamente 40.000 vezes mais luz que o olho humano e analisar em 6 instrumentos diferentes. O *layout* óptico do telescópio refletor é conhecido como *Ritchie-Chrétien*, onde a luz que entra é refletida no espelho primário até um espelho secundário e volta por um buraco no espelho primário onde chega a um plano focal que é compartilhado entre o conjunto de instrumentos científicos. Uma série de defletores pintados de forma plana preto e montados dentro do telescópio suprime a luz difusa ou espalhada do Sol, da Lua ou da Terra (Zimmerman, 2010).

Figura 2.24 – Imagens do instrumento *Advanced Camera for Surveys* (ACS) do telescópio espacial Hubble

O instrumento *Advanced Camera for Surveys* (ACS) do Hubble mudou para sempre nossa visão do Universo. O ACS tem três canais independentes de alta resolução cobrindo o ultravioleta até as regiões do infravermelho próximo do espectro eletromagnético, uma grande área de detecção e a significativa eficiência em seu CCD resultaram em um aumento de descobertas. Ainda hoje, o ACS continua a fornecer ciência inovadora e imagens impressionantes. O ACS tirou mais de 125.000 fotos e gerou inúmeras descobertas (Shayler; Harland, 2016).

Atualmente, temos dezenas de telescópios espaciais de diferentes tamanhos e propósitos. Podemos citar o Explorador de Fundo Cósmico (Cobe, do inglês *Cosmig Background Explorer*), que permitiu mapear a radiação de fundo infravermelha e de micro-ondas. Essa radiação, criada pelo Big Bang, forneceu dados sobre a história mais antiga do nosso Universo, o Corot (*COnvection ROtation and Planetary Transits*), que tem como objetivo procurar exoplanetas. A espaçonave monitora estrelas, procurando pequenas quedas de brilho, indicando o trânsito de um planeta em órbita. Há também o telescópio de raios X Chandra, que, entre outros objetivos, estudará buracos negros, quasares, matéria escura e os restos de explosões de estrelas.

O grande salto que a humanidade dará no entendimento do cosmos será com os resultados do telescópio espacial James Webb. Em dezembro de 2021, foi lançado com sucesso o mais poderoso telescópio já posto em órbita, o qual fará medidas no infravermelho com qualidade nunca vista. Entre outros usos interessantes, o telescópio realizará observações de exoplanetas, gerando dados que serão usados para caracterizar a composição atmosférica e as condições de habitabilidade desses sistemas planetários.

Webb, como é carinhosamente chamado, tem um espelho refletor de 6,6 metros de diâmetro e uma área de coleta de 25 metros quadrados formada por dezoito segmentos hexagonais. É um projeto conjunto da NASA, da Agência Espacial Europeia (ESA, do inglês *European Space Agency*) e da Agência Espacial Canadense (CSA, do inglês *Canadian Space Agency*) que conta com quatro instrumentos científicos: uma câmera de infravermelho próximo (0,6-5 mícrons) da Universidade do Arizona;

um espectrógrafo de infravermelho próximo (1-5 mícrons) da ESA; um gerador de imagens de infravermelho próximo e um espectrógrafo (0,7 – 4,8 mícrons) da CSA (Kalirai, 2018).

Figura 2.25 – Telescópio Espacial James Webb, o principal observatório de ciência espacial do mundo e o maior e mais complexo telescópio já lançado ao espaço

NASA

Os quatro principais eixos científicos do projeto são: o entendimento do **Universo primitivo**, ou seja, identificar as primeiras fontes luminosas a se formarem; a **evolução das galáxias** no decorrer do tempo e como a matéria escura, o gás, as estrelas, os metais, as estruturas morfológicas e os núcleos ativos evoluíram desde o início do Universo até os dias atuais; o **ciclo de vida das estrelas**, ou seja, entender desde o nascimento das estrelas até o surgimento de sistemas protoplanetários;

e, por fim, o **estudo de outros**, buscando o entendimento da astrofísica de sistemas planetários e a possibilidade do surgimento da vida.

No dia 11 de julho de 2022, o 46° presidente dos Estados Unidos, Joe Biden, anunciou: "Esta primeira imagem do Telescópio Espacial James Webb da NASA é a imagem infravermelha mais profunda e nítida do Universo distante até hoje". O aglomerado de galáxias SMACS 0723, conhecido como o *Primeiro Campo Profundo de Webb*, apresenta uma riqueza de detalhes impressionante. Graças ao poder do telescópio espacial James Webb, milhares de galáxias puderam ser observadas, incluindo objetos que jamais haviam sido detectados no infravermelho, evidenciando a capacidade sem precedentes do equipamento. Assim, a comunidade científica se depara com uma das imagens mais belas já produzidas pela astronomia (Mcelwain, 2023).

Impressionantemente, a primeira imagem do Webb trouxe resultados incríveis, entre eles a identificação de uma galáxia de 13,1 bilhões de anos. Dada a nitidez da imagem do Webb, os cientistas puderam verificar pela primeira vez, um espectro de galáxias tão distantes. Outro resultado importante, apresentado no dia seguinte, foi a detecção inequívoca de água, indicações de neblina e evidências de nuvens através do espectro de um exoplaneta localizado a cerca de 1.150 anos-luz da Terra e que orbita sua estrela a cada 3,4 dias. Tem cerca de metade da massa de Júpiter e sua descoberta foi anunciada em 2014 (Yan, 2022).

Figura 2.26 – Milhares de galáxias inundam esta imagem em infravermelho próximo feita pelo telescópio espacial James Webb do aglomerado de galáxias SMACS 0723

NASA, ESA, CSA, and STScI

Desde Galileu e sua luneta, passando pelo Hubble até o futuro telescópio de 40 metros, a jornada pelo entendimento do Universo produziu uma vasta gama de tecnologias e uma expansão incomensurável do entendimento do cosmos.

2.5 Natureza da luz e a astrofísica observacional

O objetivo da astrofísica é descrever, compreender e prever os fenômenos físicos que ocorrem no Universo. O conteúdo físico do Universo geralmente pode ser classificado em categorias, como planetas, estrelas, galáxias e assim por diante. Deles, tentamos entender suas propriedades, como: se são densos ou rarefeitos, quentes ou frios, estáveis ou instáveis. As informações recebidas pelos observadores e transformadas em sinais são a base para essa análise. Essas informações, em geral, chegam até nós através de ondas eletromagnéticas.

Os astrônomos buscam elaborar uma estratégia para coletar essas informações e ordenar as diversas variáveis ou parâmetros físicos medidos por meio da análise e da interpretação das ondas eletromagnéticas que são originárias dos objetos em estudo e que geralmente são modificados durante sua viagem pelo espaço. Para além das ondas eletromagnéticas, existem outras formas de coletar informações dos corpos celestes, como as ondas gravitacionais e os neutrinos, sem contar as partículas elementares, como elétrons, prótons, núcleos e átomos, ou grãos de poeira de vários tamanhos, como meteoritos. O transporte de informação resulta de um transporte de energia, sob qualquer forma, da fonte para o observador.

Por razões técnicas, a informação que chega à Terra não pode ser medida simultaneamente em todos os seus componentes. Assim, foi desenvolvida uma técnica observacional para cada componente. Existe uma grande diversidade de técnicas que produzem imagens, espectros, fotometrias, curvas de luz etc., cada uma delas intimamente ligada à tecnologia e às ferramentas físicas disponíveis a cada momento. Por fim, de nada adianta coletar as informações se elas não puderem ser armazenadas, manuseadas ou refinadas, caso surja a ocasião.

A radiação eletromagnética desempenha um papel crucial, transportando praticamente todas as informações que constituem nosso conhecimento do Universo e sobre as quais a astrofísica moderna é construída. Das observações a olho humano da era pré-copernicana, esse órgão muito elaborado nos permite coletar e transcrever para o cérebro informações provenientes de objetos tão distantes como as estrelas. A produção de radiação eletromagnética está diretamente relacionada a toda a gama de condições físicas que prevalecem no emissor, incluindo a natureza e o movimento de partículas, os átomos, as moléculas ou os grãos de poeira, a temperatura, a pressão, a presença de um campo magnético, e assim por diante.

Pode-se definir, no âmbito da mecânica clássica, a *radiação eletromagnética* como sendo um fluxo de energia na velocidade da luz através do espaço livre ou através de um meio material na forma de campos elétricos e magnéticos que compõem as ondas eletromagnéticas, como ondas de rádio, luz visível e raios gama. Ao conjunto de todas as faixas de ondas eletromagnéticas chamamos de *espectro eletromagnético*. Em tal onda há campos elétricos e magnéticos variantes no tempo e que são mutuamente ligados entre si em ângulos retos e perpendiculares à direção do movimento. Uma onda eletromagnética é caracterizada por sua intensidade e frequência ν, ou comprimento de onda λ, da variação temporal dos campos elétrico e magnético.

Em termos da teoria quântica moderna, a radiação eletromagnética é o fluxo de fótons (também chamados de *quanta de luz*) através do espaço. Os fótons são pacotes de energia $h\nu$ que sempre se movem com a velocidade da luz. O símbolo h é a constante de Planck, enquanto o valor de ν é o mesmo da frequência da onda eletromagnética da teoria clássica. Os fótons com a mesma energia $h\nu$ são todos iguais e sua densidade numérica corresponde à intensidade da radiação. A radiação eletromagnética exibe uma infinidade de fenômenos à medida que interage com partículas carregadas em átomos, moléculas, e objetos maiores de matéria. Esses fenômenos, bem como as formas como a radiação eletromagnética é criada e observada, a maneira como essa radiação ocorre na natureza e seus usos tecnológicos, dependem de sua frequência ν.

Pode-se categorizar dois tipos de fontes de radiação eletromagnéticas em relação ao objeto celeste que estamos observando: fontes primárias e fontes secundárias. As **fontes primárias** emitem ondas eletromagnéticas – por exemplo, o Sol que emite radiação em quase todo o espectro eletromagnético. Por outro lado, as **fontes secundárias** refletem as ondas eletromagnéticas emitidas por uma fonte primária – um exemplo disso é a Lua. No Sistema Solar, a luz produzida no Sol se propaga pelo espaço até encontrar um objeto e ser refletida e nos permitir estudá-las.

Figura 2.27 – Espectro eletromagnético

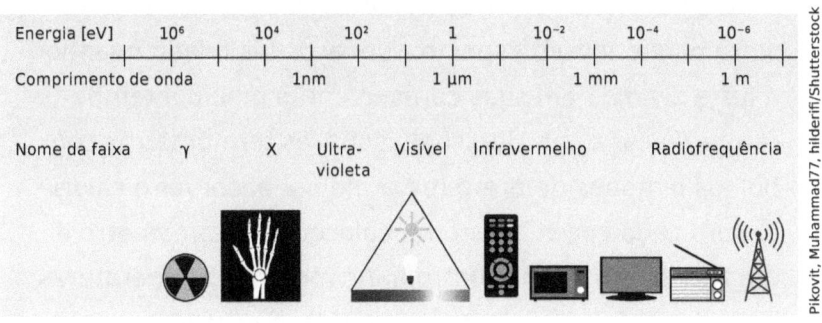

Energia [eV]	10^6	10^4	10^2	1	10^{-2}	10^{-4}	10^{-6}
Comprimento de onda			1nm		1 µm	1 mm	1 m
Nome da faixa	γ	X	Ultravioleta	Visível	Infravermelho		Radiofrequência

Pikovit, Muhammad77, hilderifi/Shutterstock

As principais divisões ilustradas aqui foram subdivididas de modo arbitrário: raios X suaves (0,01-10 nm); ultravioleta extremo (10-90 nm); ultravioleta distante (90-200 nm); ultravioleta próximo (200-300 nm); visível (320-700 nm); infravermelho próximo (0,8-15 m); infravermelho distante (15-200 m); radiofrequências por comprimento de onda na ordem de milímetro, centímetro, metro e até quilômetro.

Nossa compreensão moderna de luz e cor começa com Isaac Newton e uma série de experimentos que ele publicou em 1672. Ele foi o primeiro a entender o arco-íris. Em um experimento, ele refratou a luz branca com um prisma, resolvendo-a em suas cores componentes: vermelho, laranja, amarelo, verde, azul e violeta, ou seja, a luz branca é a composição de todas as cores. Um segundo passo importante no entendimento do espectro eletromagnético foi dado por Frederick William Herschel ao estudar quanto calor passava pelos diferentes filtros coloridos que ele usava para observar a luz do Sol. Ele havia notado que filtros de cores diferentes pareciam passar diferentes quantidades de calor.

Ele direcionou a luz do Sol através de um prisma de vidro para criar um espectro, um arco-íris criado quando a luz é dividida em suas cores, e então mediu a temperatura de cada cor. Herschel usou três termômetros com bolbos pintados de preto (para melhor absorver o calor) e, para cada cor do espectro, colocou um termômetro e um termômetro para controle. Ao medir as temperaturas individuais da luz violeta, azul, verde, amarela, laranja e vermelha, notou que todas as cores tinham temperaturas mais altas que os controles. Além disso, ele descobriu que as temperaturas das cores aumentaram da parte violeta para a vermelha do espectro.

Depois de perceber esse padrão, Herschel decidiu medir a temperatura logo além da porção vermelha do espectro em uma região aparentemente desprovida de luz solar. Para sua surpresa, descobriu que essa região tinha a temperatura mais alta de todas. Ele então realizou experimentos adicionais sobre o que chamou de *raios calóricos além da faixa vermelha do espectro*, descobrindo que eles foram refletidos, refratados, absorvidos e transmitidos de maneira semelhante à luz visível. O que Sir William tinha descoberto era uma forma de luz (ou radiação) além da luz vermelha, agora conhecida como *radiação infravermelha*.

Figura 2.28 – À esquerda, gravuras feitas por Newton em sua obra *Opticks: Or, a Treatise of the Reflections, Refractions, Inflections, and Colours of Light*, de 1721; à direita, um feixe de luz branca passando por um prisma de vidro e formando um arco-íris

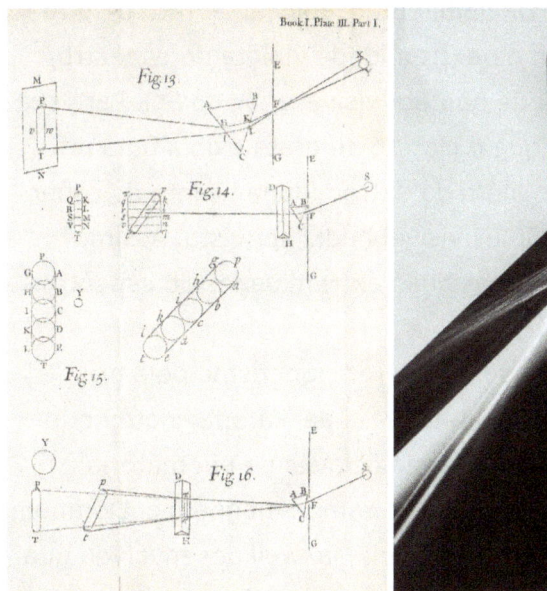

Um ano após Herschel descobrir o infravermelho, Johann Wilhelm Ritter realizou a descoberta da luz ultravioleta. Ele realizava experimentos com cloreto de prata, um produto químico que ficava preto quando exposto à luz solar. Ritter tinha ouvido falar que a exposição à luz azul causava uma reação maior no cloreto de prata do que a exposição à luz vermelha, então decidiu medir a taxa na qual o cloreto de prata reagia quando exposto às diferentes cores da luz. Em seu experimento, ele direcionou a luz do Sol através de um prisma de vidro para criar um espectro e, então, colocou cloreto de prata em cada cor do espectro. Ritter notou que o cloreto de prata mostrou pouca mudança na parte vermelha do espectro, mas escureceu cada vez mais em direção à extremidade violeta do espectro. Decidiu, então, colocar cloreto de prata na área logo além da extremidade violeta do espectro, em uma região onde não era visível a luz do Sol. Para sua surpresa, ele viu que o cloreto de prata exibia uma reação intensa muito além da extremidade violeta do espectro, onde nenhuma luz visível podia ser vista. Assim, ficou claro que, para as duas extremidades do espectro visível, existia "luz".

    A luz foi associada ao eletromagnetismo pela primeira vez em 1845, quando Michael Faraday notou que a polarização da luz viajando através de um material transparente respondia a um campo magnético. Durante a década de 1860, James Clerk Maxwell desenvolveu quatro equações diferenciais parciais, o que chamamos hoje de *equações de Maxwell*, para o campo eletromagnético. Duas dessas equações previam a possibilidade e o comportamento ondulatórios dos campos elétricos e magnéticos. Analisando a velocidade dessas ondas teóricas, Maxwell percebeu que elas deveriam viajar a uma velocidade que era aproximadamente a velocidade conhecida da luz. Essa surpreendente coincidência de valor levou Maxwell a inferir que a própria luz é um tipo de onda eletromagnética. As equações de Maxwell previam uma gama infinita de frequências de ondas eletromagnéticas, todas viajando à velocidade da luz. Essa foi a primeira indicação de que o espectro eletromagnético apresentava uma larga faixa.

As ondas previstas de Maxwell incluíam ondas em frequências muito baixas em comparação com o infravermelho, que, em teoria, podem ser criadas por cargas oscilantes em um circuito elétrico comum. Na tentativa de provar as equações de Maxwell e detectar essa radiação eletromagnética de baixa frequência, em 1886, o físico Heinrich Hertz construiu um aparelho para gerar e detectar o que hoje são chamadas de *ondas de rádio*. Hertz encontrou as ondas, foi capaz de medir o comprimento de onda e, multiplicando-o por sua frequência, desvendou que elas viajavam na velocidade da luz. Ele também demonstrou que a nova radiação pode ser refletida e refratada por vários meios dielétricos, da mesma forma que a luz.

Em 1895, Wilhelm Röntgen realizou um experimento com um tubo, no qual se criava um vácuo, e notou um novo tipo de radiação. Ele chamou essa radiação de *raios X* e descobriu que eles eram capazes de viajar por partes do corpo humano, mas eram refletidos ou interrompidos por materiais mais densos, como ossos. Em pouco tempo, muitos usos foram encontrados para essa radiação, como as radiografias, que trouxeram um grande avanço para medicina.

O complemento do espectro eletromagnético foi obtido com a descoberta dos raios gama. Em 1900, Paul Villard estava estudando as emissões radioativas de rádio, que havia sido descoberto por Marie e Pierre Cuire, quando identificou um novo tipo de radiação que, a princípio, pensou consistir em partículas semelhantes às conhecidas partículas alfa e beta, mas com o poder de ser muito mais penetrante do que qualquer uma delas. Apesar disso, em 1910, o físico britânico William Henry Bragg conseguiu demonstrar que os raios gama são, na verdade, uma forma de radiação eletromagnética. Posteriormente, Ernest Rutherford e Edward Andrade mediram seus comprimentos de onda e constataram que os raios gama apresentavam similaridades com os raios X, porém com comprimentos de onda ainda mais curtos.

Paralelamente ao avanço do entendimento do espectro eletromagnético, outras descobertas permitiram desvendar detalhes da informação transportada pelas ondas eletromagnéticas. Em 1802, William Hyde Wollaston construiu um espectrômetro, aprimorando o modelo de Newton, que incluía uma lente para focalizar o espectro do Sol em uma tela. Após o uso, Wollaston percebeu que as cores não estavam espalhadas uniformemente, mas, em vez disso, apareciam faixas escuras no espectro do Sol. Na época, ele acreditava que essas linhas eram limites naturais entre as cores, porém essa hipótese foi posteriormente descartada, em 1815, pelo trabalho de Fraunhofer.

Por outro lado, o entendimento da estrutura da matéria permitiu uma adequada interpretação da informação vinda dos astros via ondas eletromagnéticas e decomposta em seu espectro. A matéria é composta de átomos mantidos juntos por forças eletromagnéticas. As características dessas ligações determinam em qual dos quatro estados a matéria existe: sólido, líquido, gasoso e plasma. Plasmas só são encontrados naturalmente em coroas e núcleos de estrelas, e o aumento da energia cinética dos átomos enfraquece suas ligações. O aquecimento aumenta o movimento dos átomos e faz com que a matéria passe do estado sólido (gelo) para o líquido (água) e deste para o gasoso (vapor).

No átomo de Bohr, os elétrons só podem se mover em órbitas fixas ou quantizadas. Por meio das órbitas quantizadas dos elétrons, é possível obter uma explicação clara sobre a origem dos fótons e do espectro da luz. Os fótons são produzidos pela transição de elétrons para órbitas mais baixas. Uma transição descendente libera energia potencial na forma de uma partícula de luz: um fóton (que forma uma linha de emissão). Da mesma forma, os fótons podem ser absorvidos por elétrons (causando uma linha de absorção); nesse caso, os elétrons se movem para órbitas superiores.

Nossa compreensão atual da estrutura do átomo é tal que sabemos que o átomo contém um núcleo cercado por uma nuvem de elétrons carregados negativamente e ligados ao núcleo por forças eletromagnéticas. O núcleo é composto de nêutrons, que não têm carga, e prótons carregados positivamente unidos pela força nuclear forte. Os prótons e nêutrons são compostos de quarks cujas cargas fracionárias (2/3 e –1/3) se combinam para produzir a carga 0 ou +1 do próton e do nêutron, respectivamente.

Com o entendimento do transportador da informação (as ondas eletromagnéticas) e de como essa informação é gerada (a estrutura da matéria), pode-se dizer que os pilares para a principal ferramenta de investigação do Universo estavam definidos. Três personagem são fundamentais para o campo da espectroscopia: Fraunhofer, Kirchhoff e Lockyer. Fraunhofer, no início de 1800, ampliou o espectro do Sol e descobriu linhas espectrais. Kirchhoff, em meados de 1800, desenvolveu as três leis da análise espectroscópica, a qual é usada para determinar a composição química do Sol e das estrelas. Lockyer, no final de 1800, descobriu um elemento desconhecido no Sol, mais tarde chamado de *hélio*.

As três Leis de Kirchhoff são:

1. **Espectro contínuo** – Um corpo sólido ou líquido irradia um espectro suave e ininterrupto (chamado de *curva de Planck*).
2. **Espectro de emissão** – Um gás radiante produz um espectro de linhas espectrais discretas.
3. **Espectro de absorção** – Um espectro contínuo que passa por um gás frio tem linhas espectrais específicas removidas (o inverso de um espectro de emissão).

O alemão Max Karl Ernst Ludwig Planck é considerado o pai da física quântica e um dos físicos mais importantes do século XX. Ele se debruçou sobre o problema da radiação de corpos sólidos aquecidos. Os sólidos, quando aquecidos, emitem radiação variando em uma ampla faixa de comprimentos de onda. Por exemplo: quando aquecemos um metal, a partir de dada temperatura ele começa a emitir uma luz avermelhada. Com um aumento adicional da temperatura, esse metal passa para uma cor laranja. Essa mudança na cor acontece de uma região de frequência mais baixa para uma região de frequência mais alta à medida que a temperatura aumenta, ou seja, muda de vermelho para azul. Um corpo ideal que pode emitir e absorver radiação de todas as frequências é chamado de *corpo negro*. A radiação emitida por tais corpos é chamada de *radiação de corpo negro*.

Pode-se dizer que a variação de frequência para a radiação do corpo negro depende da temperatura. A dada temperatura, a intensidade da radiação aumenta com o aumento do comprimento de onda da radiação, que aumenta até um valor máximo e depois diminui com o aumento do comprimento de onda. Esse fenômeno não poderia ser explicado pelo eletromagnetismo de Maxwell. Assim, Planck propôs que a energia, nesse tipo de fenômeno, é discretizada, ou seja, ela só é transmitida em pacotes. O resultado ficou conhecido como *curva de Planck*, que reproduzia a Lei de Stefan-Boltzmann: a quantidade de energia emitida por um corpo aumenta com a temperatura mais alta; e a Lei de Wien: o pico de emissão se move para luz mais azul à medida que a temperatura aumenta.

De acordo com a teoria quântica de Planck, diferentes átomos e moléculas podem emitir ou absorver energia apenas em quantidades discretas. A menor quantidade de energia que pode ser emitida ou absorvida na forma de radiação eletromagnética é conhecida como *quantum*. A energia da radiação absorvida ou emitida é diretamente proporcional à frequência da radiação:

$$E = h\nu$$

Em que:
E é a energia da radiação;
h é a constante de Planck ($6{,}626 \times 10^{-34}$ Js);
ν é a frequência de radiação.

Curiosamente, Planck também concluiu que estes eram apenas um aspecto dos processos de absorção e emissão de radiação. Eles não tinham nada a ver com a realidade física da radiação em si. Mais tarde, no ano de 1905, o famoso físico alemão Albert Einstein também reinterpretou a teoria de Planck para explicar melhor o efeito fotoelétrico. Ele era da opinião de que, se alguma fonte de luz estivesse focada em certos materiais, eles poderiam ejetar elétrons do material. Basicamente, o trabalho de Planck levou Einstein a determinar que a luz existe em quanta (*quanta* é plural de *quantum*) discretos de energia, ou fótons.

Figura 2.29 – Espectro contínuo e espectro de linha de diferentes elementos: cada tipo de gás incandescente (cada elemento) produz seu próprio padrão único de linhas, de modo que a composição de um gás pode ser identificada por seu espectro

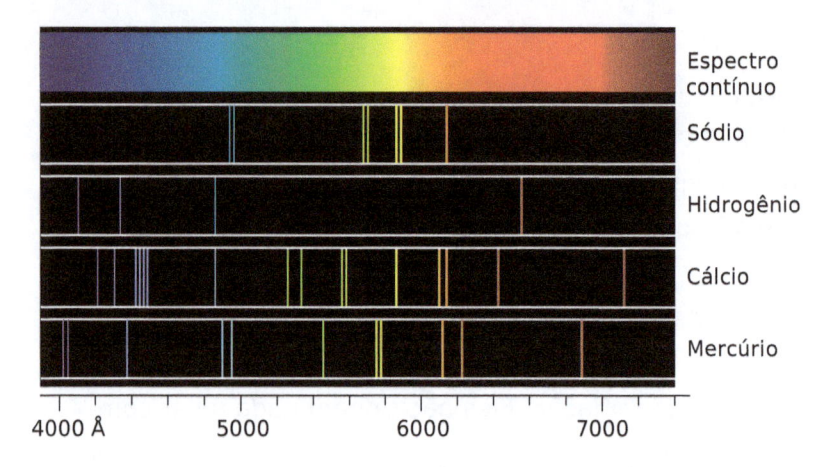

Espectro contínuo
Sódio
Hidrogênio
Cálcio
Mercúrio

4000 Å   5000   6000   7000

Fonte: Hosti, 2021.

A beleza dessa interação é que cada elemento químico ou molécula produz uma assinatura única no espectro, uma espécie de código de barras que identifica inequivocamente um elemento, distinguindo-o do outro. Ao decodificar esses códigos de barras, a espectroscopia pode revelar propriedades importantes de qualquer corpo que emite ou absorva luz.

A figura a seguir resume os diferentes tipos de espectros que discutimos. Uma lâmpada incandescente produz um espectro contínuo. Quando esse espectro contínuo é visto através de uma nuvem de gás mais fina, um espectro de linha de absorção pode ser visto sobreposto ao espectro contínuo. Se olharmos apenas para uma nuvem de átomos de gás excitados (sem fonte contínua vista atrás dela), veremos que os átomos excitados emitem um espectro de linha de emissão. Os átomos de um gás quente se movem em alta velocidade e colidem continuamente uns com os outros e com quaisquer elétrons soltos. Eles podem ser excitados (elétrons movendo-se para um nível mais alto) e "desexcitados" (elétrons movendo-se para um nível mais baixo) por essas colisões, bem como pela absorção e pela emissão de luz.

Figura 2.30 – Três tipos de espectros: radiação contínua, linhas de absorção e linhas de emissão: pode-se aprender quais tipos de átomos estão na nuvem de gás a partir do padrão de absorção ou linhas de emissão

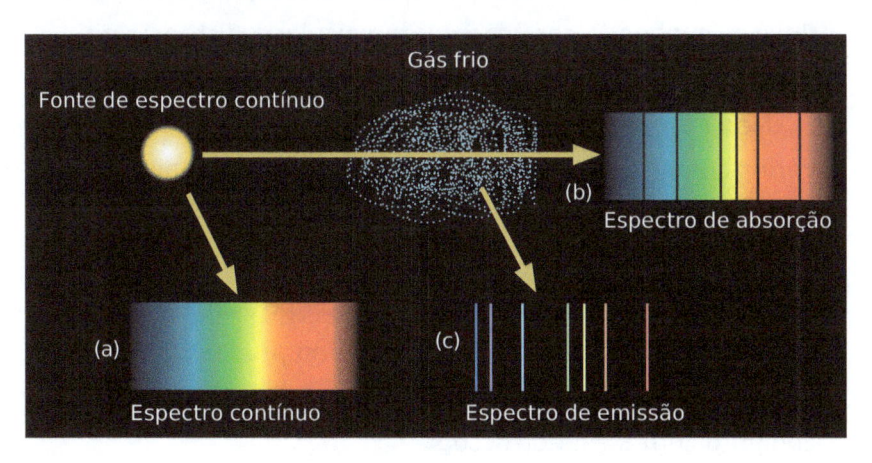

Fonte: Ortiz, 2023, tradução nossa.

A velocidade dos átomos em um gás depende da temperatura. Quando a temperatura é mais alta, também o são a velocidade e a energia das colisões. Quanto mais quente o gás, portanto, maior a probabilidade de os elétrons ocuparem as órbitas mais externas, que correspondem aos níveis de energia mais altos. Isso significa que o nível em que os elétrons começam seus saltos para cima em um gás pode servir como um indicador de quão quente é esse gás. Dessa forma, as linhas de absorção em um espectro fornecem aos astrônomos informações sobre a temperatura das regiões onde as linhas se originam.

A quantidade de energia emitida pelas estrelas é determinada medindo seu brilho ou a quantidade de luz que emitem; isso se chama *fotometria*. A fotometria dá a informação mais básica que podemos obter de fontes pontuais, como estrelas, por meio de medição de seu fluxo, o qual pode ser usado para calcular a distância de um objeto.

Medir a quantidade de luz que um objeto emite em vários comprimentos de onda também pode nos ajudar a entender outros parâmetros, como temperatura, tamanho, massa, luminosidade (a quantidade de luz que um determinado objeto está emitindo), composição química e compreensão dos processos físicos no processo de emissão da luz. A fotometria é frequentemente usada em conjunto com a espectroscopia.

Uma aplicação para a fotometria é na observação de estrelas variáveis, como variáveis cefeidas. Cefeida é um membro de uma classe particular de estrelas variáveis massivas muito luminosas, com períodos de pulsação de 1-70 dias. Ao se medir a variação do brilho, é produzido uma curva de luz que é um gráfico do brilho de um objeto em função do tempo. Alguns tipos de objetos, como é o caso das cefeidas, demonstram um padrão de repetição nessas medições, e esse padrão é um indicativo de um período de variação de seu brilho. As curvas de luz também podem nos permitir examinar o comportamento de supernovas e o período de rotação de asteroides.

Outro exemplo do uso da fotometria é na descoberta de exoplanetas. A técnica é chamada de *trânsito* e é semelhante a um eclipse solar. Quando um planeta passa diretamente entre um observador e a estrela em que ele orbita, ele bloqueia parte da luz dessa estrela. Por um breve período, a estrela realmente fica menos brilhante. Embora pequena, a mudança é suficiente para indicar aos astrônomos a presença de um exoplaneta orbitando uma estrela distante.

O método de trânsito tem sido espetacularmente bem-sucedido em encontrar novos exoplanetas. A missão Kepler da NASA, que buscou planetas usando o método de trânsito de 2009 a 2013, encontrou milhares de possíveis descobertas de exoplanetas e deu aos astrônomos informações valiosas sobre a distribuição de exoplanetas na galáxia.

Figura 2.31 – A primeira imagem mostra a fotometria de uma estrela cefeida; a segunda, uma representação de uma curva de luz

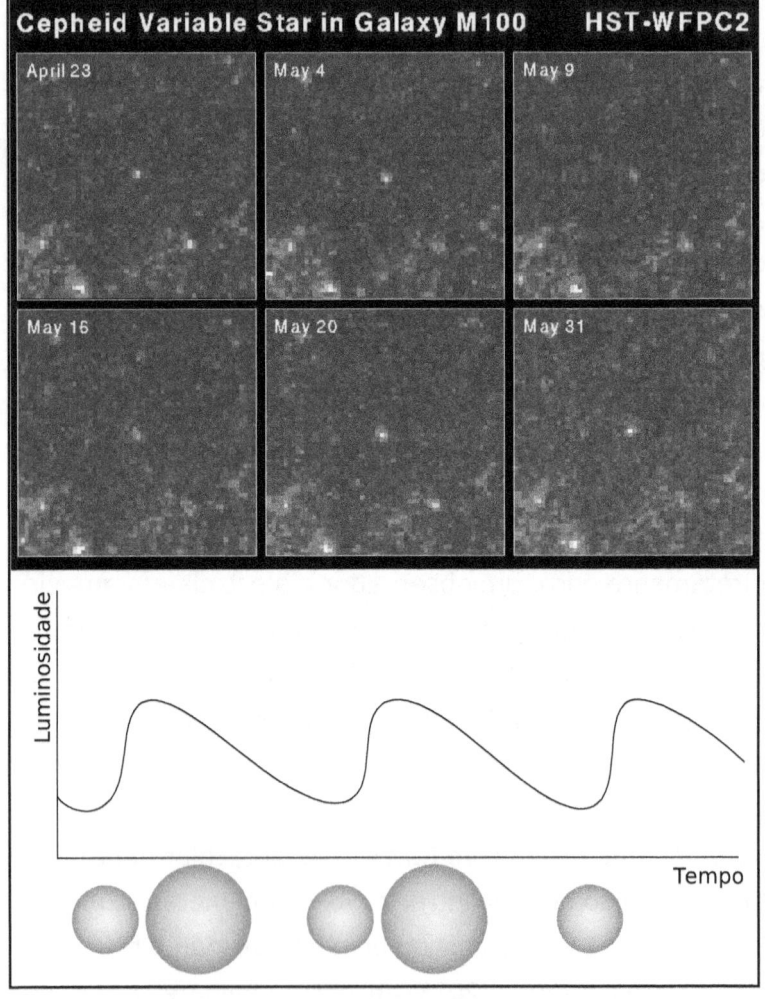

Dr. Wendy L. Freedman, Observatories of the Carnegie Institution of Washington, and NASA

Existem muitas outras técnicas de se desvendar as informações contidas nas ondas eletromagnéticas, como a polarimetria, que investiga a forma como a luz foi polarizada, ou seja, a forma como a luz foi afetada no processo de origem ou passagem por campos magnéticos fortes. A presença do disco de gás e poeira em uma estrela pode ser responsável pela polarização da luz que ela erradia.

A astrometria, campo da astronomia que lida com as posições exatas dos objetos no céu é a que mais se vale da fotometria como ferramenta de trabalho, porém todos os campos da astronomia, de uma forma ou de outra, usam o conhecimento das leis da natureza para interpretar as informações vindas dos astros via ondas eletromagnéticas, incrementando assim nosso entendimento e nossa compreensão do cosmos.

Indicações estelares

Artigo

AFONSO, G. B. As constelações indígenas brasileiras. **Telescópios na Escola**, Rio de Janeiro, p. 1-11, 2013. Disponível em: <http://www.telescopiosnaescola.pro.br/indigenas.pdf>. Acesso em: 20 nov. 2023.

O artigo traz uma abordagem interessante e importante sobre a valorização do conhecimento indígena e sua relação com a astronomia. Ao resgatar as constelações e os saberes ancestrais dos povos indígenas do Brasil, destaca a diversidade cultural e a riqueza de conhecimentos presentes em nossa sociedade.

Filme

GIORDANO Bruno. Direção: Giuliano Montaldo. Itália, 1973. 116 min.

O filme mostra um dos episódios mais polêmicos da história: o processo e a execução do astrônomo, matemático e filósofo italiano Giordano Bruno (1548-1600), queimado na fogueira pela Inquisição por causa de suas teorias contrárias aos dogmas da Igreja Católica.

Site

JWST SCIENCE ARCHIVE. Disponível em: <https://jwst.esac.esa.int/archive/>. Acesso em: 15 jun. 2023.

O Telescópio Espacial James Webb (JWST) é o maior observatório óptico ou infravermelho já lançado ao espaço. Desenvolvido em uma colaboração entre a NASA, ESA e CSA, Webb observa o Universo em luz infravermelha de sua órbita no ponto Lagrangeano L2, a 1,5 milhão de km da Terra. Nesse *site*, pode-se ter experiências de interface de usuário com os arquivo ESA. O JWST permite que os usuários realizem pesquisas simples e avançadas com base em vários parâmetros de observação, como coordenadas, nome do alvo, ID da proposta etc., explorações rápidas dos produtos de dados e metadados, incluindo o uso de ESASky.

Analogias celestes

Os telescópios refratores e refletores utilizam lentes e espelhos, respectivamente, para coletar e focar a luz dos objetos celestes. As lentes são elementos transparentes que dobram os raios de luz que passam por elas. Quando os raios de luz são paralelos e entram na lente, eles são convergidos para um único ponto, chamado de *foco*, onde uma imagem da fonte de luz aparece. A distância da lente ao ponto onde os raios de luz se convergem é conhecida como *distância focal da lente*. Por outro lado, os espelhos dos telescópios refletores são curvados de tal maneira que refletem e focam a luz dos objetos celestes em um único ponto, sem a necessidade de uma lente. Ambos os tipos de telescópios têm suas vantagens e desvantagens e são usados para diferentes propósitos na observação do espaço.

Figura 2.32 – Distância focal da lente

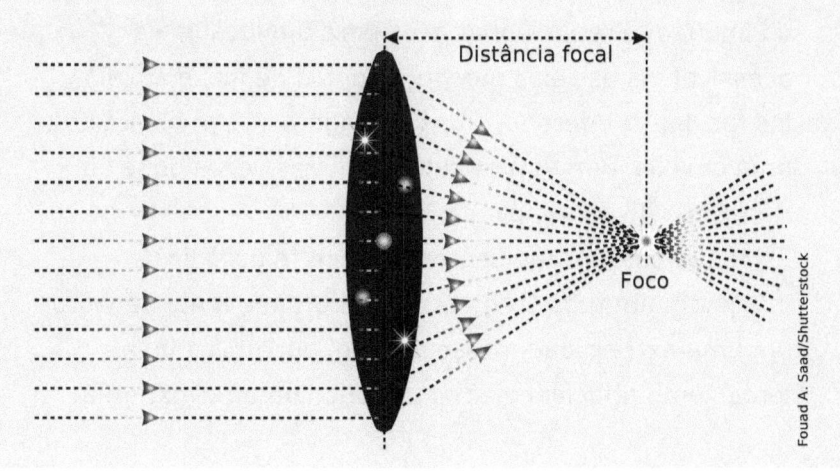

Você pode se perguntar por que dois raios de luz provenientes da mesma estrela seriam quase paralelos um ao outro. Afinal, se você desenhar uma estrela brilhando em todas as direções, os raios de luz provenientes da estrela não parecerão paralelos. No entanto, lembre-se de que as estrelas (e outros objetos astronômicos) estão todos extremamente distantes. Quando os poucos raios de luz que chegam à Terra apontados para nós, eles são, para todos os efeitos práticos, quase paralelos entre si. Em outras palavras, quaisquer raios de luz que não sejam quase paralelos aos apontados para a Terra agora estão indo em uma direção muito diferente no Universo.

Para visualizar a imagem formada pela lente em um telescópio, usamos uma lente adicional chamada *ocular*. O ocular foca a imagem a uma distância que pode ser vista diretamente por um ser humano ou em um local conveniente para um detector. Usando diferentes oculares, podemos alterar a ampliação (ou tamanho) da imagem e redirecionar a luz para um local mais acessível. As estrelas parecem pontos de luz, e ampliá-los faz pouca diferença; mas a imagem de um planeta ou uma galáxia, que tem estrutura, muitas vezes pode se beneficiar de ser ampliada.

Muitas pessoas, ao Lentear em um telescópio, imaginam um tubo longo com uma grande lente de vidro em uma extremidade. Esse projeto, que utiliza uma lente como principal elemento óptico para formar uma imagem, como já discutimos, é conhecido como *refrator*, e um telescópio com base nesse projeto é chamado de *refração telescópica*. Os telescópios de Galileu eram refratores, assim como os binóculos de hoje. No entanto, há um limite para o tamanho de um telescópio refrator.

Figura 2.33 – Telescópio refrator e telescópio refletor

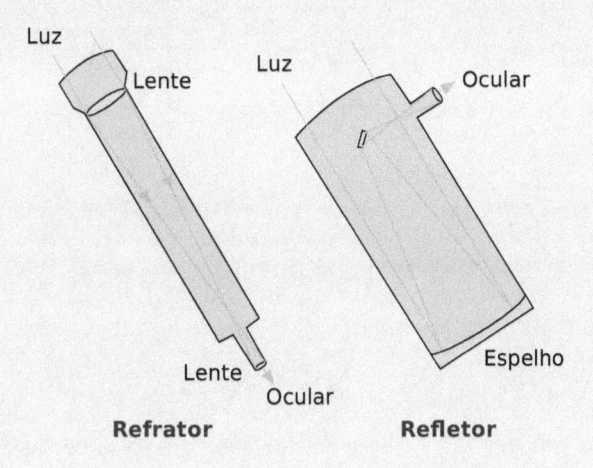

Em um telescópio refletor, o espelho côncavo é colocado no fundo de um tubo ou uma estrutura aberta. O espelho reflete a luz de volta no tubo para formar uma imagem perto da extremidade frontal em um local chamado de *foco principal*. A imagem pode ser observada no foco principal, ou espelhos adicionais podem interceptar a luz e redirecioná-la para uma posição onde o observador possa visualizá-la mais facilmente. Dado que um astrônomo posicionado no foco principal tem a capacidade de bloquear considerável parte da luz que incide sobre o espelho principal, a utilização de um pequeno espelho secundário possibilita uma passagem mais eficiente da luz pelo sistema.

Figura 2.34 – Três configurações de telescópios refletores

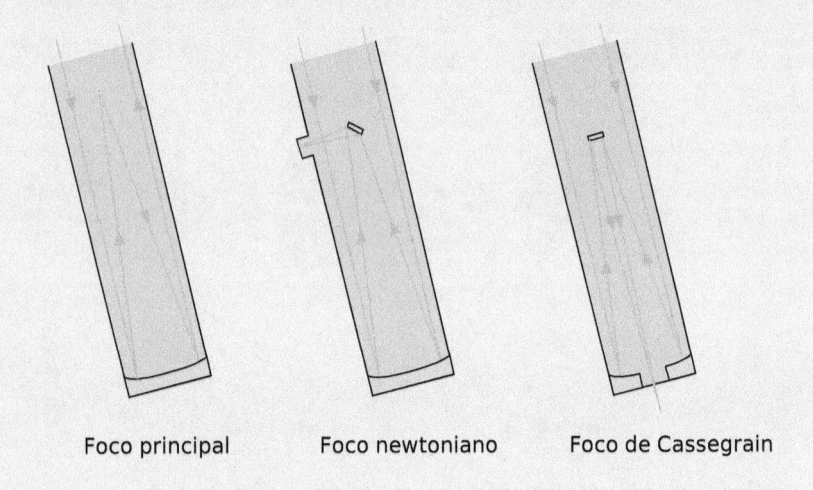

Foco principal   Foco newtoniano   Foco de Cassegrain

Universo sintetizado

Até o final da Segunda Guerra Mundial, quase as únicas ferramentas disponíveis para observação astronômica eram telescópios, espectrômetros e chapas fotográficas, limitados à faixa visível do espectro eletromagnético. Essa era uma tecnologia relativamente simples, mas levada a um alto nível de desempenho pelos esforços combinados de oculistas e astrônomos. Então, na década de 1950, veio a radioastronomia, seguida pela astronomia de infravermelho, ultravioleta, raios X e raios gama, o nascimento e o crescimento da observação baseada no espaço, a observação *in situ* do Sistema Solar e o advento da computação, com a melhoria maciça na capacidade de processamento de dados que resultou dela, tantos fatores que levaram a uma explosão sem precedentes na atividade astrofísica.

Os detectores CCD substituíram a fotografia, e uma nova geração de telescópios ópticos gigantes estava surgindo na superfície da Terra. Enquanto os primeiros neutrinos cósmicos foram detectados e a existência de ondas gravitacionais foi indiretamente demonstrada, uma variedade de novas formas de observar o Universo da Terra e instrumentos espaciais foram sendo desenvolvidos. Hoje, podemos explorar a faixa submilimétrica das estruturas do cosmos. A descoberta de um número cada vez maior de exoplanetas levou a muitos refinamentos de técnicas mais antigas, como a coronografia, ao abrir um novo e fascinante capítulo na história da astronomia – a busca por vida no Universo – em que a física, a química e a biologia desempenham cada uma seus papéis. A evoluções dos instrumentos levou a uma reestruturação da nossa própria forma de ver o mundo.

Autodescobertas em teste

1) O telescópio refletor predominou no século XX. Quais foram os fatores que levaram à obsolescência dos telescópios refletores?

2) Qual a importância de se posicionar telescópios em órbita, telescópios espaciais, para o melhor entendimento do cosmos?

3) No dia do início do equinócio de março em 2022, um observador em Belém se encantou com o brilho de Vênus, popularmente conhecida como *Estrela D'Alva*, que estava em máxima elongação oeste. Além desse planeta, foi possível observar Marte, Saturno, Júpiter e Mercúrio. Nesse dia, Vênus pôde ser observada, da Terra, na direção da constelação de:
   a) Peixes.
   b) Aquário.
   c) Capricórnio.
   d) Sagitário.

4) *James Webb Space Telescope* (JWST) foi o maior telescópio espacial já construído e um de seus objetivos era entender os processos das primeiras estrelas do Universo. Essa proposição é:
   ( ) Correta.
   ( ) Falsa.

5) Com a era espacial, iniciada no fim da década de 1950, uma série de missões já foi lançada para investigarmos o que existe em nossa vizinhança. Qual foi o primeiro corpo celeste a receber uma sonda espacial?
a) Lua, no âmbito do projeto Luna.
b) Lua, no âmbito do projeto Apolo.
c) Vênus, no âmbito do projeto Saturno V.
d) Júpiter, no âmbito do projeto Juno.

Evoluções planetárias

Reflexões meteóricas

1) Leia o trecho a seguir.

> Quando se considera a extrema velocidade com que a luz se espalha por todos os lados e que, quando vêm de diferentes lugares, mesmo totalmente opostos, [os raios luminosos] atravessam uns aos outros sem se atrapalharem, compreende-se que, quando vemos um objeto luminoso, isso não poderia ocorrer pelo transporte de uma matéria que venha do objeto até nós, como uma flecha ou bala que atravessa o ar, pois certamente isso repugna bastante a essas duas propriedades da luz, principalmente a última. (Huygens, 1986, p. 12)

O texto contesta que concepção acerca do comportamento da luz?

2) Uma astrônoma, ao estudar o espectro de planetas, encontra uma queda no espectro em aproximadamente 13 micrômetros, como vista na figura a seguir.

Figura 2.35 – Queda no espectro de planetas

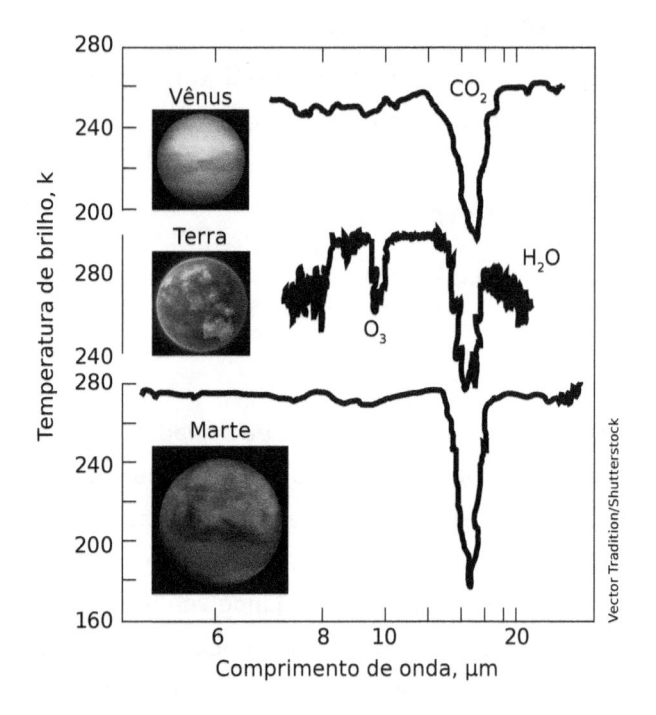

Fonte: Leite; Prado, 2012, p. 6.

Que tipo de espectro a astrônoma está estudando?

Práticas solares

1) Qual é a área de um diâmetro de 1m telescópio? Um de 4 m de diâmetro?

2) O diâmetro da Pequena Nuvem de Magalhães é de aproximadamente 7.000 anos-luz. Sabendo que 1 ano-luz é igual 9,461 × 10^{12}km e que o raio da Terra é de 6.370 km, calcule a distância da pequena nuvem de Magalhães em quilômetros e em raios da Terra.

Astrofísica do Sistema Solar

3

Enquanto os astrônomos descobrem milhares de outros mundos orbitando estrelas distantes, nosso melhor conhecimento sobre planetas, luas, asteroides, cometas e vida vem de um só lugar. O Sistema Solar fornece o único exemplo conhecido de um planeta habitável, a única estrela que podemos observar de perto e os únicos mundos que podemos visitar com sondas espaciais. A pesquisa do Sistema Solar é essencial para entender a origem e a evolução dos planetas, bem como as condições necessárias para a vida.

O entendimento dos processos de formação do Sistema Solar de certa forma se mistura com o entendimento de nossa própria origem. Esse campo da astronomia estuda fenômenos da atmosfera solar, de planetas e satélites, de asteroides e cometas e dos processos de formação e evolução do Sistema Solar.

Como foi aprendido com o passar de séculos de estudo, vários planetas, luas e outros objetos do Sistema Solar são produtos tanto de sua origem comum quanto de sua história única. Missões a Júpiter e Saturno revelaram que algumas luas podem ter oceanos habitáveis sob o gelo. Cometas e asteroides são os planetesimais remanescentes da nebulosa que formou o Sistema Solar e nos fornecem uma visão da química e dos processos físicos que produziram os planetas.

Os pesquisadores usam todas essas informações para entender de onde viemos e como o Sistema Solar se encaixa nos milhares de sistemas de exoplanetas conhecidos hoje. É possível estudar os mundos do nosso Sistema Solar com mais detalhes do que esses planetas alienígenas, mas nenhum outro sistema estelar até agora se parece com o nosso. O contraste entre esses sistemas e o nosso nos ajuda a entender as regras gerais que governam a formação e a evolução dos planetas.

3.1 Inventário do Sistema Solar

Uma pergunta importante para entender o que é a astrofísica do Sistema Solar começa em responder: O que é o Sistema Solar? Nossa visão naturalmente geocêntrica fornece uma imagem altamente distorcida do que seria o Sistema Solar; assim, para expandir esse entendimento, poderia ser perguntado: O que é visto por um astrônomo quando nos observa de longe? Uma resposta óbvia para a segunda pergunta seria: o Sol, nossa estrela, que tem uma luminosidade 4×10^8 vezes maior que a luminosidade total refletida mais emitida de Júpiter, o segundo objeto mais brilhante de nosso sistema. O Sol também concentra mais de 99,8% da massa do Sistema Solar conhecido. Assim, para um observador longínquo, nosso sistema seria o Sol mais uma nuvem de detritos.

Figura 3.1 – Os oito planetas em ordem de distância do Sol: Mercúrio, Vênus, Terra, Marte, Júpiter, Saturno, Urano e Netuno

O Sistema Solar é um sistema planetário composto por uma estrela central, o Sol, e todos os objetos celestes que orbitam ao seu redor, incluindo planetas, planetas anões, asteroides, cometas e outros corpos menores.

O Sistema Solar, então, é composto por uma estrela, o Sol, orbitada por 8 planetas, alguns planetas anões e centenas de milhares de pequenos corpos. Alguns planetas, planetas anões e pequenos corpos do Sistema Solar são orbitados por satélites e alguns possuem anéis. Os elementos constituintes do Sistema Solar apresentam uma grande diversidade e variedade de propriedades, de modo que os astrônomos buscam definições para poder entender qual é a correlação entre esses objetos.

A representação do Sistema Solar em escala de tamanho e distância é uma tarefa difícil, pois o tamanho dos planetas varia muito e as distâncias entre eles são muito grandes. É necessário ajustar ambas as escalas para criar uma representação precisa. Por exemplo, considerando o Sol com um diâmetro de 1,39 milhões de quilômetros como uma esfera de tamanho razoável, pode-se representar os tamanhos dos planetas do Sistema Solar em relação ao tamanho do Sol usando uma escala proporcional. A escala geralmente usada é 1:10 bilhões, o que significa que cada unidade na representação gráfica é 10 bilhões de vezes menor do que a unidade real. Nessa escala, a Terra tem cerca de 12,7 milímetros de diâmetro e Júpiter tem cerca de 139 milímetros.

Quando se trata de distâncias, é necessário reduzir ainda mais a escala, pois as distâncias entre os planetas são muito grandes. A distância média entre a Terra e o Sol é de cerca de 150 milhões de quilômetros, e a distância média entre Júpiter e o Sol é de cerca de 778 milhões de quilômetros. Na escala 1:10 bilhões, a Terra estaria a cerca de 15 metros do Sol, enquanto Júpiter estaria a cerca de 780 metros de distância.

No pátio do Museu de Astronomia e Ciências Afins (Mast), localizado na cidade do Rio de Janeiro, é exibida uma representação do Sistema Solar em uma escala de 1:30 bilhões, na qual os objetos são visualizados com tamanhos e distâncias 30 bilhões de vezes menores do que suas proporções reais.

Aprovada em agosto de 2006 durante a Assembleia Geral anual da União Astronômica Internacional (IAU, do inglês *International Astronomical Union*), uma resolução definiu um planeta como um corpo celeste que: (a) está em órbita ao redor do Sol; (b) tem forma determinada pelo equilíbrio hidrostático (arredondada), resultante do fato de que sua força de gravidade supera as forças de coesão dos materiais que o constituem; e (c) é um objeto de dimensão predominante entre os objetos que se encontram em órbitas vizinhas (Albuquerque; Leite, 2016; Mothe-Diniz; Rocha, 2008).

Os planetas são divididos em dois grupos: os planetas rochosos e os planetas gasosos. Mercúrio, Vênus, Terra e Marte são planetas rochosos e estão na parte interna do Sistema Solar. Júpiter, Saturno, Urano e Netuno são planetas gasosos e se localizam na região externa.

Um planeta anão é um corpo celeste que (a) está em órbita ao redor do Sol; (b) tem massa suficiente para que sua autogravidade supere as forças do corpo rígido, de modo que ele assuma um equilíbrio hidrostático; (c) não foi capaz de "limpar" a vizinhança em torno de sua órbita, ou seja, não tem dominância orbital; e (d) não é um satélite. Todos os outros objetos orbitando o Sol, excluídos os satélites, serão referidos coletivamente como pequenos corpos do Sistema Solar.

Uma vez estabelecida a definição de planetas anões, surge uma pergunta: Quantos planetas anões existem no sistema solar exterior? Atualmente, a IAU reconhece

5 planetas anões: Ceres, Plutão, Eris, Makemake e Haumea, porém, pode-se encontrar pesquisadores que apontam a existência de aproximadamente 30 objetos candidatos a planeta anão – e com a melhoria e o poder de observação dos telescópios, esse número tende a crescer rapidamente. Uma curiosidade histórica é que Ceres foi chamado de *planeta* ao ser descoberto pela primeira vez em 1801, orbitando no que é conhecido como o *cinturão de asteroides* entre Marte e Júpiter. No século XIX, os astrônomos não conseguiram determinar seu tamanho e forma e, como vários outros corpos foram descobertos na mesma região, Ceres perdeu seu *status* de planeta e passou a ser chamado de *asteroide*, sendo novamente reclassificado. Plutão, por sua vez, descoberto e classificado como planeta, foi enquadrado na categoria de planeta anão devido ao seu tamanho e ao fato de residir dentro de uma zona de outros objetos de tamanho similar conhecida como *região transnetuniana*.

Um satélite é um objeto que orbita um planeta, planeta anão ou pequenos corpos do Sistema Solar. Podem ser satélites artificiais lançados por humanos ou satélites naturais, normalmente conhecidos como *luas*, assim como nossa Lua. Essa descrição "inventada" é útil para distinguir objetos que orbitem o Sol de objetos que orbitam qualquer outro corpo, e isso, como veremos, ajudará no entendimento de sua origem. A lista de satélites naturais é vasta. A Terra tem apenas um satélite natural, nossa Lua! Marte possui 2 pequenos satélites naturais: Phobos e Deimos. Desse ponto em diante não podemos nomear todos os satélites, pois seu número cresce bastante.

Júpiter tem catalogados 80 satélites naturais; os 4 maiores satélites são conhecidos como *luas galileanas*, em homenagem ao astrônomo italiano Galileu Galilei, que as observou pela primeira vez em 1610. Essas grandes luas, chamadas Io, Europa, Ganimedes e Calisto, são apresentadas na figura a seguir.

Figura 3.2 – As luas galileanas são as quatro maiores luas de Júpiter, descobertas pelo astrônomo Galileu Galilei em 1610: Io, Europa, Ganimedes e Calisto, em ordem de distância em relação a Júpiter

NASA

Saturno é um dos objetos mais esplendorosos do Sistema Solar. Ele é orbitado por mais de 83 satélites e por anéis, os quais são tão extensos que foram observados por Galileu em 1610. Esses anéis são compostos de inúmeras pequenas partículas, variando em tamanho de micrômetros a metros, que orbitam em torno de Saturno. O maior e mais estudado satélite de Saturno é Titã, que concentra aproximadamente 96% da massa dos corpos que orbitam Saturno.

Pode-se dividir os pequenos corpos do Sistema Solar em muitos subgrupos. Dois grupos importantes são os cometas e os asteroides. Um cometa é um pequeno corpo formado na região externa do Sistema Solar, geralmente em uma órbita altamente excêntrica e contendo uma grande fração de voláteis. Ao aproximar-se do Sol, a vaporização dos gelos provoca o desenvolvimento de fenômenos espetaculares: a coma e as caudas de poeira e íons. O Laboratório de Jato Propulsão (JPL, do inglês *Jet Propulsion Laboratory*) da NASA (*National Aeronautics and Space Administration*) disponibiliza um catálogo de cometas onde estão catalogados 3.642 objetos. Os cometas apresentam tipos distintos de movimento orbital; eles podem ter órbitas parabólicas, hiperbólicas ou elípticas.

Os cometas em órbitas elípticas têm um período de translação orbital que variam de 3,2 a 366 anos. O período orbital é utilizado para definir grupos, e estes são classificados pelo JPL como: Cometa da família Júpiter, com períodos menores que 20 anos; Cometa tipo Halley, com períodos entre 20 e 200 anos; Cometa do tipo Encke e Cometa tipo Quíron. Esses dois últimos são definidos por parâmetros específicos de suas órbitas. Os Cometas do tipo Encke têm semieixo maior, menor que o semieixo maior de Júpiter, e parâmetro de Tisserand maior que 3; já o grupo de Cometas tipo Quíron têm semieixo maior, maior que o de Júpiter, e parâmetro de Tisserand maior que 3 (Festou; Keller; Weaver, 2004).

Figura 3.3 – O cometa Neowise é um cometa que se tornou visível a olho nu na Terra em meados de 2020; ele foi descoberto em março de 2020 pelo satélite Neowise da NASA, que foi projetado para detectar objetos próximos à Terra

Ganapathy Kumar/Unsplash

Um asteroide é um corpo rochoso de formato irregular que orbita o Sol e não se qualifica como planeta ou planeta anão sob as definições da IAU. Ao contrário dos cometas, os asteroides são corpos inertes que não apresentam coma de gás e poeira. Objetos muito pequenos, com tamanho inferior a cerca de 10 metros, são normalmente chamados de *meteoroides*. Até 17 de junho de 2022 são conhecidos 1.207.191 asteroides, os quais estão distribuídos por todo o Sistema Solar. Para o melhor entendimento desses objetos, eles foram organizados em grupos segundo suas características dinâmicas. Os asteroides próximos da Terra são: Atira, Aten, Apolo e Amor, os asteroides cruzadores de Marte, os asteroides do cinturão principal interno, os asteroides do cinturão principal, os asteroides do cinturão principal externo, os asteroides troianos de Júpiter, os centauros, os objetos transnetunianos e os asteroides parabólicos e hiperbólicos (Michel; Demeo; Bottke, 2015).

Um exemplo de um asteroide hiperbólico é o objeto conhecido como *'Oumuamua*, que foi descoberto em 2017. 'Oumuamua passou pelo Sistema Solar interno em uma trajetória hiperbólica, indicando que ele não estava gravitacionalmente ligado ao Sol e que provavelmente veio de outro sistema estelar. Sua forma incomum, que parecia ser um cilindro alongado, levou a especulações sobre a possibilidade de ser uma nave espacial alienígena, hipótese que foi amplamente descartada pela comunidade científica. A detecção de asteroides hiperbólicos, como 'Oumuamua, pode fornecer informações valiosas sobre a distribuição de objetos no espaço interestelar e a dinâmica das interações gravitacionais entre sistemas estelares (Michel; Demeo; Bottke, 2015).

Figura 3.4 – Uma órbita de Kepler: elíptica, parabólica e hiperbólica

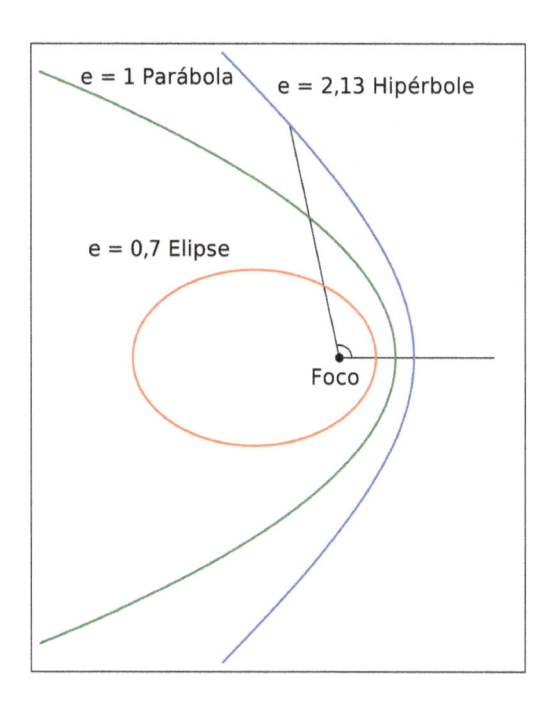

Legenda: em vermelho elíptica – excentricidade = 0,7; em verde parabólica – excentricidade = 1; em azul órbita hiperbólica – excentricidade = 2,13.

Uma das estruturas mais interessantes do Sistema Solar são os anéis; eles orbitam em torno dos planetas e, até 26 de março de 2014, apenas eram observados ao redor de planetas. Mas o pesquisador brasileiro Felipe Braga-Ribas e seus colaboradores anunciaram algo surpreendente e inesperado, eles detectaram a existência de um anel em um objeto do grupo Centauro chamado *10199 Chariklo*, algo impensável até o momento.

Os quatro planetas gigantes têm sistemas de anéis, localizados principalmente a cerca de 2,5 raios planetários do centro do planeta. No entanto, em outros aspectos, os quatro sistemas de anéis diferem bastante. A primeira observação de um anel foi realizada por Galileu Galilei e reportada em sua obra *Sidereus nuncius* (*A mensagem das estrelas*). Galileu descreveu os anéis como "protuberâncias" estacionárias em ambos os lados do planeta que pareciam "alças" ou "orelhas"; apenas em 1655 é que Christiaan Huygens, um astrônomo holandês, observou Saturno usando um telescópio melhor do que o de Galileu e pôde categoricamente afirmar que as "orelhas" eram um anel plano ao redor do planeta (Lissauer; Pater, 2013).

Figura 3.5 – Anéis de Saturno: (a) descrição feita por Galileu; (b) Imagem do telescópio Hubble by NASA Hubble

NASA, ESA, J. Clarke (Boston University) Z. Levay (STScI)

Os anéis de Saturno são brilhantes e amplos, cheios de estrutura, como ondas de densidade e lacunas. O anel de Júpiter é muito tênue e composto principalmente de pequenas partículas. Urano tem nove anéis opacos estreitos e amplas regiões de poeira tênue orbitando perto do plano definido pelo equador do planeta. Netuno tem quatro anéis, dois estreitos e dois mais amplos; a parte mais notável do sistema de anéis de Netuno são os arcos de anel, que são segmentos brilhantes dentro de um dos anéis estreitos.

3.2 Origem do Sistema Solar

O primeiro passo para uma teoria da formação e evolução do Sistema Solar veio a partir da aceitação do heliocentrismo, que colocava o Sol no centro do sistema e a Terra em órbita em torno dele. Esse novo paradigma foi amplamente aceito somente no final do século XVII. Em 1644, René Descartes explicou a dinâmica do Sistema Solar utilizando o conceito de sistema de fluidos, em que o Sistema Solar seria composto de um vasto vórtice (ou turbilhão) de matéria rarefeita que arrastava os planetas. Em 1755, o conde e naturalista Buffon propôs uma explicação para a origem do Sistema Solar, sugerindo que ele surgiu da colisão de um cometa com um Sol já totalmente formado. Segundo essa teoria, os planetas teriam se formado a partir da matéria ejetada durante essa colisão. Em 1765, o filósofo e naturalista Immanuel Kant propôs uma nova visão sobre a origem do Sistema Solar, baseada na física newtoniana. De acordo com esse novo modelo, o Sol e os planetas teriam se formado simultaneamente a partir da aglutinação de uma nebulosa, por ação da força gravitacional (Lissauer; Pater, 2013).

Pierre Simon Laplace, em 1796, refinou o modelo de Kant, demonstrando que uma nebulosa em rotação, que esteja se contraindo pelo efeito de sua própria gravidade, teria um aumento em sua velocidade angular, mantendo seu momento angular conservado. Isso transformaria a nebulosa em um disco, e da condensação do centro desse disco formou-se o Sol. Durante esse processo, anéis foram ejetados, os quais, ao se condensarem, deram origem aos planetas (Hayashi; Nakazawa; Nakagawa, 1985).

O estudo teórico da formação dos planetas tem uma longa história. Podemos dizer que teve seu primeiro grande sucesso com o trabalho de Victor Safronov (1969) em sua clássica monografia "Evolution of the Protoplanetary Cloud and Formation of the Earth and the Planets". As principais etapas do processo de formação proposto por Safronov foram: a sedimentação de partículas (bem como seu crescimento) em relação ao plano central da nebulosa solar; a formação de uma camada de poeira densa (sub-disco) nesse plano; a sua instabilidade gravitacional e a formação de condensações, coagulação de condensações e sua transformação em planetesimais; a evolução dinâmica de um grupo de corpos rotativos pré-planetários; a distribuição de suas massas e velocidades aleatórias estabelecidas durante seu crescimento; e um crescimento moderado de embriões planetários (Hayashi; Nakazawa; Nakagawa, 1985). Algumas das etapas da teoria de Safronov já contam com o apoio observacional, como podemos ver na figura a seguir.

Figura 3.6 – Observações de três discos protoplanetários obtidas como o Very Large Telescope (VLT) do European Southern Observatory (ESO)

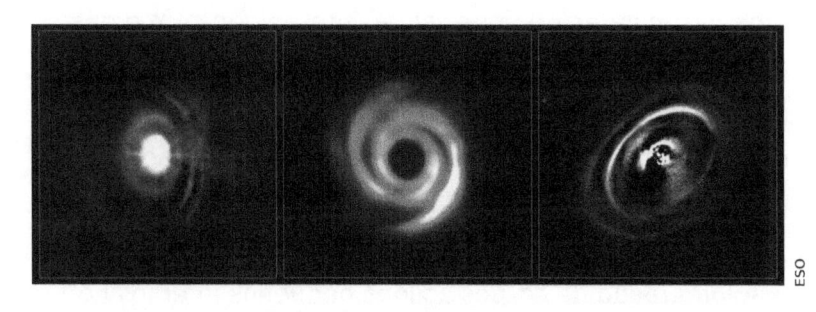

Atualmente, o modelo de colapso gravitacional de nuvem molecular (CGNM) é o mais aceito para a formação do Sistema Solar. Podemos descrever o CGNM como sendo o colapso de um núcleo denso de uma nuvem molecular. Cálculos numéricos mostram que o colapso é altamente dependente do valor inicial do momento angular da nuvem molecular. A contração de uma nuvem molecular com rotação rápida leva à formação de um sistema binário; por outro lado, o colapso com uma rotação lenta dá origem a uma única estrela e um disco de gás e poeira.

A teoria postula que, em um disco de gás e poeira, os grãos colidiram e aglutinaram, formando assim agregados. Esses agregados colidiram para formar corpos cada vez maiores etc., até os objetos de tamanho da ordem de quilômetros. Podemos dizer que essa teoria é um conjunto de mecanismos que retratam os diferentes processos físicos que dominavam cada etapa da formação do Sistema Solar.

O modelo que explica a evolução da nebulosa protoplanetária até a formação dos planetesimais assume que uma partícula esférica de raio a, interagindo com o gás a uma velocidade v, experimenta uma força de arrasto que se opõe ao seu movimento, e essa força é uma função do coeficiente de arrasto gasoso, da densidade do meio e do quadrado da velocidade.

Essa modelagem do arrasto gasoso permite estudar a aglomeração de corpos sólidos pequenos imersos no disco de gás protoplanetário. A interação das partículas vai estar fortemente relacionada com a força de arrasto. Para uma partícula de massa m, leva um certo tempo para mudar, em uma unidade, a velocidade relativa entre ela e o gás, e esse tempo é o tempo de fricção, que se constitui um parâmetro fundamental para a aglomeração de partículas.

O balanço entre a força de arrasto e a força gravitacional determinará uma velocidade de equilíbrio para o movimento vertical das partículas no disco. Uma forma de expressar a formação dos agregados pode ser observada utilizando-se a coagulação. A pressão do gás dá a um disco uma espessura definida na direção vertical; a pressão diminui com a distância do Sol, que faz com que o gás orbite o Sol um pouco mais devagar do que um corpo sólido em movimento circular. Grãos (partículas da ordem de nanômetros) de poeira experimentam uma pequena pressão de sustentação, tendendo, assim, a se depositar ao longo do plano intermediário do disco, varrendo outros grãos e formando agregados fracamente ligados. Na ausência de turbulência no gás, um grão de poeira típico chegará ao plano médio, onde a força de arrasto e a força gravitacional são iguais em aproximadamente 10^4 anos.

Enquanto a poeira se concentra no plano intermediário, a proporção sólida no gás aumenta. A camada rica em poeira começa a orbitar o Sol com a velocidade de um corpo sólido, em vez da velocidade ligeiramente mais lenta que é esperada para um gás. O gás na camada de poeira é agrupado junto das partículas sólidas, movendo-se mais rápido, enquanto o gás acima e abaixo do plano intermediário é mais lento. Essa velocidade diferencial gera turbulência, que atua para expandir a camada rica em poeira. Quando o equilíbrio entre a gravidade e a turbulência é alcançado, a espessura da camada rica em poeira é definida, dando origem aos corpos da ordem de quilômetros que chamaremos de *planetesimais*.

Alguns detalhes devem ser ressaltados. Em primeiro lugar, as experiências mostram que grãos de poeira irregular podem ficar juntos se colidirem com velocidades de até algumas dezenas de metros por segundo. Pequenos sólidos são fortemente acoplados ao movimento do gás, de modo que normalmente sofrem colisões com velocidades compatíveis com a acreção. Outro aspecto é que a taxa de formação de dipolos elétricos entre os grãos também auxilia na acumulação, levando à rápida formação de agregados de poeira de vários centímetros de tamanho. O crescimento por colisões torna-se mais difícil quando os corpos atingem tamanhos da ordem de 1 m a 10 m. Esses objetos são muito grandes para serem arrastados com a mesma velocidade do gás, mas também pequenos demais para serem afetados pelo gás inteiramente. Por conta de o gás orbitar o Sol mais lentamente do que um corpo sólido, esses objetos sentem um vento contrário.

O vento contrário afetará os objetos de duas maneiras. (i) Grãos de poeira seriam arrastados pelo objeto com a mesma velocidade que o vento contrário. Em princípio, isso aumenta a quantidade de material do corpo. No entanto, se os grãos de poeira colidem em alta velocidade é mais provável que causem erosão semelhante a um jato de areia. (ii) O vento contrário "rouba" gradualmente grandes quantidades de momento angular dos corpos, fazendo com que derive para o Sol. Essa deriva devido ao arrasto do gás pode ser extremamente rápida, podendo um objeto da ordem de metros de tamanho se deslocar de 1 UA em 500 anos. A existência dessas particularidades impõe que o crescimento dos corpos tem de ser muito rápido ou a permanência do gás no disco tem de ser muito breve.

A formação dos planetas começa quando a maior parte do material sólido está na forma dos planetesimais, ou seja, objetos com poucos quilômetros de diâmetro. Nessa etapa, os corpos devem ser grandes o suficiente para perturbar gravitacionalmente seus vizinhos durante os encontros próximos. Essa fase de acreção foi examinada em modelos teóricos, por duas razões: (i) a evolução depende de um pequeno número de processos que estão razoavelmente bem compreendidos; e (ii) o número de planetesimais é enorme. Isso significa que sua evolução pode ser estudada no sentido estatístico.

A parte mais sensível da teoria é determinar a distribuição de tamanhos de uma colisão. Experimentos de laboratório têm estudado impactos que envolvem materiais planetários em uma ampla gama de velocidades de colisão, mas essas experiências são limitadas a objetos com menos de um metro de diâmetro; para objetos maiores, utilizamos simulações numéricas. Os resultados sugerem que a maioria das colisões leva à acumulação líquida (os objetos "grudam"), a menos que a velocidade do impacto seja muito maior que a velocidade de escape gravitacional do alvo e/ou o impacto tenha um ângulo muito rasante.

A acreção dos planetesimais se efetiva a uma taxa que depende do número de objetos por unidade de volume e da velocidade relativa entre eles. Se a velocidade relativa for grande, as colisões ocorrem apenas com objetos que estão à sua frente. Se a velocidade relativa for pequena, a gravidade de um planetesimal vai atrair a material mais afastada. As grandes massas tendem a adquirir pequenas velocidades relativas e vice-versa. Ao mesmo tempo, o arrasto do gás faz com que as órbitas dos planetesimais se tornem circulares e coplanares, reduzindo efetivamente a velocidade relativa.

Quando alguns planetesimais aleatoriamente se destacam de outros em tamanho, vão cada vez mais atraindo para si os planetesimais, provocando o *"runaway growth"*, efeito que é uma fase acelerada e descontrolada no crescimento planetário durante a qual a taxa de crescimento aumenta com a massa do planeta de tal forma que os corpos maiores ficam maiores a uma taxa rápida e crescente. O efeito *runaway growth*, também conhecido como *efeito bola de neve* ou *efeito dominó*, refere-se a um fenômeno em que um processo ou sistema, uma vez iniciado, acelera cada vez mais rapidamente, sem limitação aparente, até que atinja proporções extremas ou se torne completamente fora de controle.

A partir de certo tamanho, o agora embrião planetário começa a aumentar consideravelmente as velocidades dos planetesimais circundantes, diminuindo a eficiência de acreção. A partir daí, os planetesimais começam a alimentar os embriões vizinhos e todos começam a crescer de forma "conjunta". Essa forma de crescimento recebe o nome de *crescimento oligárquico*. A fase de crescimento oligárquico dura entre 0,1 e 1,0 milhões de anos. Nesse momento, planetesimais aparecem pela primeira vez em grande número, e o crescimento oligárquico termina quando o número de planetesimais diminui tanto que eles já não podem conter as ações dos embriões planetários. Na fase final da acreção planetária, temos uma dúzia de embriões com massas comparáveis à Lua ou a Marte (0,01-1,0 massa da Terra), as perturbações gravitacionais entre os embriões aumentam suas velocidades relativas, tornando-se menos eficiente, e a taxa de acreção cai de forma drástica. Ao longo do tempo, a uma dispersão de embriões para dentro ou para fora do disco, a ordenação radial estabelecida durante o crescimento oligárquico é perdida. Em princípio, qualquer distribuição primordial de substâncias químicas é misturada como resultado desse processo. Dois modelos teóricos competem para explicar a formação dos planetas gigantes gasosos. O modelo de acreção de núcleo postula que os envelopes dos planetas gigantes gasosos são acrescidos após a formação de um núcleo grande. A acreção nuclear é a teoria dominante para a formação do planeta maciço. O modelo de instabilidade gravitacional, por outro lado, baseia-se na ideia de que um disco protoplanetário maciço poderia entrar em colapso, formando assim os planetas massivos. Esse segundo modelo tem apoio das observações de muitos exoplanetas com massas muito maiores do que a de Júpiter. O telescópio espacial Webb vai poder contribuir para a validação de qual modelo melhor explica a formação dos planetas, possibilitando o melhor entendimento sobre os exoplanetas.

3.3 Evolução primordial do Sistema Solar

Existem pelo menos quatro mecanismos que podem levar à evolução pós-formação dos planetas do Sistema Solar. Esses cenários estão apoiados por observações e pelas descobertas dos exoplanetas.

- **Mecanismo I**: Interação entre os planetas e o disco gasoso protoplanetário. Isso leva à migração orbital como consequência da troca de momento angular entre o planeta e o disco de gás e pode ser importante tanto para as massas terrestres quanto para os planetas gigantes gasosos enquanto o disco de gás ainda está presente, ou seja, cerca de aproximadamente 10 milhões de anos. A migração em um disco de gás fornece a explicação teórica padrão para a existência de júpiteres quentes, ou seja, planetas com a massa maior ou igual a de Jupiter e com órbitas muito próximas das estrelas.

- **Mecanismo II**: Interação entre os planetas e um disco de planetesimais remanescente. Nesse cenário, os planetas, planetas gigantes especialmente, também podem trocar momento angular, interagindo com a poeira e com planetesimais que sobraram do processo de formação. Esse mecanismo pode ter causado a migração orbital de, pelo menos, os gigantes de gelo, e possivelmente também de Saturno, durante o início da história do Sistema Solar.
- **Mecanismo III**: Interação dentro de um sistema instável, inicialmente de dois ou mais planetas massivos. Nesse quadro, não há garantia de que a arquitetura de um sistema planetário recém-formado vai ser estável a longo prazo. Instabilidades podem levar os planetas a se dispersarem, o que geralmente resulta na ejeção dos planetas de massa menor, deixando os sobreviventes em órbitas excêntricas. Essa poderia ser a origem das órbitas excêntricas tipicamente vistas em sistemas planetários extrasolares.
- **Mecanismo IV**: Interações gravitacionais entre os planetas e suas estrelas. São de particular importância para júpiteres quentes, dado que seus raios orbitais são, em alguns casos, apenas uma fração dos raios estelares. Em particular, o primeiro mecanismo pode ser dividido em dois processos. O primeiro é conhecido como *migração tipo I*, que ocorre quando um planeta não é massivo o suficiente para abrir uma fenda (zona de alimentação) de baixa densidade no disco ao redor de sua órbita. Os torques

das ressonâncias externas são mais fortes do que das ressonâncias internas. O segundo processo é conhecido como *migração tipo II*, que é quando o planeta abre uma fenda no disco. O planeta se coloca numa região de equilíbrio dentro da fenda devido aos torques externos e internos. Ele decai devido ao decaimento do disco por viscosidade. A migração tipo II é bastante interessante, pois dá cabo de explicar os sistemas extrassolares compactos.

É pouco provável que a formação dos planetas gigantes gasosos e de gelo consuma todo o estoque de planetesimais na sua vizinhança. A interação de qualquer resquício de planetesimais com planetas, após a dispersão do disco de gás, pode resultar na migração orbital dos planetas por meio do segundo mecanismo de interação.

Para o mecanismo II, temos como o mais bem--sucedido modelo, o chamado *modelo de Nice*. Esse modelo contou com a colaboração do astrônomo brasileiro Rodney Gomes, que é o primeiro autor de um dos três artigos que consolidam o modelo. Nessas publicações, os quatro autores propuseram que, após a dissipação do gás e da poeira do disco primordial do Sistema Solar, os quatro planetas gigantes gasosos (Júpiter, Saturno, Urano e Netuno) estavam originalmente em órbitas quase circulares entre aproximadamente 5,5 e 17,0 unidades astronômicas (UA), ou seja, em uma configuração muito mais compacta do que a atual. Tal modelo propõe a existência de um disco denso e largo de planetesimais, com cerca de 35 massas terrestres, estendido desde a órbita do planeta gigante até 30 UA de onde ele era truncado. Até a presente data, o modelo de Nice (em homenagem à cidade francesa) tem recebido mais atenção de que qualquer proposta concreta. A ideia chave do modelo de Nice é que a evolução inicial do Sistema Solar exterior envolveu duas fases distintas: (i) uma fase lenta em repouso, em que a dispersão dos planetesimais ocorre, mas as órbitas dos planetas permanecem quase circular; e (ii) uma fase curta de instabilidade, em que houve um significativo aumento da excentricidade dos planetas. A segunda fase leva a uma breve fase de dispersão muito rápida e abrupta dos planetesimais, que Gomes e seus colaboradores associam ao que se conhece como *bombardeio pesado tardio*. Isso se deu cerca de 700Ma após a formação do Sistema Solar e é fortemente corroborado por análises de distribuição da taxa de craterização obtidas das observações da Lua e de Mercúrio. Pode-se descrever a evolução do modelo de Nice como: os planetas migram por causa da troca de momento angular com as partículas do disco durante as fases iniciais, podendo se deslocar no disco para parte interna (por acreção) ou para a parte externa (pelo espalhamento dos planetesimais). Simulações numéricas apontam para um cenário em que Júpiter foi forçado a se mover para dentro, enquanto Saturno, Urano e Netuno foram compelidos a se deslocar para fora. A distribuição de objetos transnetunianos é provavelmente o resultado destes deslocamentos (Hayashi; Nakazawa; Nakagawa, 1985).

Durante a migração, as excentricidades e inclinações mútuas dos planetas são amortecidas por causa de sua interação gravitacional com as partículas do disco, em um processo conhecido como *fricções dinâmicas*. No entanto, os períodos dos planetas orbitais também mudam. Se, inicialmente, as órbitas dos planetas eram suficientemente próximas umas das outras, é provável que eles eventualmente entrassem em ressonância de movimentos médios (RMM), que ocorre quando a relação entre dois períodos orbitais é igual a uma relação de números inteiros pequenos. Essas passagens por ressonância poderiam ter excitado as excentricidades dos planetas. Quando Júpiter e Saturno entraram em RMM 1:2, o Sistema Solar se tornou extremamente caótico, e foi nesse momento que os asteroides troianos de Júpiter foram eliminados em sua maioria. Porém, com a alta excentricidade adquirida pelos objetos exteriores, no momento em que Júpiter e Saturno saíram da RMM, essa população foi recomposta.

O modelo de Nice mostra que as excentricidades de Júpiter e Saturno são provavelmente o resultado do fato de que esses planetas cruzaram a RMM 1:2, e esse modelo estatisticamente reproduz todos os aspectos das órbitas dos planetas gigantes. É compatível com a existência de satélites regulares e com as distribuições observadas de asteroides troianos de Júpiter, e não contradiz a distribuição do cinturão principal de asteroides observada. Assim, ele é a melhor explicação que temos no momento para a evolução primordial dos planetas.

3.4 Astrofísica dos planetas e planetas anões

Como vimos, todo o nosso conhecimento sobre as características específicas dos objetos do Sistema Solar, incluindo planetas, luas, cometas, asteroides e anéis, é, em última instância, derivado de observações, sejam estas feitas do solo ou de satélites em órbita da Terra, sejam realizadas de perto, obtidas por naves espaciais interplanetárias. Pode-se determinar as seguintes quantidades mais ou menos diretamente das observações: órbita, massa, distribuição de massa, tamanho, taxa e direção de rotação, forma, temperatura, campo magnético, composição da superfície, estrutura da superfície, estrutura e composição atmosférica.

Com o arcabouço teórico para o entendimento da natureza acumulado pela ciência, essas observações podem ser usadas para estimar e restringir propriedades dos objetos do Sistema Solar e, por consequência, obter bases para o aprimoramento dos modelos de formação e evolução.

A descrição da posição, ou distribuição, dos planetas foi a primeira descrição dos astrônomos. Aplicando as três leis de Kepler, sumarizadas a seguir, pode-se compreender a dimensão e a grandiosidade de nosso Sistema Solar (Murray; Dermott, 1999):

1. Todos os planetas se movem ao longo de trajetórias elípticas com o Sol em um foco.
2. Um segmento de linha conectando qualquer planeta e o Sol varre a área a uma taxa constante.
3. O quadrado do período orbital de um planeta em torno do Sol, P, é proporcional ao cubo de seu semieixo maior, a, ou seja, $P^2 \propto a^3$.

Uma órbita kepleriana é especificada exclusivamente por seis elementos orbitais: a (semieixo maior), e (excentricidade), i (inclinação), ω (argumento do pericentro), Ω (longitude do nó ascendente) e f (anomalia verdadeira). Esses parâmetros caracterizam o tamanho, a forma e a orientação espacial da sua evolução dinâmica (Murray; Dermott, 1999).

Ao mapear a distância dos planetas em relação ao Sol, podemos caracterizar que, na região interna do Sistema Solar, encontramos os planetas rochosos, e na região externa, os planetas gasosos. Os planetas rochosos, Mercúrios, Vênus, Terra e Marte, encontram-se afastados, respectivamente: 0,4UA, 0,7UA, 1,0UA e 1,5UA. Os planetas gasosos, Júpiter, Saturno, Urano e Netuno, estão distantes do Sol, respectivamente: 5,2UA, 9,6UA, 19,2UA e 30,0UA. Os planetas anões podem estar distantes desde 2,8UA, que é o caso de Ceres, até além de 68UA (Murray; Dermott, 1999).

Todos os planetas orbitam em torno do Sol no mesmo sentido. Com exceção de Mercúrio, todos os planetas possuem órbitas aproximadamente coplanares poucos graus um do outro e próximos no plano do equador solar, ou seja, têm inclinações orbitais próximas de 0°. A órbita de Mercúrio é a mais inclinada, com i = 7°. Por conveniência observacional, as inclinações são geralmente medidas em relação eclíptica. Os planetas anões podem ter inclinações orbitais muito maiores do que os planetas, variando aproximadamente de 10° e 47°. A "planicidade" observada da maior parte do sistema planetário é explicada por modelos de formação planetária que supõem que os planetas cresceram dentro de um disco que estava em órbita ao redor do Sol, como vimos anteriormente (Hayashi; Nakazawa; Nakagawa, 1985).

Os planetas têm órbitas praticamente circulares, com a exceção de Mercúrio, o mais excêntrico (e = 0,206). A excentricidade varia de Vênus, com e = 0,007, até Marte, que tem um valor de e igual a 0,093. Os planetas anões têm uma vasta faixa de excentricidade, indo de e = 0,049 até e = 0,855 (Murray; Dermott, 1999; Hayashi; Nakazawa; Nakagawa, 1985).

A massa de um objeto pode ser deduzida da força gravitacional que exerce sobre outros corpos ou sobre uma espaçonave que orbite próximo usando as leis de Kepler. Isso se torna mais fácil para planetas que possuem luas, como é o caso da Terra, mas, para os corpos desprovidos de luas, pode-se usar a perturbação gravitacional que o planeta gera nas órbitas de todos os outros planetas. Por causa das grandes distâncias envolvidas, as forças são muito menores e, com isso, a precisão destes resultados é baixa. Como exemplo, uma das melhores estimativas das massas de algumas das pequenas luas internas de Saturno foi derivada da perturbação gravitacional destas na estrutura dos anéis desse planeta.

A massa do Sistema Solar está concentrada em seu corpo central, o Sol; ele detém cerca de 99,85% de toda a matéria. Os planetas, que se condensaram do mesmo disco de material que formou o Sol contêm apenas 0,135% da massa do Sistema Solar, sendo que, desta fração, Júpiter concentra a maior parte. Os satélites e corpos menores constituem os 0,015% restantes. A distribuição de massa dentro do nosso Sistema Solar se dá da seguinte forma: Mercúrio, Vênus, Terra e Marte, somados, têm $1,18 \times 10^{25}$ kg; Júpiter, Saturno, Urano e Netuno, juntos, têm $2,7 \times 10^{27}$ kg, duas ordens de grandeza mais massivos que os planetas rochosos (Murray; Dermott, 1999).

Os planetas e os planetas anões possuem um movimento de rotação que nada mais é do que o movimento de giro em torno de um eixo de simetria. A rotação é uma grandeza vetorial relacionada ao momento angular de rotação. A inclinação do eixo de rotação, ou obliquidade dos planetas, na maioria dos casos é tal que o sentido de giro é o mesmo sentido do movimento de translação em torno do Sol (rotação direta). Porém, Vênus apresenta sentido de giro contrário (rotação retrógrada). Formalmente, corpos com obliquidade < 90° têm rotação prógrada, enquanto objetos com obliquidade > 90° têm rotação retrógrada. Um caso particular é o de Urano, que apresenta rotação direta, mas possui uma obliquidade maior que 90°.

A rotação de um objeto pode ser determinada usando várias técnicas. A maneira mais direta de determinar o eixo de rotação e o período de um corpo planetário é observar como as marcações na superfície se movem com o disco. Infelizmente, nem todos os planetas têm tais características. Além disso, características da atmosfera podem fazer com que o período de rotação seja deduzido de forma imprecisa. O período de rotação de um corpo muitas vezes pode ser determinado por periodicidades observadas em sua curva de luz, que fornece o brilho total do disco em função do tempo. As variações da curva de luz podem ser resultado de diferenças no albedo ou, para corpos de formato irregular, na área projetada. Enquanto corpos de formato irregular produzem curvas de luz com dois máximos muito semelhantes e dois mínimos muito semelhantes por revolução, as variações de albedo não têm essa simetria preferida.

Seis dos oito planetas giram em sentido progressivo com obliquidades de 30° ou menos. Vênus gira em uma direção retrógrada com uma obliquidade de 177°, e o eixo de rotação de Urano é tão inclinado que fica próximo ao plano orbital desse planeta. Os períodos de rotação dos planetas Mercúrio e Vênus, cujas rotações certamente foram retardadas pelas marés solares, formam exceções, com períodos de 59 e 243 dias, respectivamente. Terra e Marte têm períodos de rotação de 23 horas e 56 minutos e 24 horas e 37 minutos, respectivamente. Os gigantes gasosos Júpiter, Saturno, Urano e Netuno têm períodos de rotação de 9 horas e 48 minutos, 10 horas 12 minutos, 7 horas e 54 minutos e 19 horas e 6 minutos, respectivamente (Murray; Dermott, 1999).

Os planetas anões são corpos muito diversos, Ceres completa uma rotação a cada 9 horas, tornando a duração do seu dia uma das mais curtas do Sistema Solar. Por sua vez, Plutão leva cerca de 153 horas e seu eixo de rotação é inclinado 57 graus em relação ao plano de sua órbita ao redor do Sol, de modo que gira quase de lado. Para exemplificar essa diversidade, o 136472 Makemake, um candidato a planeta anão, tem um período de rotação de 22,8 h (Prialnik; Barucci; Young, 2019).

A Lua e Mercúrio estão geologicamente mortos. Em contraste, os planetas terrestres maiores – Terra, Vênus e Marte – são mundos mais ativos e interessantes. Vênus e Marte são os planetas mais próximos e os mais acessíveis às naves espaciais. Não surpreendentemente, o maior esforço na exploração planetária foi dedicado a esses mundos fascinantes. Resultados de mais de quatro décadas de exploração científica revelaram informações importantes sobre Marte e Vênus. Marte, em particular, é extremamente interessante, já que evidências sugerem que condições habitáveis existiram em seu passado. Ainda estamos descobrindo coisas novas sobre Marte que o tornam o lugar mais promissor para os humanos estabelecerem um hábitat no futuro. No entanto, nossos robôs exploradores têm demonstrado claramente que nem Marte nem Vênus têm condições semelhantes às da Terra.

Vênus parece muito brilhante, e até mesmo um pequeno telescópio revela que passa por fases como a Lua. Galileu, como visto, descobriu que Vênus exibe uma gama completa de fases, e ele usou isso como um argumento para mostrar que Vênus deve circundar o Sol, e não a Terra. A superfície real do planeta não é visível porque está envolta por nuvens densas que refletem cerca de 70% da luz solar que incide sobre elas, frustrando os esforços para estudar a superfície subjacente, mesmo com câmeras em órbita ao redor do planeta.

Em contraste, Marte é mais tentador visto através de um telescópio. O planeta é distintamente vermelho, devido (como sabido agora) à presença de óxidos de ferro em seu solo. Essa cor pode explicar sua associação com a guerra (e sangue) nas lendas das primeiras culturas. A melhor resolução obtida por telescópios no solo é de cerca de 100 quilômetros ou, aproximadamente, a mesma com que podemos ver a Lua a olho nu. Nessa resolução, nenhum indício de estrutura topográfica pode ser detectado: nenhuma montanha, nenhum vale, nem mesmo crateras de impacto. Por outro lado, as calotas polares brilhantes podem ser vistas facilmente, bem como as marcas escuras na superfície, que, às vezes, mudam de contorno e de intensidade de estação para estação.

A tabela a seguir apresenta propriedades básicas entre os dois planetas e a Terra.

Tabela 3.1 – Propriedades da Terra, de Vênus e de Marte

Propriedade	Terra	Vênus	Marte
Semieixo maior (UA)	1,00	0,72	1,52
Período (ano)	1,00	0,61	1,88
Massa (Terra = 1)	1,00	0,82	0,11
Diâmetro (km)	12.756	12.102	6.790
Densidade (g / cm^3)	5,5	5.3	3.9
Gravidade superficial (Terra = 1)	1,00	0,91	0,38
Velocidade de escape (km/s)	11.2	10,4	5,0
Período de rotação (horas ou dias)	23,9 horas	243 dias	24,6 horas
Área de superfície (Terra = 1)	1,00	0,90	0,28
Pressão atmosférica (bar)	1,00	90	0,007

Fonte: Elaborado com base em Murray; Dermott, 1999.

Vênus é, em muitos aspectos, o gêmeo da Terra, com uma massa 0,82 vezes a massa da Terra e uma densidade quase idêntica. A quantidade média de atividade geológica também foi relativamente alta, quase tão alta quanto na Terra. Por outro lado, com uma pressão superficial quase 100 vezes maior que a nossa, a atmosfera de Vênus não é nada parecida com a da Terra. A superfície de Vênus também é notavelmente quente, com uma temperatura de 730 K (mais de 457 °C), mais quente que um forno. Um dos principais desafios apresentados por Vênus é entender por que a atmosfera e o ambiente da superfície desse gêmeo divergiram tão acentuadamente dos de nosso próprio planeta.

A atmosfera de Vênus é 96% CO_2. Nuvens espessas em altitudes de 30 a 60 quilômetros são feitas de ácido sulfúrico, e um efeito estufa de CO_2 mantém a alta temperatura da superfície. Vênus, presumivelmente, atingiu seu estado atual a partir de condições iniciais mais semelhantes às da Terra, como resultado de um efeito estufa descontrolado, que incluiu a perda de grandes quantidades de água (Hayashi; Nakazawa; Nakagawa, 1985).

Por outro lado, Marte apresenta um tamanho relativamente pequeno, com apenas 0,11 vezes a massa da Terra. Apesar disso, é maior do que a Lua ou Mercúrio e, ao contrário destes, possui uma atmosfera fina. Além disso, Marte é grande o suficiente para ter sustentado uma atividade geológica significativa no passado remoto. O que torna Marte ainda mais fascinante é que evidências indicam que, no passado, ele possuía uma atmosfera espessa e oceanos de água líquida, condições que associamos ao desenvolvimento da vida. Existe até a possibilidade de que alguma forma de vida persista atualmente em ambientes protegidos abaixo da superfície do planeta vermelho (Hayashi; Nakazawa; Nakagawa, 1985).

A atmosfera marciana tem uma pressão superficial inferior a 0,01 bar e é 95% CO_2. Tem nuvens de poeira, nuvens de água e nuvens de dióxido de carbono (gelo seco). Água líquida na superfície não é possível hoje. As calotas polares sazonais são feitas de gelo seco; a calota residual do norte é gelo de água; enquanto a calota de gelo permanente do sul é feita, predominantemente, de gelo de água com uma cobertura de gelo de dióxido de carbono. A evidência de um clima significativamente distinto no passado pode ser observada nas características da erosão hídrica, incluindo tanto os leitos de escoamento normais quanto os canais moldados por inundações catastróficas (Hayashi; Nakazawa; Nakagawa, 1985).

Terra, Vênus e Marte divergiram em sua evolução do que pode ter sido um começo semelhante. Entender melhor a evolução de Marte e Vênus, permitirá intervir em sua evolução e restaurar ambientes mais parecidos com a Terra. Embora pareça improvável que os humanos possam transformar Marte ou Vênus em uma nova Terra, considerar essas possibilidades é uma parte útil de nossa busca mais geral para entender o delicado equilíbrio ambiental que distingue nosso planeta de seus dois vizinhos.

De muitas perspectivas, o Sistema Solar externo é onde está a ação, e os planetas gigantes são os membros mais importantes desse local. Quando comparados a esses gigantes externos, as pequenas cinzas de rocha e metal que orbitam mais perto do Sol podem parecer insignificantes. Esses quatro mundos gigantes – Júpiter, Saturno, Urano, Netuno – podem ser divididos em três classes de acordo com o que eles são feitos: gases, gelos e rochas. Os **gases** são principalmente hidrogênio e hélio, os elementos mais abundantes no Universo. Os **gelos** referem-se apenas à composição, e não que uma substância está realmente em estado sólido. *Gelos* significa compostos que se formam a partir dos próximos elementos mais abundantes: oxigênio, carbono e nitrogênio. Os gelos comuns são água, metano e amônia, mas também podem incluir monóxido de carbono, dióxido de carbono e outros. As **rochas** são ainda menos abundantes que os gelos e incluem todo o resto: magnésio, silício, ferro, e assim por diante.

No Sistema Solar externo, os gases dominam os dois maiores planetas, Júpiter e Saturno, daí o apelido de "gigantes gasosos". Urano e Netuno às vezes são chamados de "gigantes de gelo", porque seus interiores contêm muito mais do componente gelo do que seus primos maiores. A química para todas as quatro atmosferas de planetas gigantes é dominada pelo hidrogênio. O hidrogênio fez com que a química do Sistema Solar externo se tornasse redutora, o que significa que outros elementos tendem a se combinar primeiro com o hidrogênio. No início do Sistema Solar, a maior parte do oxigênio era combinado com hidrogênio para fazer H_2O e estava, portanto, indisponível para formar os tipos de compostos oxidados com outros elementos que nos são mais familiares no Sistema Solar interno (como o CO_2). Como resultado, os compostos detectados na atmosfera dos planetas gigantes são, principalmente, gases à base de hidrogênio, como metano (CH_4) e amônia (NH_3), ou hidrocarbonetos mais complexos (combinações de hidrogênio e carbono), como etano (C_2H_6) e acetileno (C_2H_2).

Embora não possamos ver no interior desses planetas, os astrônomos estão confiantes de que Júpiter e Saturno são compostos principalmente de hidrogênio e hélio. É claro que esses gases foram medidos apenas em sua atmosfera, mas cálculos realizados pela primeira vez há mais de 50 anos mostraram que esses dois gases leves são os únicos materiais possíveis, dos quais um planeta com as massas e densidades observadas de Júpiter e Saturno poderia ser construído.

As estruturas internas profundas desses dois planetas são difíceis de prever. Isso ocorre principalmente porque esses planetas são tão grandes que o hidrogênio e o hélio em seus centros ficam tremendamente comprimidos e se comportam de maneiras que esses gases nunca poderiam se comportar na Terra. Os melhores modelos teóricos prevêem que a estrutura de Júpiter gera uma pressão central superior a 100 milhões de bar e uma densidade central de cerca de 31 g/cm³. Em contraste, o núcleo da Terra tem uma pressão central de 4 milhões de bar e uma densidade central de 17 g/cm³. Nas pressões dentro dos planetas gigantes, materiais familiares podem assumir formas estranhas. Alguns milhares de quilômetros abaixo das nuvens visíveis de Júpiter e Saturno, as pressões se tornam tão grandes que o hidrogênio muda do estado gasoso para o líquido. Ainda mais fundo, esse hidrogênio líquido é ainda mais comprimido e começa a agir como um metal, algo nunca reproduzido na Terra (Pessah; Gressel, 2017).

Como Saturno é menos massivo, possui apenas um pequeno volume de hidrogênio metálico, mas a maior parte de seu interior é líquido. Urano e Netuno são muito pequenos para atingir pressões internas suficientes para liquefazer o hidrogênio. Cada um desses planetas tem um núcleo composto por materiais mais pesados, como demonstrado por análises detalhadas de seus campos gravitacionais. Presumivelmente, esses núcleos são os corpos originais de rochas e gelos que se formaram antes da captura de gás da nebulosa circundante. Os núcleos existem a pressões de dezenas de milhões de bar. Embora os cientistas falem que os núcleos dos planetas gigantes são compostos de rocha e gelo, podemos ter certeza de que nem rocha nem gelo assumem formas familiares a tais pressões e temperaturas.

Em razão de seus grandes tamanhos, todos os planetas gigantes foram fortemente aquecidos durante sua formação pelo colapso do material circundante em seus núcleos. Júpiter, sendo o maior, era o planeta com maior temperatura. Parte desse calor primordial ainda pode permanecer dentro de planetas tão grandes. Além disso, é possível que planetas gigantes, em grande parte gasosos, gerem calor após a formação, contraindo-se lentamente. Com uma massa tão grande, mesmo uma quantidade minúscula de encolhimento pode gerar calor significativo. Júpiter tem a maior fonte de energia interna, totalizando 4×10^{17} watts; ou seja, é aquecido por dentro com energia equivalente a 4 milhões de bilhões de lâmpadas de 100 watts (Pessah; Gressel, 2017).

As atmosferas dos quatro planetas gigantes são relativamente semelhantes: há predomínio em sua composição de hidrogênio e hélio e pequenas quantidades de gás metano e amônia; estes dois últimos se condensam e formam nuvens. Nas camadas atmosféricas mais profundas, observam-se água e, possivelmente, hidrossulfeto de amônio, no caso de Júpiter e Saturno, e sulfeto de hidrogênio, em Netuno. Nas camadas mais altas da atmosfera, a fotoquímica produz hidrocarbonetos e outros compostos complexos nesses planetas. A dinâmica atmosférica dos planetas gigantes é observada como sendo um movimento de circulação das nuvens de leste-oeste.

As cores das nuvens de Júpiter ainda são um esplendoroso mistério. Júpiter exibe os padrões de nuvens mais ativos com muita turbulência e tempestades. Netuno também apresenta atividade dinâmica em sua atmosfera, em menor grau que Júpiter. Saturno é o que menos tem atividade dinâmica, mesmo apresentando ventos com velocidades altas, enquanto Urano tem baixíssima atividade dinâmica em sua atmosfera, o que pode ser resultado da ausência de uma fonte interna de calor relevante.

Figura 3.7 – Pólo sul de Júpiter, visto pela sonda Juno da NASA de uma altitude de 52.000 quilômetros: as características ovais são ciclones, com até 1.000 quilômetros de diâmetro

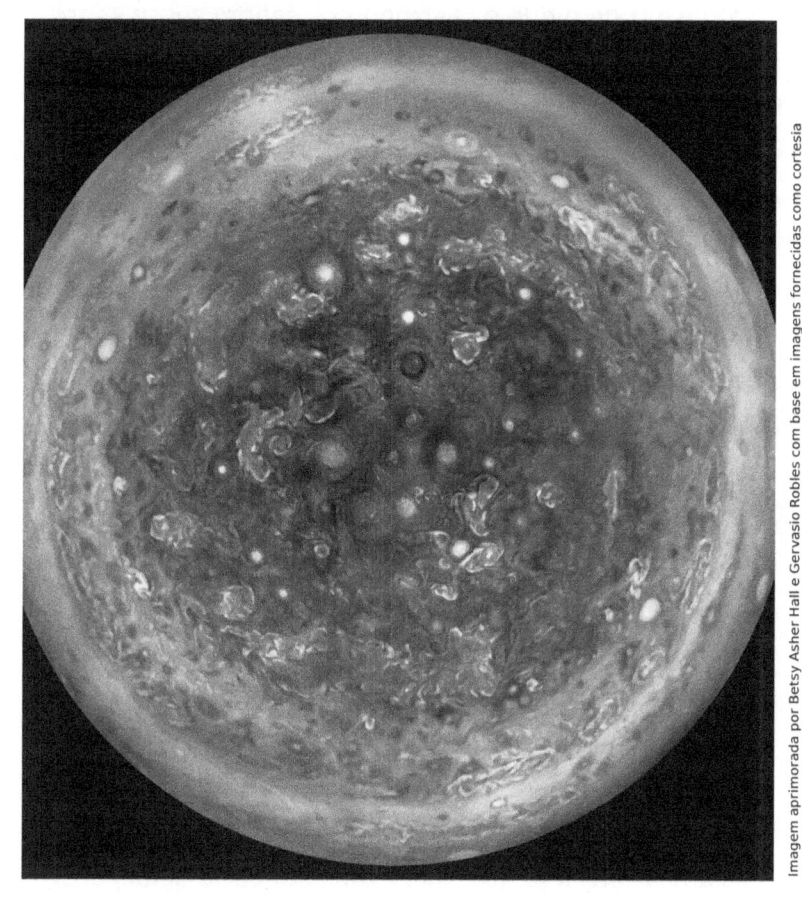

Imagem aprimorada por Betsy Asher Hall e Gervasio Robles com base em imagens fornecidas como cortesia da NASA/JPL-Caltech/SwRI/MSSS

Entre os planetas anões, Plutão e Ceres são corpos de que se tem maior conhecimento. Plutão foi visitado pela missão *New Horizon* e Ceres foi visitado pela missão Dawn, que consistia numa sonda espacial norte-americana lançada pela NASA em 27 de setembro de 2007 e que foi gerenciada pelo JPL, a qual teve a finalidade de estudar o asteroide 4 Vesta e o planeta anão Ceres (Stern et al., 2018).

Quase tudo o que os astrônomos sabem sobre sobre Plutão e suas luas vem da espaçonave *New Horizons*, que voou em 2015 antes de viajar para as partes mais externas do sistema planetário. Usando dados da sonda *New Horizons*, os astrônomos mediram o diâmetro de Plutão em 2.370 quilômetros, o que corresponde a apenas 60% do tamanho da nossa Lua. A partir de seu diâmetro e sua massa, encontramos uma densidade de 1,9 g/cm^3, sugerindo que Plutão é uma mistura de materiais rochosos e água gelada, aproximadamente nas mesmas proporções de muitas luas de outros planetas (Stern et al., 2018).

Partes da superfície de Plutão são altamente refletivas e seu espectro demonstra a presença em sua superfície de metano congelado, monóxido de carbono e nitrogênio. A temperatura máxima da superfície varia de cerca de 50 K, quando Plutão está mais distante do Sol, a 60 K, quando está mais próximo. Mesmo essa pequena diferença é suficiente para causar uma sublimação parcial (passando de sólido para gás) do gelo de metano e nitrogênio. Isso gera uma atmosfera quando Plutão está perto do Sol e congela quando Plutão está mais longe. Observações de estrelas distantes vistas através dessa fina atmosfera indicam que a pressão da superfície é cerca de um décimo de milésimo da Terra (Stern et al., 2018).

Figura 3.8 – O céu azul de Plutão: a camada de neblina de Plutão mostra sua cor azul nesta foto tirada pela New Horizons

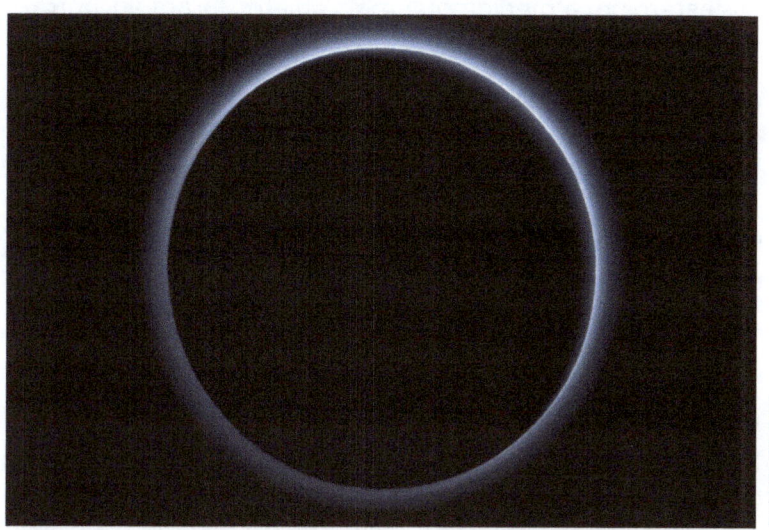

NASA/JHUAPL/SwRI

Plutão e Caronte foram revelados pela espaçonave *New Horizons* como dois dos objetos mais fascinantes do sistema solar externo. Plutão é pequeno, mas também surpreendentemente ativo, com áreas contrastantes de terreno com crateras escuras, bacias de gelo de nitrogênio de cores claras e montanhas de água congelada que podem estar flutuando no gelo de nitrogênio. Mesmo a maior lua de Plutão, Caronte, mostra evidências de atividade geológica. Tanto Plutão quanto Caronte são muito mais dinâmicos e interessantes do que se poderia imaginar antes da missão *New Horizons*.

Ceres foi o primeiro objeto descoberto no principal cinturão de asteroides e recebeu o nome da deusa romana da agricultura. O astrônomo italiano padre Giuseppe Piazzi avistou o objeto em 1801. Ceres foi inicialmente classificado como um planeta e, mais tarde, classificado como um asteroide, à medida que mais objetos foram encontrados na mesma região. Em reconhecimento às suas qualidades planetárias, Ceres foi designado planeta anão em 2006, juntamente com Plutão e Eris.

Observações do Telescópio Espacial Hubble da NASA em 2003 e 2004 mostraram que Ceres é um corpo quase esférico e tem aproximadamente 940 quilômetros de diâmetro. Ceres compreende 35% da massa total do cinturão de asteroides principal. Antes da missão Dawn chegar a Ceres, já havia sinais de que esse corpo continha grandes quantidades de gelo de água abaixo de sua superfície. Primeiro, a baixa densidade de Ceres indica que cerca de 25% de sua massa é composta por de gelo, o que o torna o corpo mais rico em água no Sistema Solar interno depois da Terra. Além disso, cientistas que usaram o Observatório Espacial Herschel em 2012 e 2013 encontraram evidências de vapor de água em Ceres. O vapor foi provavelmente produzido pelo gelo próximo à superfície sublimando, ou seja, transformando-se de sólido para gasoso (Shayler; Harland, 2016).

 Imagens visíveis recolhidas da missão revelaram uma superfície com muitas crateras, mas globalmente homogênea, pontuada por características brilhantes. Estes muitas vezes referidos "pontos brilhantes" são depósitos de carbonatos e outros sais. Os dados de gravidade e topografia devolvidos pela Dawn indicam ainda que a densidade interna de Ceres aumenta com a profundidade. Essa é uma evidência para a diferenciação interna resultante da separação da rocha densa das fases ricas em água de menor densidade no início da história de Ceres. Dawn também retornou evidências de atividades recentes e potencialmente contínuas em vários lugares de Ceres. Essa é uma descoberta notável, considerando o tamanho relativamente pequeno desse planeta anão.

Figura 3.9 – Ceres: imagem adquirida pela Dawn, em 4 de maio de 2015, a uma distância de 13.637 km; na época, Dawn estava sobre o hemisfério norte de Ceres

NASA/JPL-Caltech/UCLA/MPS/DLR/IDA

Finalmente, a descoberta de amônia em Ceres sugere que seus materiais, ou mesmo o próprio Ceres, vieram do Sistema Solar externo, fornecendo evidências adicionais de que o Sistema Solar primitivo passou por um (ou vários) evento de reorganização antes de atingir sua arquitetura atual.

3.5 Astrofísica de luas, anéis e pequenos corpos do Sistema Solar

A classificação de pequenos corpos do Sistema Solar é um processo surpreendentemente subjetivo. Existem vários fundamentos diferentes para classificar objetos, cada um com pontos fortes e inconvenientes, e nenhuma resposta objetivamente "correta" é absolutamente estabelecida. A diversidade é refletida no processo de classificação, por exemplo, de cometas e asteroides. Eles são distinguidos uns dos outros pela composição, pela história dinâmica e por descrições observacionais.

Uma comparação das luas do Sistema Solar é apresentada na figura a seguir. As luas do Sistema Solar externo não são compostas dos mesmos materiais que os objetos rochosos do Sistema Solar interno. Deveríamos esperar isso, uma vez que eles se formaram em regiões de temperatura mais baixa, frias o suficiente para que grandes quantidades de gelo de água estivessem disponíveis como materiais de construção. A maioria desses objetos também contém compostos orgânicos escuros misturados com gelo e rocha. Não se surpreenda, portanto, ao descobrir que muitos objetos nos sistemas de anéis e luas são gelados e escuros.

Figura 3.10 – Algumas luas selecionadas do nosso Sistema Solar e sua comparação com o tamanho da Lua da Terra e da própria Terra

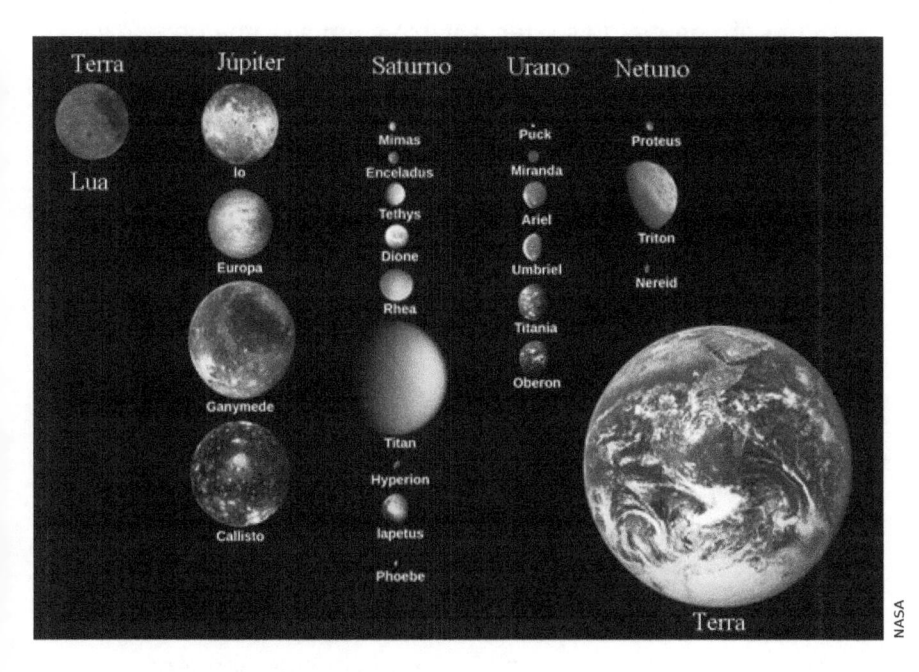

Aproximadamente um terço das luas no Sistema Solar exterior estão em órbitas diretas ou regulares; isto é, elas giram em torno de seu planeta pai na direção oeste-leste e no plano do equador do planeta. Em geral, são luas irregulares que orbitam em direção retrógrada (leste-oeste) ou, então, têm órbitas de alta excentricidade (mais elípticas do que circulares) ou de alta inclinação (entrando e saindo do plano equatorial do planeta). Essas luas irregulares estão localizadas, em sua maioria, relativamente longe de seu planeta; elas provavelmente foram formados em outro lugar e, posteriormente, capturados pelo planeta que agora orbitam.

Júpiter tem 79 luas conhecidas (esse é o número ao momento da pesquisa deste livro) e um sistema de anéis fracos. Entre estas estão quatro grandes luas: Calisto, Ganimedes, Europa e Io. Essas luas foram descobertas em 1610 por Galileu e, portanto, muitas vezes chamadas de *luas galileanas*. As menores delas, Europa e Io, são aproximadamente do tamanho da nossa Lua, e as maiores, Ganimedes e Calisto, são aproximadamente do mesmo tamanho do planeta Mercúrio. A maioria das luas de Júpiter são muito menores. Geralmente, estão em órbitas retrógradas a mais de 20 milhões de quilômetros de Júpiter; são, muito provavelmente, pequenos asteroides capturados ao longo da evolução dinâmica do Sistema Solar. O sistema de anéis foram descobertos em 1979 pela sonda Voyager 1 da NASA; os anéis de Júpiter foram uma surpresa, pois são compostos de pequenas partículas escuras e difíceis de ver, exceto quando iluminados pelo Sol (Sheehan; Hockey, 2018).

Saturno tem pelo menos 82 luas conhecidas, além de um magnífico conjunto de anéis. A maior das luas, Titã, é quase tão grande quanto Ganimedes no sistema de Júpiter, e é a única lua com uma atmosfera substancial e lagos ou mares de hidrocarbonetos líquidos (como metano e etano) na superfície. Saturno tem outras seis grandes luas regulares com diâmetros entre 400 e 1.600 quilômetros, uma coleção de pequenas luas orbitando dentro ou perto dos anéis e muitos objetos provavelmente capturados de modo semelhante ao acontecido em Júpiter. Misteriosamente, uma das luas menores de Saturno, Enceladus, tem gêiseres ativos de água sendo expelidos para o espaço (Balzer, 2022).

Os anéis de Saturno, uma das visões mais impressionantes do Sistema Solar, são largos e planos, com algumas lacunas maiores e muitas menores. Eles não são sólidos, mas sim uma enorme coleção de fragmentos de gelo, todos orbitando o equador de Saturno em um padrão de tráfego que faz a hora do *rush* em uma cidade grande parecer simples em comparação. As partículas de anel individuais são compostas principalmente de gelo de água e são tipicamente do tamanho de bolas de pingue-pongue, bolas de tênis e bolas de basquete.

O sistema de anéis de Saturno se estende até 282.000 quilômetros do planeta, mas a altura vertical é tipicamente cerca de 10 metros nos anéis principais. Nomeados alfabeticamente na ordem em que foram descobertos, os anéis são relativamente próximos uns dos outros, com exceção de uma lacuna de 4.700 quilômetros de largura, chamada *Divisão Cassini*, que separa os anéis A e B. Os anéis principais são A, B e C. Os anéis D, E, F e G são mais fracos e descobertos mais recentemente (Balzer, 2022).

Figura 3.11 – Saturno, o segundo maior planeta do sistema solar: imagem obtida quando Saturno estava próximo do solstício de verão no Hemisfério Sul; nesse momento, a inclinação dos anéis era tão grande quanto possível, permitindo a melhor visão possível do Pólo Sul do planeta

O sistema de anéis e luas de Urano está inclinado a 98°, assim como o próprio planeta. Consiste em 11 anéis e 27 luas atualmente conhecidas. As cinco maiores luas são semelhantes em tamanho às seis luas regulares de Saturno, com diâmetros de 500 a 1.600 quilômetros. Descobertos em 1977, os anéis de Urano são fitas estreitas de material escuro com grandes lacunas entre elas. Os astrônomos supõem que as partículas do anel estão confinadas a esses caminhos estreitos pelos efeitos gravitacionais de numerosas pequenas luas, muitas das quais ainda não vislumbramos. Urano está localizado a 20 unidades astronômicas da Terra (Balzer, 2022).

Figura 3.12 – Planeta Urano: imagens obtidas no Observatório do Very Large Telescope (VLT); as imagens de alto contraste retratam o planeta gigante e seu sistema de satélites e anéis durante seu equinócio de 2008

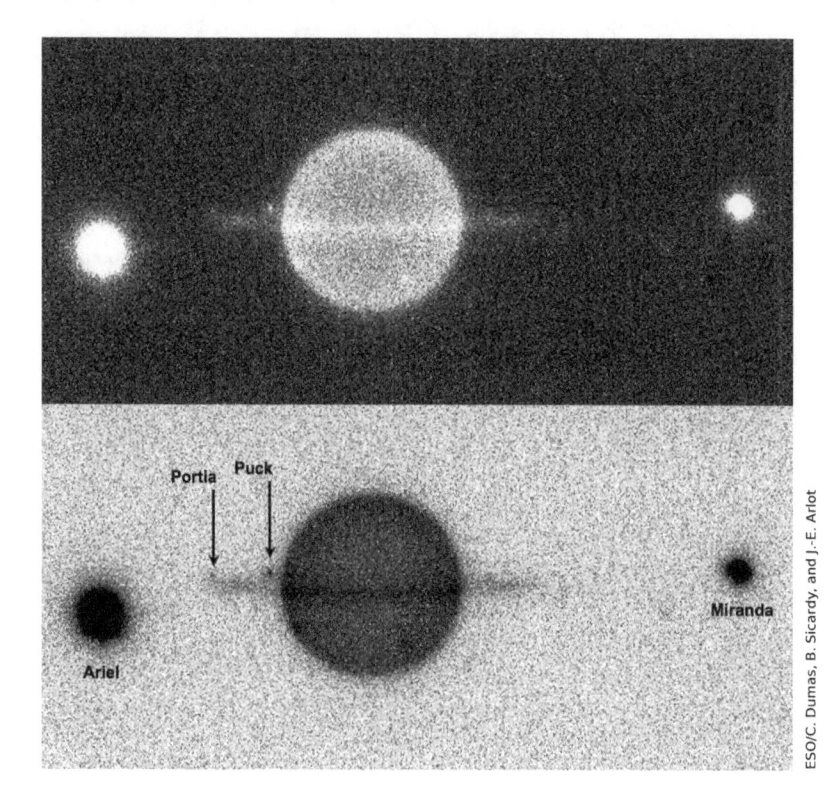

Netuno tem 14 luas conhecidas. A mais interessante delas é Tritão, uma lua relativamente grande em órbita retrógrada – o que é incomum. Tritão tem uma atmosfera muito fina, e erupções ativas foram descobertas lá pela Voyager em seu sobrevoo de 1989. Para explicar suas características incomuns, os astrônomos sugeriram que

Tritão pode ter se originado além do sistema de Netuno, como um planeta anão, assim como Plutão. Os anéis de Netuno são estreitos e fracos. Como os de Urano, eles são compostos de materiais escuros e, portanto, não são fáceis de ver. O sistema de anéis de Netuno também tem aglomerados peculiares de poeira chamados *arcos*.

De 1996 a 1999, a espaçonave Galileo percorreu o sistema joviano em uma trajetória complexa, mas cuidadosamente planejada, que proporcionou repetidos encontros próximos com as grandes luas galileanas. Mais recentemente, a espaçonave Juno, orbitando Júpiter, forneceu alguns olhares de perto para Ganimedes e Europa. A tabela a seguir resume alguns fatos básicos sobre essas grandes luas e nossa própria Lua para comparação.

Tabela 3.2 – As maiores luas do Sistema Solar

Nome	Diâmetro (km)	Massa (Lua da Terra = 1)	Densidade (g/cm^3)	Refletividade (%)
Lua	3476	1,0	3.3	12
Calisto	4820	1,5	1,8	20
Ganimedes	5270	2,0	1,9	40
Europa	3130	0,7	3,0	70
Io	3640	1.2	3,5	60
Titã	5150	1,9	1,9	20

Fonte: Elaborado com base em Balzer, 2022.

Existem duas ideias básicas de como esses anéis se formam. A primeira é a hipótese do rompimento, que sugere que os anéis são os restos de uma lua quebrada, ou seja, um cometa ou asteroide que passava pode ter colidido com a lua, quebrando-a em pedaços. As forças das marés então separaram os fragmentos e eles se dispersaram em um disco. A segunda hipótese, que adota a perspectiva inversa, sugere que os anéis são feitos de partículas que não conseguiram se unir para formar uma lua em primeiro lugar. Em qualquer teoria, a gravidade do planeta desempenha um papel importante. Perto do planeta, as forças das marés podem separar corpos ou inibir a união de partículas soltas. Não sabemos qual explicação vale para qualquer anel, embora muitos cientistas tenham concluído que pelo menos alguns dos anéis são relativamente jovens e, portanto, devem ser o resultado de uma ruptura.

A diversidade observada nas luas e nos anéis é muito maior entre o que chamamos de *pequenos corpos do Sistema Solar*. Sabe-se que centenas de milhares de membros desses objetos cruzaram a órbita da Terra no passado, e muitos outros o farão nos próximos séculos. Eventualmente esses objetos colidem com a Terra, transformando-se, assim, em *mensageiros das estrelas*. Esses corpos são remanescentes sobreviventes do processo de formação do Sistema Solar e, dessa maneira, podemos ter algum tipo de acesso direto ao material que o formou. Os asteroides são rochosos ou metálicos e contêm pouco material volátil (facilmente evaporado). Cometas são objetos pequenos e gelados que contêm água congelada e outros materiais voláteis misturados com grãos sólidos. Além de Netuno, na região de congelamento profundo do Sistema Solar, também há um grande reservatório de material que permanece inalterado desde a formação do Sistema Solar, bem como vários planetas anões.

Os asteroides são encontrados principalmente no amplo espaço entre Marte e Júpiter, uma região do sistema solar chamada de *cinturão de asteroides*. Os asteroides são pequenos demais para serem vistos sem um telescópio; o primeiro deles não foi descoberto até o início do século XIX. O astrônomo siciliano Giovanni Piazzi pensou ter encontrado esse planeta desaparecido em 1801, quando descobriu o primeiro asteroide (ou, como mais tarde foi chamado, *planeta menor*) orbitando a 2,8 UA do Sol. Sua descoberta, que ele chamou de *Ceres*, foi rapidamente seguida pela detecção de três outros "pequenos planetas" em órbitas semelhantes (Ribeiro, 2010).

Em 1890, mais de 300 desses "pequenos planetas" ou asteroides foram descobertos por observadores de olhos aguçados. Naquele ano, Max Wolf, em Heidelberg, Alemanha, introduziu a fotografia astronômica na busca de asteroides, acelerando muito a descoberta desses objetos obscuros. Os asteroides recebem um número (correspondente à ordem de descoberta) e, às vezes, também um nome. Originalmente, os nomes dos asteroides foram escolhidos entre as deusas da mitologia grega e romana. Depois de esgotar esses e outros nomes femininos (incluindo, mais tarde, os de cônjuges, amigos, flores, cidades e outros), os astrônomos recorreram aos nomes de colegas (e outras pessoas de destaque) que desejavam homenagear. Por exemplo, o asteroide 17860, que recebeu o nome do orientador de doutorado do autor deste livro, *Roig* (Ribeiro, 2010).

A maioria dos asteroides gira em torno do Sol na mesma direção que os planetas, e a maior parte de suas órbitas fica perto do plano em que a Terra e outros planetas circulam. A maior concentração de asteroides está no cinturão principal de asteroides, a região entre Marte e Júpiter, que contém todos os asteroides com períodos orbitais entre 3,3 e 6,0 anos. Embora mais de 75% dos asteroides conhecidos estejam no cinturão, eles não estão espaçados, como às vezes são retratados em filmes de ficção científica. O volume do cinturão é realmente muito grande, e o espaçamento típico entre objetos (de até 1 km de tamanho) é de vários milhões de quilômetros. Isso foi uma sorte para naves espaciais como Galileo, Cassini, Rosetta e *New Horizons*, que precisavam viajar pelo cinturão de asteroides sem colisão.

Ainda assim, ao longo da extensa história do nosso sistema solar, houve um bom número de colisões entre os próprios asteroides. Em 1918, o astrônomo japonês

Kiyotsugu Hirayama descobriu que alguns asteroides se enquadram em famílias, grupos com características orbitais semelhantes identificadas quando analisados os elementos orbitais próprios. Ele levantou a hipótese de que cada família pode ter resultado da separação de um corpo maior ou, mais provavelmente, da colisão de dois asteroides (Bendjoya; Zappalà, 2002).

Figura 3.13 – As falhas na distribuição dos asteroides observadas em 2,50UA, 2,82UA e 3,30UA estão associadas às ressonâncias de movimentos médios 3:1, 5:2 e 2:1, respectivamente; nesse caso, as ressonâncias impõem à região uma instabilidade dinâmica que expulsa os objetos que se encontram naquele local

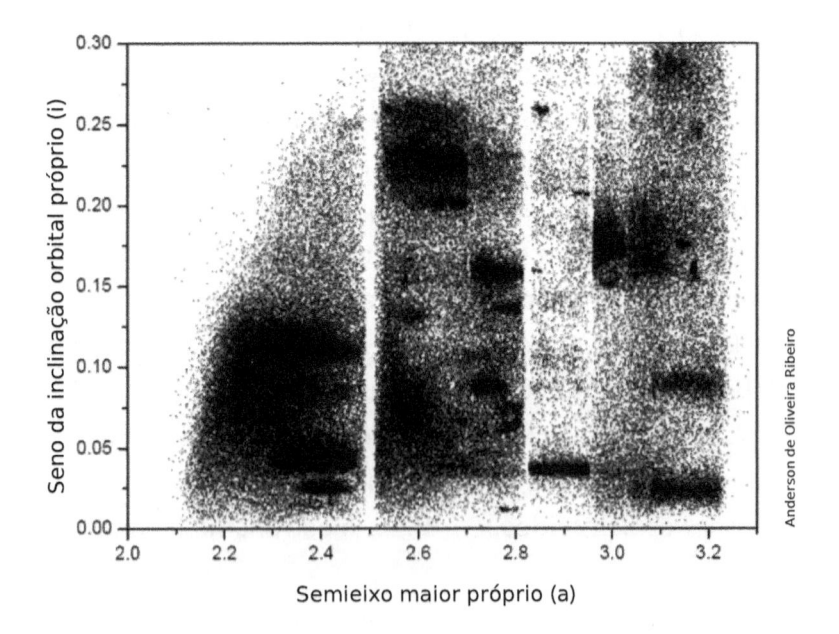

Pequenas diferenças nas velocidades com que os vários fragmentos deixaram a cena da colisão explicam a pequena propagação nas órbitas agora observadas para os diferentes asteroides em determinada família. Existem várias famílias, e as observações mostraram que os membros individuais da maioria das famílias têm composições semelhantes, como seria de esperar se fossem fragmentos de um pai comum.

Os asteroides escuros (refletividade de apenas 3 a 4%) são revelados a partir de estudos espectrais como corpos primitivos, aqueles que mudaram pouco quimicamente desde o início do Sistema Solar, compostos de silicatos misturados com compostos orgânicos escuros de carbono. Eles são conhecidos como *asteroides do tipo C* ("C" para carbonáceos). Dois dos maiores asteroides, Ceres e Pallas, são primitivos, assim como quase todos os asteroides na parte externa do cinturão. Em 2020 e 2021, dois desses asteroides do tipo C, Bennu e Ryugu, foram visitados pela missão OSIRIS-Rex. As visitas de sondas a esses objetos permitem, entre outros, validar os modelos da forma que são usados. Na figura a seguir, podemos ver a comparação do modelo que utiliza os dados obtidos da Terra e as imagens da sonda Rosetta – a combinação de grandes telescópios terrestres, tecnologia de óptica adaptativa e código de computador avançado é uma maneira extremamente poderosa de estudar asteroides (Michel; Demeo; Bottke, 2015).

Figura 3.14 – Comparação entre as imagens do modelo (à direita) e as fotografias de alta resolução do asteroide Lutetia tiradas pela sonda Rosetta da ESA durante um sobrevoo em julho de 2010 (à esquerda) mostra, de modo convincente, a precisão das previsões

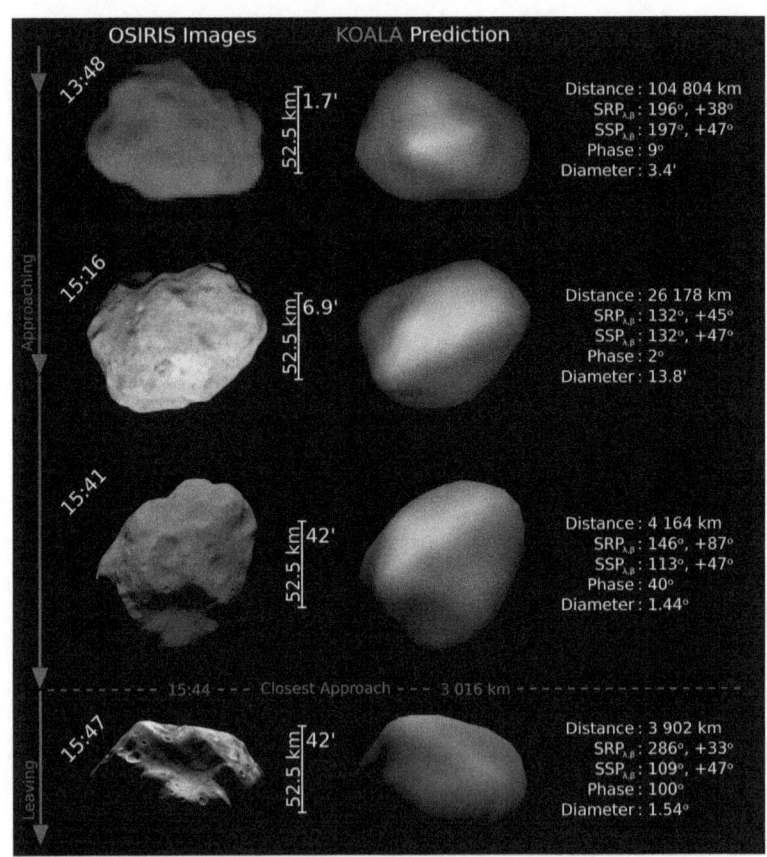

	OSIRIS Images	KOALA Prediction	
13:48		1.7'	Distance: 104 804 km SRP$_{A,B}$: 196°, +38° SSP$_{A,B}$: 197°, +47° Phase: 9° Diameter: 3.4'
15:16		6.9'	Distance: 26 178 km SRP$_{A,B}$: 132°, +45° SSP$_{A,B}$: 132°, +47° Phase: 2° Diameter: 13.8'
15:41		42'	Distance: 4 164 km SRP$_{A,B}$: 146°, +87° SSP$_{A,B}$: 113°, +47° Phase: 40° Diameter: 1.44°

15:44 - - - Closest Approach - - - 3 016 km

| 15:47 | | 42' | Distance: 3 902 km
SRP$_{A,B}$: 286°, +33°
SSP$_{A,B}$: 109°, +47°
Phase: 100°
Diameter: 1.54° |

ESO/Rosetta OSIRIS team, Dr. Holger Sierks, Dr. Benoit Carry (Paris Observatory), Dr. William Merline (SwRI)

O segundo grupo mais populoso são os chamados *asteroides do tipo S*. Aqui, os compostos de carbono escuro estão ausentes, resultando em maior refletividade e assinaturas espectrais mais claras de minerais de silicato. Os asteroides do tipo S também são quimicamente primitivos, mas sua composição diferente indica que eles provavelmente foram formados em um local diferente no Sistema Solar dos asteroides do tipo C. Os asteroides de uma terceira classe, muito menos numerosos que os das duas primeiras, são compostos principalmente de metal e são chamados de *asteroides do tipo M*. Espectroscopicamente, a identificação do metal é difícil, mas, pelo menos para o maior asteroide do tipo M, Psyche, por exemplo, essa identificação foi confirmada por radar. Como um asteroide de metal, como um avião ou navio, é um refletor de radar muito melhor do que um objeto pedregoso, Psyche parece brilhante quando apontamos um feixe de radar para ele.

Além dos asteroides do tipo M, alguns outros asteroides mostram sinais de aquecimento e diferenciação precoces. Eles têm superfícies basálticas, como as planícies vulcânicas da Lua e de Marte; o grande asteroide 4 Vesta está nesta última categoria, tipo V. A essa sopa de letrinhas damos o nome de *classificação taxonômica*. A investigação das propriedades mineralógicas pode ser abordada analisando as propriedades superficiais dos asteroides. Uma das formas de analisar as características mineralógicas superficiais (composição química da superfície) é comparar os dados observacionais coletados dos asteroides com dados obtidos em laboratório de meteoritos e minerais, os mensageiros das estrelas (Michel; Demeo; Bottke, 2015).

Quadro 3.1 – Correlação entre classes taxonômicas, possíveis mineralogia superficial e meteorito análogo

Classe	Possível composição	Meteorito análogo
C	Silicatos Hidratados + Carbono Substâncias Orgânicas	Condritos CI e CM
D e P	Silicatos Anidros + Carbono Material Orgânico	Ausência de Meteorito Análogo
E	Enstatite	Acondritos Aubritos
M	Metal + Enstatites	Meteoritos Ferrosos
S	Metal + Olivina + Piroxênio	Pallasitos (Ferrosos-Rochosos)
V	Piroxênio + Feldspato	Acondritos Basálticos, Eucritos, Howarditos, Diogenitos
A	Olivina + Piroxênio	Acondrito Bachinito

Fonte: Elaborado com base em Michel; Demeo; Bottke, 2015.

Os asteroides podem ter sua mineralogia afetada por processos internos, como o aquecimento causado pelo decaimento de materiais radioativos, que pode levar ao derretimento e à diferenciação do corpo. Na superfície, agentes externos, como colisões, podem liberar calor e produzir metamorfismo ou escavar o material do interior do asteroide. O intemperismo espacial, que envolve a interação de raios cósmicos, micrometeoritos e íons do vento solar, é outro agente externo que modifica a superfície dos asteroides. Esse processo pode resultar na diminuição da profundidade das bandas de absorção, avermelhamento do contínuo e redução do albedo.

4 Vesta é um dos asteroides interessantes da população dos pequenos corpos. Ele orbita o Sol com um semieixo maior de 2,4 UA na parte interna do cinturão de asteroides e tem uma família associada. Sua refletividade relativamente alta, de quase 30%, faz-lhe ser um dos asteroides mais brilhantes – tão brilhante que é realmente visível a olho nu se você souber exatamente para onde olhar. Mas sua verdadeira fama se dá pelo fato de sua superfície ser coberta de basalto, indicando que 4 Vesta é um objeto diferenciado, que deve ter sido termicamente ativo, apesar de seu pequeno tamanho, cerca de 500 km de diâmetro (Russell; Raymond, 2012).

Antes da chegada da sonda Dawn, algumas características da superfície de 4 Vesta já haviam sido resolvidas usando o Telescópio Espacial Hubble e telescópios terrestres como o Observatório Keck. A chegada de Dawn, em julho de 2011, revelou a complexa superfície de 4 Vesta em detalhes.

Figura 3.15 – Imagem de 4 Vesta registrada de uma altitude aproximada de 2.800 km em 19/10/2012: o Pólo Norte está localizado no centro inferior, e um aglomerado distinto de três crateras é encontrado no canto inferior direito; as ranhuras que atravessam a superfície são falhas criadas pelo impacto que criou a cratera Rheasilva

Dawn mapeou a geologia, a composição, o registro de crateras de 4 Vesta e muito mais. Ele determinou a estrutura interior desse asteroide medindo seu campo de gravidade. Em conjunto, essas informações esclareceram a formação e a evolução desse pequeno corpo rochoso no cinturão principal de asteroides. A Dawn encontrou uma superfície cheia de crateras em 4 Vesta, com uma topografia áspera que é de transição entre planetas e asteroides. Além de criar um enorme buraco no polo sul de 4 Vesta, os dois impactos gigantes causaram a formação de sistemas de calha ao redor do planeta (Michel; Demeo; Bottke, 2015).

A missão Dawn confirmou que 4 Vesta é o corpo pai dos meteoritos Howarditos, Eucritos e Diogenitos (HED), por meio de correspondências confiáveis entre medições laboratoriais de HEDs e medições de Dawn da composição elementar da superfície de 4 Vesta e sua mineralogia específica. A Dawn também descobriu que o campo gravitacional de 4 Vesta é consistente com a presença de um núcleo de ferro com cerca de 225,3 quilômetros de diâmetro, de acordo com o tamanho previsto pelos modelos de diferenciação baseados em HED (Michel; Demeo; Bottke, 2015).

Os cometas diferem dos asteroides principalmente em sua composição gelada, uma diferença que faz com que eles brilhem dramaticamente à medida que se aproximam do Sol, formando uma atmosfera temporária. Em algumas culturas primitivas, essas chamadas *estrelas cabeludas* eram consideradas presságios de desastre. Hoje, não temos mais os cometas, mas antecipamos ansiosamente aqueles que se aproximam o suficiente de nós para fazer um bom *show* no céu.

O estudo dos cometas como membros do Sistema Solar data da época de Isaac Newton. Sim, ele novamente foi quem primeiro sugeriu que orbitavam o Sol em elipses extremamente alongadas. O colega de Newton, Edmund Halley, desenvolveu essas ideias e, em 1705, publicou cálculos de 24 órbitas de cometas. Em particular, ele observou que as órbitas dos cometas brilhantes que apareceram nos anos de 1531, 1607 e 1682 eram tão semelhantes que os três poderiam muito bem ser o mesmo cometa retornando ao periélio (aproximação mais próxima do Sol) em intervalos médios de 76 anos. Em caso afirmativo, ele previu que o objeto deveria retornar por volta de 1758. Embora Halley tivesse morrido quando o cometa apareceu como ele previu, foi dado o nome de *Cometa Halley* em homenagem ao astrônomo que reconheceu esse objeto, que, em seu afélio (ponto mais distante do Sol), encontra-se além da órbita de Netuno (Michel; Demeo; Bottke, 2015).

Figura 3.16 – Impressionante imagem do Cometa Halley, obtida em 1986

Agora, sabe-se, a partir de registros históricos, que o cometa Halley foi realmente observado e registrado em todas as passagens próximas ao Sol desde 239 a.C., em intervalos que variam de 74 a 79 anos. O período de seu retorno varia um pouco por causa das mudanças orbitais produzidas pela atração dos planetas gigantes. Em 1910, a Terra foi atingida pela cauda do cometa, causando uma preocupação pública desnecessária. O cometa Halley apareceu pela última vez em nossos céus em 1986, e ele retornará em 2061.

Apenas alguns cometas retornam em um tempo mensurável em termos humanos (menos de um século ou dois), como o Cometa Halley. Estes são chamados de *cometas de curto período*. Muitos cometas de período curto tiveram suas órbitas alteradas por se aproximarem demais de um dos planetas gigantes, na maioria das vezes Júpiter, e, por esse fator, às vezes são chamados de *cometas da família de Júpiter*. A maioria dos cometas apresenta longos períodos e levará milhares de anos para retornar, se é que retornarão. Os modelos dinâmicos apontam que os cometas do grupo da família de Júpiter têm uma origem em uma fonte de cometas de período longo e, por interações gravitacionais, têm sua órbita modificada.

Ao observar um cometa ativo, é comum enxergarmos apenas sua coma temporária de gás e poeira, que é iluminada pela luz solar. A gravidade desses corpos é muito fraca, fazendo com que a atmosfera escape continuamente. A fonte desse material é o núcleo sólido e pequeno, com diâmetro de alguns quilômetros, que geralmente é obscurecido pelo brilho da atmosfera muito maior que o envolve. Dessa forma, o núcleo é considerado o verdadeiro corpo do cometa (Festou; Keller; Weaver, 2004).

Como os núcleos dos cometas são pequenos e escuros, são difíceis de estudar da Terra. No entanto, as naves espaciais obtiveram medições diretas do núcleo de um cometa em 1986, quando três naves espaciais passaram perto do cometa Halley. Posteriormente, outras naves espaciais voaram perto de outros cometas. Em 2005, a espaçonave *Deep Impact* da NASA realizou um experimento fantástico: a nave portava um projétil que atingiu o cometa Tempel 1. Mas, de longe, o estudo mais produtivo de um cometa foi realizado pela missão Rosetta de 2015. Lançada em 2004, a missão observou o cometa 67P/Churyumov-Gerasimenko.

Em agosto de 2014, a Rosetta começou uma aproximação gradual ao núcleo do cometa, que é um objeto estranhamente deformado com cerca de 5 quilômetros de diâmetro, bem diferente da aparência suave do núcleo de Halley. Seu período de rotação é de 12 horas. Em 12 de novembro de 2014, o módulo de pouso Philae foi lançado, descendo lentamente por 7 horas antes de atingir suavemente a superfície. Ele saltou e rolou, parando sob uma saliência onde não havia luz solar suficiente para manter suas baterias carregadas. Depois de operar por algumas horas e enviar dados de volta ao orbitador, Philae ficou em silêncio (Festou; Keller; Weaver, 2004).

Figura 3.17 – Mosaico do cometa 67P/Churyumov-Gerasimenko, criado a partir de imagens obtidas em 10 de setembro de 2014, quando a sonda Rosetta da ESA estava a 27,8 km do cometa

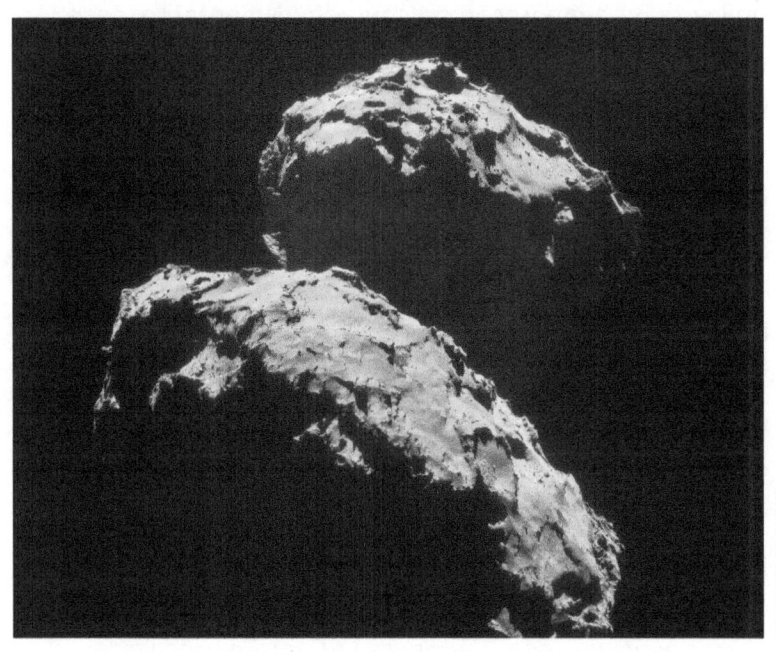

ESA/Rosetta/NAVCAM

Os espetaculares efeitos que nos permitem visualizar os cometas é o resultado da evaporação de gelos em suas composições. Essa evaporação acontece pelo aquecimento do corpo pela radiação solar, que aumenta de intensidade quando se aproxima do Sol. Com o cometa tendo um predomínio de gelo de água, a evaporação começa quando o corpo se aquece a temperaturas maiores que 200 K. Esse tipo de evaporação libera a poeira que está misturada com o gelo, e, como a gravidade de um objeto como um cometa é muito baixa, essa poeira se desprende do núcleo e passa a formar a calda tão característica dos cometas.

Quanto mais o cometa se aproxima do Sol, mais absorve energia, e uma grande fração dessa energia é utilizada na evaporação de seu gelo. No entanto, esse processo não é uniforme: a vaporização da maior parte do gás se dá em jatos súbitos, sem uma distribuição lógica, o que aponta para a possibilidade de que o gelo esteja em algumas áreas da superfície, e não uniformemente distribuído.

Estudos radioastronômicos do cometa C/2016 R2 (PanSTARRS), realizados entre 23 e 24 de janeiro de 2018 com o telescópio IRAM 30m e de janeiro a março de 2018 com o radiotelescópio Nançay, juntamente com observações espectroscópicas no visível que foram realizadas de dezembro de 2017 até fevereiro de 2018 com pequenos telescópios amadores, permitiram medições das taxas de produção de CO, CH_3OH, H_2CO e HCN. Várias outras espécies, especialmente OH, foram procuradas, mas não detectadas nessas observações. As abundâncias relativas inferidas permitiram a inclusão de limites superiores para espécies de enxofre. A composição da coma do cometa C/2016 R2 é muito diferente de todos os outros cometas observados até agora, sendo rica em N_2 e CO e pobre em poeira. Isso sugere que esse cometa pode pertencer a um grupo muito raro de cometas formados além da linha de gelo N2. Alternativamente, o cometa C/2016 R2 (PanSTARRS) pode ser o fragmento de um objeto transnetuniano (região do cinturão de Kuiper) grande e diferenciado, com propriedades características de camadas enriquecidas com voláteis (Mckay, 2019; Opitom, 2019).

Figura 3.18 – Comparação das escalas de distâncias do Sistema Solar

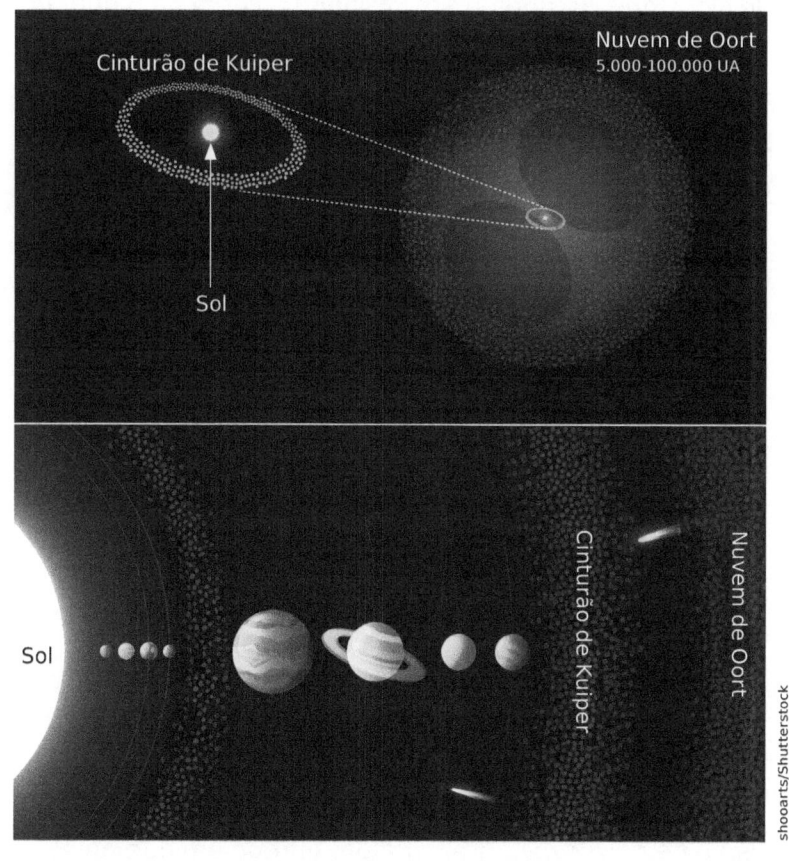

Fonte: Elaborada com base em Berski; Dybczynski, 2016.

Vale esclarecer que o cinturão de Kuiper é um disco circunstelar no Sistema Solar exterior que se estende desde a órbita de Netuno a 30 UA até aproximadamente 50 UA do Sol, enquanto a nuvem de Oort é uma nuvem esférica de planetesimais voláteis que se acredita localizar-se a cerca de 50.000 UA.

Oort propôs, em 1950, que os cometas de longo período são derivados do que hoje chamamos de *nuvem de Oort*, que circunda o Sol iniciando a cerca de 5.000 UA e se estendendo até 100.000 UA (perto do limite da esfera de influência gravitacional do Sol) e contém entre 10^{12} e 10^{13} cometas. Os cometas também têm sua origem no Cinturão de Kuiper, uma região em forma de disco além da órbita de Netuno, estendendo-se a 50 UA do Sol. Quando um cometa passa a ter órbitas que se aproximam do Sol ele não sobrevive mais do que milhares de períodos antes de perder seu material volátil, tonando-se um cometa inativo. Alguns cometas morrem de forma espetacular: Shoemaker-Levy 9, por exemplo, quebrou em 20 pedaços antes de colidir com Júpiter em 1994 (Michel; Demeo; Bottke, 2015).

Indicações estelares

Filme

NÃO olhe para cima. Direção: Adam McKay. EUA, 2021. 142 min.

Não olhe para cima apresenta um enredo em que dois astrônomos desconhecidos buscam alertar a população mundial sobre a aproximação catastrófica de um cometa prestes a dizimar o planeta Terra.

Livro

SAGAN, C.; DRUYAN, A. **Cometa**. Rio de Janeiro: F. Alves, 1985.

Cometa, de Carl Sagan e Ann Druyan, apresenta uma viagem de tirar o fôlego pelo espaço montado em um cometa. O astrônomo vencedor do Prêmio Pulitzer, Carl Sagan, autor de *Cosmos e Contact*, e a escritora Ann Druyan exploram a origem, a natureza e o futuro dos cometas, bem como os mitos exóticos e preságios ligados a eles.

Site

NASA. **Dawn Multimedia – Videos**. Disponível em: <https://solarsystem.nasa.gov/missions/dawn/galleries/videos>. Acesso em: 15 maio 2023.

O *site* reúne vídeos e dados sobre a missão Dawn.

Analogias celestes

Kiyotsugu Hirayama (1874-1943) foi um astrônomo japonês conhecido por suas contribuições para o estudo dos asteroides, em particular a descoberta de várias famílias de asteroides que compartilham órbitas semelhantes. Essas famílias de asteroides são conhecidas como *famílias de Hirayama*, em homenagem a ele.

A família de asteroides é um grupo de asteroides que compartilham características comuns, como órbitas semelhantes, composição química e mineralógica, tamanho e forma. É considerado que esses asteroides geralmente se originaram pela fragmentação de um corpo maior devido a uma colisão ou impacto.

As famílias de asteroides são identificadas pela análise de dados observacionais, como suas órbitas e seus espectros, que fornecem informações sobre sua composição e origem. Existem várias centenas de famílias de asteroides conhecidas atualmente, com tamanhos variando desde alguns poucos quilômetros até várias centenas de quilômetros.

Algumas famílias de asteroides notáveis incluem a família Flora, a maior e mais antiga família conhecida, composta de mais de 8.000 asteroides; a família Koronis, que inclui o asteroide 243 Ida e sua lua Dactyl; e a família Eunomia, que inclui o asteroide 15 Eunomia, o terceiro maior asteroide conhecido (Michel; Demeo; Bottke, 2015).

A investigação das famílias de asteroides é importante para entender a história e a evolução do Sistema Solar, bem como para estudar a composição e a estrutura interna dos asteroides. Além disso, o estudo das famílias de asteroides é fundamental para a identificação e a caracterização de potenciais alvos para exploração.

Universo sintetizado

A astrofísica do Sistema Solar é uma área de estudo que se dedica a investigar os corpos celestes que compõem o Sistema Solar, como planetas, satélites, asteroides, cometas e outros objetos. Dentro dessa área, há várias subáreas, como a dinâmica orbital, que estuda as órbitas dos planetas e outros objetos do sistema solar e as forças gravitacionais que os mantêm em movimento. A formação e a evolução do Sistema Solar também é uma subárea importante, que investiga as origens do Sistema Solar e como ele evoluiu ao longo do tempo, incluindo a formação dos planetas e de outros objetos.

Outra subárea relevante da astrofísica do Sistema Solar é a análise da composição química e mineralógica dos objetos, bem como suas características físicas, como tamanho, massa, densidade e temperatura. A atmosfera dos planetas também é objeto de estudo, incluindo propriedades como ventos, clima e outros fenômenos meteorológicos.

Além disso, a astrofísica do Sistema Solar se dedica ao estudo dos satélites naturais dos planetas e seus anéis, investigando suas propriedades físicas e sua composição química. Por fim, os cometas e asteróides também são objetos de estudo, que abrange a análise de sua origem, composição e dinâmica.

Todas essas subáreas são importantes para entender a formação, a evolução e a dinâmica do Sistema Solar, além de serem fundamentais para a exploração espacial e a identificação de objetos potencialmente perigosos que possam afetar a Terra. Ademais, a astrofísica do Sistema Solar é uma área de grande interesse público, pois ajuda a responder perguntas fundamentais sobre nossa origem e nosso lugar no Universo.

Autodescobertas em teste

1) Com base nos conhecimentos acerca da Primeira Lei de Kepler, segundo a qual, em um referencial fixo no Sol, as órbitas dos planetas são elipses e o Sol ocupa um dos focos, ordene os planetas de forma decrescente em relação à sua excentricidade.

2) A Terceira Lei de Kepler, chamada de *lei harmônica*, estabelece o seguinte: em um referencial fixo no Sol, o quadrado do período de revolução de um planeta ao redor do Sol é proporcional ao cubo do semieixo maior da elipse que representa a órbita do planeta. Essa lei é matematicamente dada por:

$$T^2 = ka^3$$

Em que k tem, aproximadamente, o mesmo valor para todos os planetas.

Obtenha uma relação entre o período e o módulo da velocidade considerando um modelo em que as órbitas planetárias são circunferências, ou seja, considerando o movimento de cada planeta ao redor do Sol como um movimento circular uniforme em um referencial em que o Sol está em repouso. Nesse caso, a força gravitacional do Sol sobre o planeta é a força centrípeta do movimento circular uniforme.

3) O Sistema Solar é composto por um total de oito planetas. O conceito de planeta está atrelado a determinadas características, entre elas:
   a) Contar com iluminação direta do Sol e ter água.
   b) Ter mais de uma lua e receber luz do Sol.
   c) Apresentar estrelas e ter oxigenação do ar.
   d) Ter equilíbrio estático e orbitar ao redor do Sol.
   e) Dispor de uma lua e ter uma estrutura redonda.

4) Cientistas dizem ter evidências da existência de um novo planeta no Sistema Solar. Desde o rebaixamento de Plutão, o Sistema Solar passou a contar com oito planetas. Entretanto, com a suposta existência de um novo planeta, voltaria a ter nove. Em estudo publicado no periódico *Astronomical Journal*, do Instituto de Tecnologia da Califórnia, os cientistas demonstraram, por meio de modelos matemáticos e simulações de computadores, as conclusões de sua pesquisa (Michel; Demeo; Bottke, 2015). Entretanto, ainda não foi possível a observação direta do chamado "Planeta Nove". Com relação aos planetas integrantes do Sistema Solar, é correto afirmar:
   a) Marte é um planeta do tipo terrestre ou telúrico; é conhecido como Estrela D'Alva ou Estrela da Manhã e, por sua característica brilhante, pode ser visto durante o dia.

b) Júpiter é o último (a partir do Sol) dos planetas rochosos; aparece como uma "estrela de fogo" à noite e tem calotas polares que contêm água.

c) Urano é conhecido como *Planeta Azul* não pela presença de água, mas de gás metano, e tem 13 luas.

d) Saturno é outro dos planetas rochosos, composto basicamente de hidrogênio e hélio, caracterizado pela existência de anéis formados por seus satélites.

e) Mercúrio é o menor e o mais interno dos planetas; com uma aparência similar à da Lua, conta com crateras de impacto e planícies lisas e não tem satélites naturais.

5) Como é corretamente denominada a teoria que justifica a formação do Sistema Solar?
   a) Teoria celular.
   b) Teoria da nebulosa.
   c) Teoria da deriva.
   d) Teoria das cordas.
   e) Teoria planetária.

Evoluções planetárias

Reflexões meteóricas

1) O que pode ser feito hoje caso um asteroide ou um cometa seja descoberto em rota de colisão com a Terra?

2) No atual paradigma da evolução primordial do Sistema Solar, por que os asteroides trazem consigo informações sobre os processos de formação do Sistema Solar?

Práticas solares

1) O balanço do momento angular para o Sistema Solar é dominado pelo momento angular orbital dos planetas. O momento angular na rotação solar é:

$$L_\odot \simeq k^2 M_\odot R_\odot^2 \Omega$$

Em que: $\Omega = 2{,}9 \times 10^{-6}$ s^{-1} e, adotando $k^2 = 0{,}1$ (aproximadamente apropriado para uma estrela com núcleo radiativo), $L_\odot \approx 3 \times 10^{48}$ g cm^2 s^{-1}.

Em comparação, qual é o momento angular orbital de Júpiter?

2) Assinale as frases corretas:
   I) ( ) O Sol orbita a Terra.
   II) ( ) À medida que a Terra gira, temos dias e noites.
   III) ( ) A Terra leva 1 dia para girar.
   IV) ( ) A Terra é o centro do Sistema Solar.
   V) ( ) A Terra é um satélite natural.
   VI) ( ) A Terra leva 365 dias para orbitar o Sol.
   VII) ( ) Plutão é um planeta anão.
   VIII) ( ) O Sol é um grande planeta brilhante.

Estrelas

4

O conceito de estrelas evoluiu no decorrer do tempo, à medida que a humanidade fez novas descobertas e obteve uma compreensão mais profunda do Universo. Por milhares de anos, os humanos olharam para o céu noturno e observaram as estrelas. Civilizações antigas, como os babilônios, gregos e chineses, desenvolveram sistemas astronômicos primitivos e usaram as estrelas para navegação e para rastrear a passagem do tempo. Como visto, no século XVII, a invenção do telescópio revolucionou nossa compreensão das estrelas. Astrônomos foram capazes de observar novos objetos celestes e fazer observações detalhadas das estrelas, incluindo sua posição, brilho e movimento.

Nos séculos XIX e XX, os avanços na tecnologia e nos métodos de observação levaram a um progresso significativo em nossa compreensão das estrelas. O desenvolvimento da fotografia e da espectroscopia permitiu aos astrônomos estudar as estrelas com muito mais detalhes, incluindo sua composição, temperatura e movimento. Em meados do século XX, a descoberta de estrelas de nêutrons e a proposta teórica dos buracos negros expandiu nossa compreensão sobre os tipos de objetos que existem no Universo. Ao mesmo tempo, o modelo de formação estelar explica como as estrelas são formadas a partir de nuvens de gás e poeira que surgem. As primeiras teorias de formação de estrelas eram amplamente especulativas e careciam de evidências observacionais, mas, à medida que os astrônomos fizeram mais observações e avanços na tecnologia, eles foram capazes de reunir uma imagem mais completa do processo de formação de estrelas.

Essas descobertas e os avanços teóricos mostraram que as estrelas podem ter uma ampla gama de propriedades e podem terminar suas vidas de várias maneiras diferentes. Nas últimas décadas, os avanços na tecnologia e na observação permitiram aos astrônomos estudar o processo de formação de estrelas com muito mais detalhes. Agora, temos uma compreensão muito melhor de como as estrelas nascem, evoluem e, eventualmente, morrem. Embora ainda existam muitas questões sobre o processo de formação de estrelas, o modelo provou ser uma ferramenta valiosa para a compreensão do Universo.

4.1 O que são estrelas?

Estrelas são objetos celestes massivos que produzem luz e calor por meio da fusão nuclear em seus núcleos. Eles são compostos principalmente de hidrogênio e hélio e são mantidos juntos por sua própria gravidade. As estrelas podem variar muito em tamanho, temperatura e luminosidade, e desempenham um papel importante no Universo, inclusive sendo fonte de luz, calor e energia, além de servirem como pontos de referência para navegação, ajudando na determinação das distâncias até outros objetos celestes. O Sol, que está localizado no centro do nosso sistema solar, é uma estrela. No céu noturno, pode-se observar estrelas como pontos de luz e um grande número delas podem ser vistas a olho nu, enquanto outras requerem telescópios para observação.

O panorama atual da astrofísica estelar permitiu obter uma resposta adequada para a pergunta: O que são as estrelas? Contudo, existem paradigmas e questões interessantes por solucionar. Nos últimos anos, os avanços alcançados graças ao grande desenvolvimento da tecnologia, que permitiu o desenvolvimento de uma geração de telescópios nunca antes vista, têm permitido observar, entender e solucionar alguns fenômenos que há algumas décadas eram somente estimados. Além disso, o aporte notável da computação tem complementado esse processo, pois, graças a ferramentas como processos de redução, análise de imagens e uso de simulações, viabiliza-se, em muitos casos, recriar e entender e fenômenos, permitindo o refinamento de teorias.

O que uma estrela é? Uma estrela é uma gigantesca esfera de gás, em altíssima temperatura, que gera energia em seu centro por meio de reações de fusão nuclear. Uma estrela, diferente de um planeta, gera sua própria energia. As estrelas, sem exceção, seguem um ciclo de vida: elas nascem, vivem e morrem. O tempo de vida e a forma como elas morrem vai depender de sua massa e composição química. As estrelas nascem de modo semelhante, mas os objetos resultantes de sua morte são muito diversos. De maneira mais sintética, pode-se definir uma *estrela* como um objeto celeste "autogravitante" no qual existe, ou já existiu (no caso de estrelas mortas), fusão termonuclear sustentada por hidrogênio em seu núcleo.

O ramo da astronomia que estuda as estrelas é a astrofísica estelar, que tem como foco o entendimento das propriedades físicas e atmosféricas das estrelas, incluindo formação, evolução, estrutura e eventual morte. O objetivo é entender os processos que governam o comportamento das estrelas e usar esse entendimento para obter uma compreensão mais ampla do Universo como um todo. No geral, a astrofísica estelar desempenha um papel crucial em nossa compreensão do Universo, pois as estrelas são alguns dos objetos mais abundantes e importantes do cosmos. Ao estudar as estrelas e suas propriedades, os astrofísicos podem aprender sobre a evolução do Universo, a história de nossa galáxia e a formação de outros sistemas planetários.

4.2 Astrofísica estelar

Como apreciado anteriormente, a astrofísica estelar é um subcampo que estuda a natureza das estrelas. Algumas áreas-chave da astrofísica estelar abrangem o estudo de como as estrelas se formam a partir de nuvens de gás e poeira e os processos físicos que governam esse processo; o estudo da estrutura interna e das propriedades físicas das estrelas, incluindo seu tamanho, sua temperatura, sua luminosidade e sua composição e como essas propriedades mudam no decorrer do tempo; o estudo das camadas externas das estrelas, englobando temperatura, densidade e composição química e como elas são afetadas pelos processos internos da estrela; o estudo de grandes grupos de estrelas, incluindo idade, metalicidade e distribuição na galáxia; e o estudo de como as estrelas terminam suas vidas e os vários processos que ocorrem durante essa fase, incluindo supernovas, formação de estrelas de nêutrons e formação de buracos negros.

O Sol, nosso astro rei, é uma estrela abundante em hidrogênio. Ela transforma o hidrogênio em Hélio por um processo de fusão nuclear. Em uma explicação fenomenológica simples, a reação nuclear ocorre da seguinte forma: **4H → 4 He + energia**. A fusão só está presente nas regiões centrais das estrelas porque existe uma temperatura limite mínima na qual essa reação exotérmica pode ser inflamada (que é da ordem de dez milhões de graus para essa reação em particular). Para que os núcleos de hidrogênio (prótons) sejam fundidos, eles devem ter uma aproximação próxima na ordem de distância em que a força nuclear forte entra em ação.

A força nuclear forte é responsável pela ligação dos núcleons (prótons e nêutrons) no núcleo, e, ao contrário da gravidade, por exemplo, seu campo de ação é limitado a uma distância da ordem de 10^{-15} m aproximadamente. Nas altas temperaturas encontradas nos centros das estrelas, a energia cinética dos prótons é suficiente para vencer a força repulsiva de Coulomb entre eles e trazer os prótons para uma distância em que a força nuclear forte atrativa se torna dominante. Os prótons podem, então, fundir-se enquanto emitem energia.

Uma estrela brilha (ou emite radiação) em decorrência de sua alta temperatura superficial. Por exemplo, a temperatura da superfície do Sol é de aproximadamente 5.800 K, enquanto sua temperatura central é de aproximadamente 16 milhões de kelvin. A diminuição da temperatura em função da distância do centro é uma ocorrência natural que provoca o transporte de energia das regiões centrais para a superfície do Sol. Uma vez que o gás que compõe uma estrela é caracterizado por uma opacidade à radiação, um observador olhando para uma estrela só consegue ver suas regiões externas, que é comumente chamada de *fotosfera* ou *atmosfera estelar*. Isso é semelhante a olhar para uma nuvem de neblina, sendo capaz de ver apenas a certa distância antes que os sinais de luz sejam atenuados. O campo radiativo que sai de uma estrela depende da temperatura dessas camadas externas e está associado aos seus espectros de corpo negro.

A energia emitida pelas reações termonucleares é dada pela famosa fórmula de Einstein:

$$E = \Delta m c^2$$

Em que:

- Δm é a diferença de massa entre as espécies do lado esquerdo e direito da seta encontrada na reação nuclear dada anteriormente;
- c é a velocidade da luz no vácuo.

No entanto, a reação de queima de hidrogênio dada anteriormente pode ser um pouco enganosa, pois sugere que quatro prótons se encontram para formar um núcleo de hélio. Na realidade, é necessária uma série de reações nucleares para que essa reação global ocorra. Embora apenas uma pequena fração da massa de uma estrela seja transformada em energia durante sua vida, ela será suficiente para compensar a energia irradiada em sua superfície.

Existem três modos de transporte de energia nas estrelas. O mais importante é a **radiação**. Nesse modo, a energia é transportada quando a radiação eletromagnética se difunde das regiões centrais das estrelas em direção ao seu exterior. Em regiões onde a opacidade radiativa se torna grande, a convecção pode dominar o transporte de energia. Já a **convecção** é o transporte de energia pelos movimentos verticais das células da matéria nas estrelas. A **condução**, por sua vez, é o terceiro modo de transporte de energia nas estrelas, mas esse modo raramente é importante.

Uma segunda pergunta muito pertinente é: Quantas estrelas existem no Universo? Para essa pergunta não existe uma resposta exata, mas podem ser feitas estimativas utilizando todo conhecimento teórico e observacional disponível. Em nossa galáxia, a Via Láctea, é estimada uma população de 200 a 400 bilhões de estrelas. Usando imagens muito detalhadas – por exemplo, usando o telescópio espacial Hubble – de pequenas porções do céu e identificando todas as galáxias nessas fotos, utilizando, para isso, modelos estatísticos, é estimado que existam 2 trilhões de galáxias nessas imagens. Facilmente o leitor chega à conclusão de que temos entre 400 e 800 bilhões de trilhões de estrelas!

As estrelas não estão distribuídas aleatoriamente no Universo, elas se aglomeram em galáxias. As estrelas no céu parecem permanentes e imutáveis porque levam milhões de bilhões de anos para que suas vidas se desdobrem; contudo, as estrelas lentamente se afastam umas das outras, além de orbitar o baricentro da galáxia. Esse movimento é estudado pela cinemática estelar e a dinâmica estelar, que envolve o estudo teórico ou modelagem dos movimentos das estrelas sob a influência da gravidade. Modelos estelar-dinâmicos de sistemas como galáxias ou aglomerados de estrelas são frequentemente comparados ou testados com dados estelar-cinemáticos para estudar sua história evolutiva e as distribuições de massa, bem como para detectar a presença de matéria escura ou buracos negros supermassivos por meio de sua influência gravitacional nas estrelas que os orbitam.

As estrelas, em nossa escala, são os blocos de fundação do Universo, e é por isso que elas são fundamentais para a compreensão deste. Assim sendo, é crucial entender esses blocos e as leis naturais que as governam. A astrofísica estelar é um campo de estudo fascinante, pois incorpora todos os principais campos da física: nuclear, atômica, molecular e quântica, eletromagnetismo, relatividade, termodinâmica, hidrodinâmica etc.

A luminosidade de uma estrela é definida como a potência radiativa que emana de sua superfície e é dada, comumente, em unidades de erg/s. A luminosidade é um valor intrínseco de uma estrela e não está relacionada à sua distância do observador. Para obter a luminosidade, deve-se integrar a radiação do campo emitido sobre todo o espectro eletromagnético e sobre toda a superfície da estrela. Nos casos tratados aqui, o fluxo será assumido como constante em toda a superfície estelar. A luminosidade é, então, obtida simplesmente multiplicando o fluxo integrado (F) pelo valor da área da superfície da estrela.

A temperatura efetiva* T_{eff} de determinada estrela é definida como a temperatura necessária para que um corpo negro com o mesmo raio R_* que essa estrela tenha a mesma luminosidade L_* que ela. Como o fluxo integrado na superfície desse corpo negro hipotético é σT_{eff}^4, sua luminosidade é:

$$L_* = 4\pi R_*^2 \sigma T_{eff}^4$$

Em que σ é a constante de Stefan-Boltzmann.

---

*   A temperatura efetiva é a temperatura de uma superfície idealizada que emite radiação na mesma taxa que uma estrela real, levando em conta seu tamanho e sua luminosidade. Essa temperatura não é, necessariamente, a temperatura real da superfície da estrela, mas uma medida que ajuda a descrever seu comportamento térmico e sua evolução.

O fluxo radiativo integrado na superfície (**F**) de uma estrela, em unidades de erg/s/cm², também pode ser escrito em função da luminosidade:

$$F = \frac{L_*}{4\pi R_*^2}$$

A uma distância r maior que R_* do centro da estrela, o fluxo integrado é dado por:

$$F(r) = \frac{L_*}{4\pi R_*^2}\left(\frac{R_*}{r}\right)^2 = \sigma T_{eff}^4 \left(\frac{R_*}{r}\right)^2$$

Ao contrário da luminosidade, o fluxo depende da distância do observador em relação à estrela. Essa equação mostra o efeito da diluição geométrica do fluxo em função da distância de uma estrela. Isso resulta do fato de que a luminosidade está sendo distribuída sobre uma superfície esférica de valor $4\pi r^2$.

O olho humano tem uma resposta não linear à intensidade da luz. Por exemplo, uma estrela que tem um fluxo observado 10 vezes maior do que uma estrela vizinha não parecerá dez vezes mais brilhante ao olho humano. Assim, por razões práticas e tecnológicas, os astrônomos antigos dividiram as estrelas visíveis em várias classes de magnitude que medem melhor o brilho em relação ao olho humano do que o fluxo.

Infelizmente, esses astrônomos escolheram uma escala não convencional, de modo que as estrelas mais brilhantes tenham uma magnitude menor. *Magnitude* é uma escala relativa que mede o valor logarítmico do fluxo radiativo. Uma definição moderna de magnitude é dada pela fórmula a seguir, que dá a diferença de magnitudes de duas estrelas em função de seu fluxo observado:

$$m_1 - m_2 = 2.5 \log\left(\frac{F_2}{F_1}\right)$$

Essa fórmula foi escolhida para que duas estrelas com razão de fluxo de 100 tenham uma diferença de magnitude de 5 e, novamente por razões históricas, para que a magnitude diminua quando o fluxo aumenta.

A massa de uma estrela, ou seja, quanto material ela contém, é uma de suas características mais importantes, pois tem relação direta com sua evolução. Se for conhecida a massa de uma estrela, é possível estimar por quanto tempo ela brilhará e qual será seu destino. No entanto, a massa de uma estrela é muito difícil de se medir diretamente. Sendo assim, como é possível medir a massa de uma estrela distante?

Acontece que a única (boa) maneira de medir massas estelares é mensurando as propriedades das estrelas em sistemas binários. Os binários mais úteis são aqueles em que duas estrelas se revezam, passando uma na frente da outra: os sistemas binários eclipsantes. Para esses sistemas, é aplicada a reformulação de Newton da terceira lei de Kepler. Esses dois objetos estão em revolução mútua, então, o período (P) com o qual eles giram ao redor do centro de massa do sistema está relacionado ao semieixo maior (a) da órbita de um em relação ao outro, de acordo com a equação.

Em que:
$$a^3 = (M_1 + M_2)P^2$$

- *a* está em unidades astronômicas;
- *P* é medido em anos;
- $M_1 + M_2$ é a soma das massas das duas estrelas em unidades de massa do Sol.

Essa é uma fórmula muito útil para os astrônomos. Observando o tamanho da órbita e o período de revolução mútua das estrelas em um sistema binário, podemos calcular a soma de suas massas. Quando olhamos algumas estrelas através de telescópios, vemos duas estrelas muito próximas uma da outra.

Alguns desses pares próximos são apenas superposições casuais de uma estrela próxima com uma estrela muito mais distante, enquanto outros são sistemas binários genuínos, nos quais as estrelas orbitam uma em torno da outra. Para dado tempo suficiente – tempo esse que podem ser anos ou até séculos – é possível ver as duas estrelas se movendo uma em torno da outra. Assim, as observações de uma estrela binária visual permitem obter o período da órbita e o tamanho angular aparente da órbita. Com o tamanho angular e a distância da estrela, pode-se determinar a massa, porém a determinação da distância via paralaxe é difícil, e esse valor é estimado razoavelmente para poucas centenas de estrelas mais próximas.

Uma segunda maneira de se determinar a massa de uma estrela é usando os binários espectroscópicos. O espectro das estrelas obtido à medida que cada uma delas se move em sua órbita às vezes vem em nossa direção e às vezes se afasta de nós. Isso causa um deslocamento Doppler nas posições de suas linhas espectrais. É possível usar esse deslocamento para determinar o período da órbita, uma vez que a mudança da linha espectral está relacionada à velocidade do objeto em relação a posição do observador. Sabendo-se a velocidade do objeto e o tempo que leva para fazer uma revolução, descobre-se o quão grande sua órbita deve ser. A distância total ao redor da órbita deve ser igual a velocidade da estrela multiplicada pelo tempo que esta leva para completar uma órbita.

A boa notícia é que a distância não importa: desde que a estrela seja brilhante o suficiente para mostrar linhas claras em seu espectro, calcula-se o quão rápido ela está se movendo em sua órbita. A má notícia é que não é conhecida a inclinação de sua órbita do sistema em relação ao plano de visada. Isso significa que a velocidade que é medida é apenas um limite inferior para sua velocidade real; assim, a massa que calculamos é apenas um limite inferior para a massa real.

Figura 4.1 – Representação de um eclipse de uma estrela azul brilhante e uma supergigante quando a estrela azul brilhante passa em frente à supergigante do ponto de vista da Terra

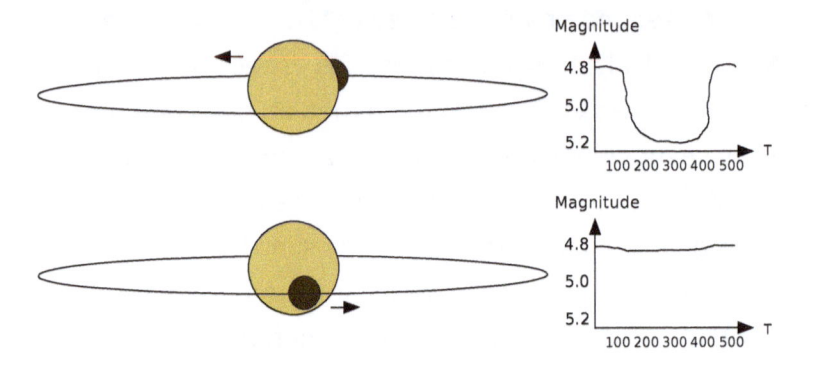

Durante o eclipse, a estrela azul brilhante bloqueia parte ou toda a luz da supergigante, tornando-a temporariamente menos brilhante. Esse fenômeno é conhecido como *eclipse de trânsito* ou *ocultação estelar.*

Para determinar o valor real da massa, pode-se usar os sistemas binários eclipsantes. Se uma estrela binária tem uma órbita que faz com que ela passe, do ponto vista da Terra, na frente de sua companheira, então as estrelas se revezam passando uma na frente da outra enquanto giram. Se for medido o brilho do sistema repetidamente, serão detectadas variações periódicas em decorrência dos eclipses. A vantagem sobre esses sistemas é que eles se livram dessa incerteza na inclinação, ou seja, os sistemas eclipsantes devem ter órbitas muito próximas do plano de visada.

Assim, medindo a mudança nas linhas espectrais, ou seja, o deslocamento das estrelas em um sistema binário eclipsante, pode-se determinar: o período (de qualquer mudança de linha espectral ou a mudança no brilho); e a velocidade das estrelas em órbita, que pode ser usada para encontrar o tamanho da órbita, tanto na escala de quilômetro (km) quanto de unidade astronômica (UA). Esses parâmetros medidos são suficientes para calcular a massa das duas estrelas com precisão e, com um tratamento cuidadoso da forma da curva de luz (por meio da fotometria), é possível fazer uma estimativa do tamanho de cada uma das estrelas. Em um eclipse de uma estrela azul brilhante e uma supergigante, como representado na Figura 4.1, há uma queda grande do fluxo de luz do sistema quando a estrela azul passa por trás da supergigante e uma pequena queda quando a estrela azul passa na frente da supergigante.

Estrelas mais massivas que o Sol são raras. Nenhuma das estrelas dentro de 30 anos-luz do Sol tem uma massa maior do que quatro vezes a do Sol. Pesquisas a grandes distâncias do Sol levaram à descoberta de algumas estrelas com massas até cerca de 100 vezes a do Sol, e um punhado de estrelas podem ter massas tão grandes quanto 250 massas solares. No entanto, a maior estrela já observada até a escrita deste parágrafo é a *Stephenson 2-18*, com massa estimada entre 12 e 16 vezes a massa do Sol (Stahler; Palla, 2008).

Figura 4.2 – Imagem da estrela Stephenson 2-18 gerada com a base de dados PanSTARRS DR1 no filtro z através da plataforma Simbad

Anderson de Oliveira Ribeiro

De acordo com cálculos teóricos, a menor massa que uma verdadeira estrela pode ter é cerca de 1/12 da massa do Sol. Por estrela "verdadeira", os astrônomos querem dizer uma estrela que tenha o processo de fusão nuclear. Objetos com massas entre cerca de 1/100 e 1/12 da massa do Sol podem produzir energia por um breve período por meio de reações nucleares envolvendo deutério, mas não ficam quentes o suficiente para fundir prótons. Tais objetos têm massa intermediária entre estrelas e planetas e receberam o nome de anãs marrons.
As anãs marrons são semelhantes a Júpiter em raio, mas têm massas de aproximadamente 13 a 80 vezes maiores que a massa de Júpiter (Stahler; Palla, 2008).

As equações necessárias para entender adequadamente a estrutura geral das estrelas são estudadas por um campo da astrofísica estelar chamado *estrutura estelar*. A determinação precisa da estrutura dos interiores estelares é importante por várias razões. Por exemplo, um bom conhecimento da estrutura interior das estrelas é essencial para estimar adequadamente as taxas de reação nuclear no núcleo das estrelas, que são críticas para o estudo de sua evolução. A estrutura estelar também é necessária para prever teoricamente as frequências de oscilação de estrelas pulsantes. Por outro lado, o estudo observacional das pulsações estelares pode fornecer informações sobre o interior das estrelas.

As quatro equações básicas da estrutura estelar são: equação do equilíbrio hidrostático, equação da conservação de massa, equação do transporte de energia e equação da conservação de energia. Até agora, supunha-se frequentemente que toda a energia nas estrelas era transportada por radiação. Os outros dois modos de transporte de energia às vezes presentes nas estrelas – a saber, convecção e condução – serão descritos mais adiante. A convecção, que é o mais prevalente desses dois modos nas estrelas, será detalhada juntamente com as condições físicas necessárias para o transporte convectivo. Será também apresentado um quadro teórico simples para a convecção.

A resolução das equações da estrutura estelar requer o conhecimento da equação de estado do plasma estelar. Veremos que um tipo de equação de estado chamada *politrópico* leva a uma solução relativamente simples para a estrutura estelar e é muito instrutiva, assumindo a equação de estado do gás ideal válida em estrelas. A equação de estado politrópico é uma equação que descreve a relação entre pressão, densidade e temperatura de um gás ou fluido em uma condição específica. Ela é frequentemente usada em astrofísica para modelar a estrutura interna de estrelas. No entanto, sob certas condições, como quando o plasma estelar é muito denso, a aproximação por um gás ideal não é adequada. Esse é o caso das anãs brancas, por exemplo, em que se diz que o gás é degenerado. A equação de estado ali é bem diferente de um gás ideal e afeta fortemente a estrutura física das estrelas.

Quando uma estrela está em equilíbrio hidrostático, uma equação diferencial que relaciona a pressão do gás P – em que apenas a pressão do gás está incluída, mas a pressão de radiação pode ser importante em certas circunstâncias – causada pelo peso da matéria acima do ponto r com as quantidades físicas pertinentes, é dada por:

$$\frac{dP(r)}{dr} = \frac{\rho(r)GM(r)}{r^2}$$

Em que $\rho(r)$ é a densidade que depende do ponto r.

Essa é a primeira das equações da estrutura estelar. No entanto, quando uma estrela está em uma fase evolutiva rápida, como o estágio de supernova, ou se uma estrela está pulsando, ela não pode ser considerada em equilíbrio hidrostático e, portanto, a seguinte equação de movimento deve ser levada em consideração:

$$\rho \frac{d^2r}{dt^2} = -\frac{\rho GM}{r^2} - \frac{dP}{dr}$$

Nesses casos, a hidrodinâmica do meio deve ser considerada. Para a maioria dos casos, assume-se que as estrelas estão em equilíbrio hidrostático.

A variável M(r), que é definida como a massa dentro do raio *r* no interior da estrela, deve ser conhecida para resolver a equação de equilíbrio hidrostático. Em uma simetria esférica, ao escrever um elemento diferencial dM(r) de uma casca esférica encontrada entre os raios *r* e *r* + *dr* e sabendo que $4\pi r^2 dr$ é a densidade local da casca esférica ρ(r), obtemos a equação:

$$\frac{dM(r)}{dr} = 4\pi r^2 \rho(r)$$

Essa equação é chamada de *equação de conservação de massa*. A quantidade de massa M(r) dentro do raio *r* é obtida integrando essa equação do centro ao raio *r*.

Como discutido anteriormente, existem três modos de transporte de energia nas estrelas: radiação, condução e convecção. Para esse modelo, apresentaremos uma relação entre o gradiente de temperatura e a luminosidade da estrela. Por simplicidade, assume-se que toda a energia é transportada por radiação.

Essa equação é comumente chamada de *equação de energia-transporte* (somente para radiação). Para simplificar essa expressão, a dependência do ponto *r* de T, ρ e k_R não é escrita explicitamente.

Em que:
$$\frac{dT(r)}{dr} = -\frac{3k_R \rho}{64\pi r^2 \sigma T^3} L(r)$$

- σ é a constante de Stefan-Boltzmann;
- *L* é a luminosidade local.

A interpretação física dessa equação é útil para entender melhor a transferência de radiação nas estrelas. Para haver transferência de energia, é necessário um gradiente de temperatura. Essa equação mostra que o gradiente de temperatura é proporcional à luminosidade. Supondo que tudo o mais seja igual, se a luminosidade aumenta, o gradiente de temperatura aumenta para permitir a transferência da quantidade extra de energia. Além disso, sob condições equivalentes, se a opacidade aumenta, mais uma vez o gradiente de temperatura aumenta para compensar a maior dificuldade de os fótons atravessarem o meio. À medida que o gradiente de temperatura se intensifica em razão da opacidade radiativa, o transporte de energia torna-se progressivamente desafiador, favorecendo o desempenho do transporte convectivo de energia; consequentemente, a estrutura das estrelas está intrinsecamente ligada às propriedades abrangentes do campo de radiação.

A equação final da estrutura estelar está relacionada com a luminosidade local L(r) devido a todas as fontes de energia dentro do raio r. Quando uma estrela é gravitacionalmente estável (não está em fase de contração ou expansão), sua fonte de energia é apenas a fusão termonuclear. A luminosidade, portanto, depende da taxa de produção de energia termonuclear no núcleo estelar. Nas equações mostradas aqui, a taxa de produção nuclear por unidade de massa (ou seja, a quantidade total de energia nuclear produzida por grama de matéria por segundo), definida pela quantidade ε(r), será empregada. A avaliação dessa quantidade é bastante complicada, pois as taxas de reação de todas as reações de fusão importantes devem ser conhecidas para seu cálculo. Essa quantidade física depende da densidade e da temperatura local, bem como da abundância das espécies atômicas presentes.

Da mesma forma que foi obtida à conservação da massa, pode-se obter a quantidade de energia por segundo (ou luminosidade) gerada dentro de uma casca esférica encontrada entre os raios r e r + dr.

$$\frac{dL(r)}{dr} = 4\pi r^2 \rho(r) \varepsilon(r)$$

Essa equação é chamada de *equação de conservação de energia* ou, às vezes, simplesmente de *equação de energia*. Sua integração – assumindo o conhecimento de ρ(r) e ϵ(r) – leva à luminosidade em um dado raio. Como todas as variáveis do lado direito são positivos (ou nulos), dL/dt ≥ 0 e, portanto, a luminosidade local aumenta com *r*. Não surpreendentemente, tal equação mostra que, se a taxa de produção de energia nuclear aumenta, o mesmo acontece com a luminosidade. Como mencionado anteriormente, a fusão nuclear ocorre apenas nas regiões centrais das estrelas. Consequentemente, ϵ = 0 nas regiões externas e, portanto, dL/dt = 0 nessa região. A luminosidade nessas regiões externas de uma estrela é, portanto, constante e igual a L_* – a luminosidade total que observamos da estrela.

Agora que temos, mesmo que de maneira simplificada, um modelo de estrutura das estrelas e sabemos como medir a luminosidade delas, é possível pesquisar as relações entre as características dos corpos observados e sua diversidade. Por exemplo, já podemos responder à pergunta: A massa e a luminosidade, ou a temperatura, de uma estrela estão relacionadas?

4.3 Tipos estelares

As estrelas têm uma variedade de cores que representam suas temperaturas de superfície. Essa relação entre cor e temperatura é derivado da lei de Wien:

$$\lambda_{max} = \frac{b}{T}$$

Em que b = 2,8977685 × 10^{-3} m.K.

Essa lei afirma que o pico de emissão de luz de um objeto é o inverso da temperatura. A cor de uma estrela é determinada pela parte do espectro visível onde a quantidade de pico de radiação é emitida, como vimos da sessão fotometria e espectroscopia. A Lei de Wien é uma lei da física que descreve a relação entre a temperatura e o pico de emissão de radiação de um corpo negro. Um corpo negro é um objeto ideal que absorve toda a radiação que incide sobre ele e emite radiação térmica de acordo com sua temperatura.

Estrelas azuis são extremamente quentes, enquanto estrelas vermelhas são relativamente frias. A temperatura aqui é relativa: *frio* significa temperaturas próximas de 2.000 a 3.000 K, cerca de 15 vezes mais quentes que seu forno doméstico. As estrelas azuis têm temperaturas próximas de 20.000 K. O Sol é uma estrela amarela intermediária, com uma temperatura superficial de 6.000 K. A cor de uma estrela é determinada pela medição de seu índice de cor. O índice de cor de uma estrela é a diferença entre duas medições da magnitude (brilho em escala logarítmica) de uma estrela feita em diferentes comprimentos de onda, sendo que o valor encontrado no comprimento de onda mais longo é subtraído daquele encontrado no mais curto (Stahler; Palla, 2008).

Um ponto importante é a distinção entre cor e luminosidade. A temperatura e a luminosidade de uma estrela não estão estritamente relacionadas com a cor e a temperatura. A lei de Stefan-Boltzmann afirma que a quantidade de energia emitida varia com a temperatura à 4ª potência, mas essa relação só é estritamente verdadeira para um objeto que é uma fonte pontual (ou seja, não tem tamanho). A temperatura de um objeto normal é proporcional à sua área de superfície, por exemplo, as coisas esfriam mais rápido se você as espalhar, aumentando sua área de superfície. Desse modo, é possível que uma estrela seja muito brilhante (emita muita energia), mas seja fria e vermelha por ser muito grande.

A partir da análise dos espectros das estrelas, pode-se agrupá-las em tipos espectrais com base nas características de seus espectros de absorção. Algumas estrelas têm uma forte assinatura de hidrogênio (estrelas O e B); outras têm linhas fracas de hidrogênio, mas fortes linhas de cálcio e magnésio (estrelas G e K). Após anos de catalogação de estrelas, elas foram divididas em 7 classes básicas: O, B, A, F, G, K e M. Essas classes de espectro também são divididas pela temperatura, de tal modo que estrelas tipo O são quentes e estrelas M são frias. Cada classe é subdividida em 10; assim, temos para a classe O, O0, O1, O2, ... O9 etc. Por exemplo, nosso Sol é uma estrela G2. Sirius, uma estrela azul quente, é do tipo B3. A tabela a seguir sintetiza os tipos espectrais e suas características, temperaturas e linhas espectrais.

Tabela 4.1 – Tipo espectral, temperatura e linhas características

Tipo espectral	Temperatura da superfície	Características distintas
O	> 25.000K	Linhas de emissão intensas de hélio ionizado e alta ionização.
B	10.000-25.000K	Presença de linhas de hélio neutro e hidrogênio.
A	7.500-10.000K	Linhas fortes de hidrogênio.
F	6.000-7.500K	Linhas de hidrogênio e metais ionizados.
G	5.000-6.000K	Linhas de metais ionizados e neutros, como o cálcio.
K	3.500-5.000K	Linhas de metais neutros e moléculas, como o óxido de titânio.
M	< 3.500 K	Linhas moleculares, especialmente de óxidos de metais.

Fonte: Elaborado com base em Stahler; Palla, 2008; Leblanc, 2011.

Uma maneira de diferenciar os tamanhos de estrelas de mesmo tipo espectral foi utilizar as propriedades das medidas das linhas espectrais. Como já se sabia que a atmosfera de estrelas gigantes tem menor densidade que a de uma anã, que, por sua vez, tem uma atmosfera com menor densidade que uma estrela anã branca (já que a gravidade $g = GM/R^2$ e o raio de uma estrela gigante é muito maior que de uma anã), e com o entendimento de que as linhas espectrais são muito sensíveis à densidade das fotosferas estelares, bem como da correlação entre a densidade e a luminosidade, foi possível estabelecer uma classificação por meio da luminosidade.

A classificação por luminosidade foi proposta em 1943 por William Wilson Morgan, Philip Childs Keenan e Edith M. Kellman, do observatório de Yerkes. Essa classificação, além das características espectrais, levou em conta medições fotométricas e informações sobre a distância da estrela e a quantidade de extinção da luz estelar do material interestelar (Stahler; Palla, 2008; Leblanc, 2011).

Quadro 4.1 – Classificadas por classe de luminosidade

Classe de luminosidade	Descrição	Comentários
0	Hipergigantes	Extremo e muito raras
Ia	Supergigantes	Grande e luminoso
Ib	Supergigantes	Menos luminoso que Ia
II	Gigantes brilhantes	Maiores e mais brilhantes do que as estrelas da sequência principal
III	Gigantes	Uma massa um pouco maior do que a do Sol e que já passou pela fase de fusão do hidrogênio em seu núcleo

(continua)

(Quadro 4.1 – conclusão)

Classe de luminosidade	Descrição	Comentários
IV	Sub-gigantes	Fase intermediária entre a sequência principal e a fase gigante
V	Anões	Sequência principal
SD	Subanãs	Baixa luminosidade, uma vez que estão na fase final de sua evolução estelar
D	Anãs brancas	Estrelas não muito quentes, pequenas e densas

Fonte: Elaborado com base em Stahler; Palla, 2008; Leblanc, 2011.

4.4 Formação e evolução das estrelas

As estrelas formam-se no meio interestelar que está distribuído não uniformemente nas galáxias. Esse meio interestelar é encontrado em regiões (nuvens) de baixa densidade (≈ 1 cm^{-3}) e altas temperaturas ou, em uma situação inversa, em regiões de alta densidade ($\approx 10^6$ cm^{-3}) e baixas temperaturas. No primeiro caso, o meio interestelar é chamado de *meio difuso* e, no segundo caso, de nuvem molecular.

Na figura a seguir, podemos observar uma nuvem molecular localizada na nebulosa Eta Carinae, ou Carina. A Nebulosa Carina é uma das maiores e mais espetaculares regiões de formação estelar na Via Láctea e está localizada na constelação de Carina, a cerca de 7.500 anos-luz de distância da Terra. Essa nebulosa é uma das mais estudadas pelos astrônomos.

A explicação atual para a geração dessa estrutura – as nebulosas moleculares – está relacionada com o movimento contínuo do meio interestelar em razão do movimento de rotação da galáxia somado às interações com as estrelas existente. Esses dois fatores promovem uma transferência de *momentum* linear e angular que, por sua vez, cria as zonas de maior densidade observadas.

Figura 4.3 – Nebulosa Carina: a imagem abrange cerca de dois anos-luz e foi obtida pelo Telescópio Espacial Hubble em 1999

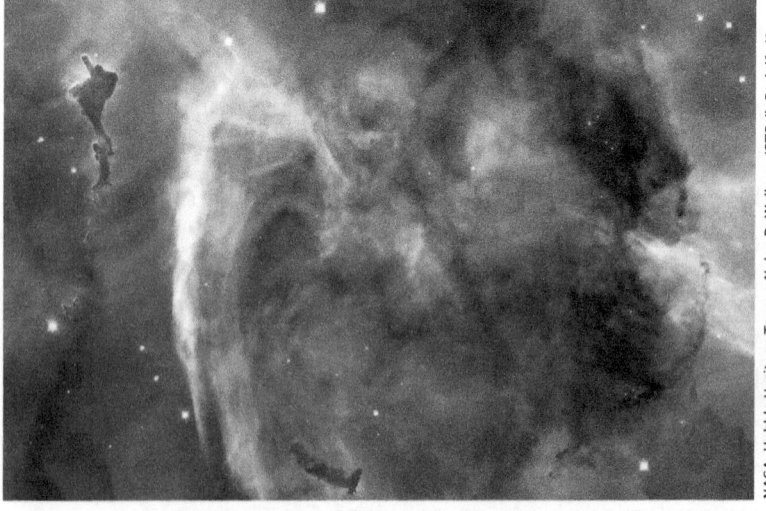

NASA, Hubble Heritage Team e Nolan R. Walborn (STScI), Rodolfo H. Barba' (La Plata Observatory, Argentina), e Adeline Caulet (France)

Essas nuvens contêm 90% de H_2, 9% de He_3 e só 0,01% de poeira e partículas sólidas, sendo também não uniformes em densidade. Dentro das nuvens moleculares geram-se zonas de maior densidade chamadas de *grumos*, que são as regiões onde vão se formar as protoestrelas.

Para que o processo de formação estelar comece, é necessário que o respectivo grumo tenha uma massa maior do que a massa de Jeans. James Hopwood Jeans foi um físico britânico que demostrou que, em condições apropriadas, uma nuvem, ou parte de uma nuvem, poderia iniciar a contração gravitacional; nessa situação, os movimentos térmicos não suportam a estrutura do grumo, levando-o à contração. A massa de Jeans é dada pela equação:

$$M_j = \frac{9}{4} \times \left(\frac{1}{2\pi n}\right)^{\frac{1}{2}} \times \frac{1}{m^2} \times \left(\frac{kT}{G}\right)^{\frac{3}{2}}$$

Em que:

- *n* é número de densidade das partículas;
- *m* é a média das partículas de gás;
- *T* é a temperatura do gás;
- *G* é a constante gravitacional;
- *k* é a constante de Boltzman.

Durante o processo de contração, as partículas do grumo vão sendo atraídas para o centro de gravidade desse objeto. Com essa queda para o centro gravitacional, o que chamamos de *colapso gravitacional*, elas se aceleram, aumentando gradativamente suas velocidades. Assim, começam a crescer o número e a intensidade dos choques entre essas partículas, levando a um aquecimento do gás.

A estrutura no centro do grumo busca uma forma hidrostática de equilíbrio, que, como vimos, para os planetas é a forma esférica. O gás concentra-se disposto na forma esférica no centro gravitacional do grumo, corpo este chamado de *protoestrela*. É importante notar que, nesse estágio, a estrela ainda não nasceu e ela tem, a princípio, 1% de sua massa final, mas o envelope da estrela continua a crescer à medida que o material em queda é acumulado.

Figura 4.4 – Plêiades, também conhecidas como *The Seven Sisters*, são um aglomerado aberto de estrelas no noroeste da constelação de Touro contendo estrelas de meia-idade

NASA, ESA e AURA/Caltech

Dada essa condição de formação das estrelas, as estrelas jovens são encontradas cercadas por nuvens de gás, pela nuvem molecular escura restante e com uma distribuição espacial característica, o que chamamos de *aglomerados*, que são grupos de estrelas que se formam a partir do mesmo núcleo da nuvem. Um dos aglomerados conhecidos desde Galileu Galilei é o aglomerado das estrelas Plêiades.

No caso em que a protoestrela tenha massa menor que a massa de Jeans, aproximadamente 0,08 massas solares (1,99 × 10^{30}kg), não haverá formação estelar, pois a estrela não alcança a temperatura suficiente para gerar a fusão nuclear e, assim, virar estrela – quando isso acontece, a protoestrela esfria e torna-se uma anã marrom. No caso em que esse limite crítico é atingido, depois de alguns milhões de anos, a fusão termonuclear começa em seu núcleo, então um forte vento estelar é produzido, impedindo a captura de massa do meio.

Em 1963, o astrônomo Shiv Kumar teorizou que o mesmo processo de contração gravitacional que cria estrelas a partir de vastas nuvens de gás e poeira também produziria objetos menores. Esses corpos hipotéticos foram chamados de *estrelas negras* ou *estrelas infravermelhas*, antes que o nome *anã marrom* fosse sugerido em 1975. O nome é um pouco enganador; uma anã marrom realmente parece vermelha, não marrom. Durante muito tempo, as anãs marrons foram o "elo perdido" dos corpos celestes. Objetos previstos teoricamente, mas nunca observados. Apenas em 1995 é que o telescópio espacial Hubble observou a primeira estrela marrom (Stahler; Palla, 2008; Leblanc, 2011).

A protoestrela agora é considerada uma estrela jovem, pois sua massa é fixa e sua evolução futura está definida, e toda sua trajetória de "vida" depende dessa propriedade, que pode variar de um limite inferior de 0,08 massas solares até objetos com mais de 100 massas solares.

Com o advento da queima de hidrogênio, ou seja, a protoestrela se torna uma estrela devido aos fortes ventos estelares que são produzidos, geralmente ao longo do eixo de rotação há um fluxo de gás para fora dos polos da estrela para muitas estrelas jovens, o que é conhecido como *fluxo bipolar*. Essa é uma característica que é facilmente vista por radiotelescópios, e esse fenômeno pode levar a estrela a perder até 50% de sua massa inicial. Essa fase inicial na vida de uma estrela é chamada de *fase T-Tauri* e é caracterizada por: serem estrelas jovens (~10 milhões de anos); de massa baixa, ou seja, menores que 2 massas solares; terem atividade de superfície vigorosa (erupções solares), ventos estelares fortes e curvas de luz variáveis e irregulares; e serem cercadas por um disco circunstelar a partir do qual se incrementam.

A partir desse ponto, as estrelas passam a seguir um padrão de evolução descrito por Einar Hertzsprung e Henry Norris Russell. Eles, de forma independente, no início do século XX, construíram um diagrama de luminosidade *versus* temperatura efetiva das estrelas, o que ficou conhecido como *diagrama HR*.

Em sua investigação, Hertzsprung identificou que estrelas da mesma cor podiam ser separadas entre estrelas de alta luminosidade, que ele chamou de *gigantes*, e estrelas de baixa luminosidade, que ele chamou de *anãs*. Dessa forma, o Sol e a estrela Capela têm a mesma cor, mas Capela, uma gigante, é cerca de 100 vezes mais luminosa que o Sol. Russel estendeu o estudo de

Hertzsprung para as estrelas mais quentes, graficando 300 estrelas equidistantes. Embora seja um gráfico bidimensional bastante simples, com o passar do tempo, os astrônomos perceberam o quão poderoso ele é para descobrir uma série de informações sobre a natureza das estrelas (Stahler; Palla, 2008; Leblanc, 2011).

O diagrama Hertzsprung-Russell, também conhecido como *diagrama HR*, é um gráfico que representa a relação entre a luminosidade e a temperatura (ou cor) das estrelas. Ele é uma ferramenta fundamental para a astronomia estelar, permitindo aos astrônomos visualizar e classificar as estrelas de acordo com suas propriedades físicas.

Figura 4.5 – Ilustração da estrutura do diagrama HR

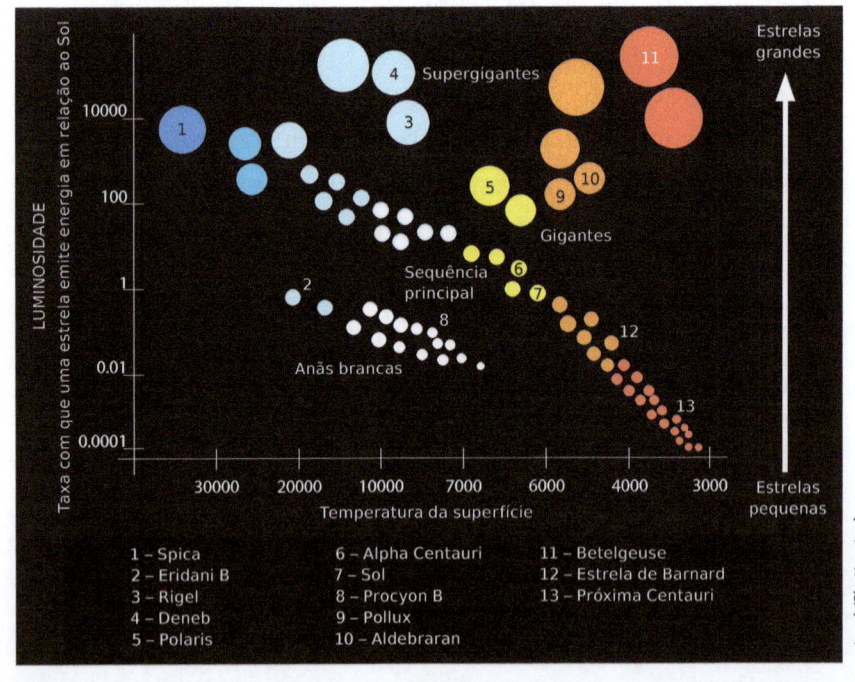

1 – Spica
2 – Eridani B
3 – Rigel
4 – Deneb
5 – Polaris
6 – Alpha Centauri
7 – Sol
8 – Procyon B
9 – Pollux
10 – Aldebraran
11 – Betelgeuse
12 – Estrela de Barnard
13 – Próxima Centauri

gstraub/Shutterstock

Em um diagrama HR, como visto na figura anterior, são traçadas a temperatura efetiva de uma estrela no eixo X e a luminosidade de uma estrela no eixo Y. As luminosidades cobrem uma ampla faixa, por isso o diagrama faz uso da escala logarítmica, em que cada marca no eixo vertical representa uma luminosidade 10 vezes maior que a anterior. As quantidades que são mais fáceis de medir, no entanto, são cor e magnitude; assim, é comum a construção do diagrama cor-magnitude, sendo a cor no eixo X e a magnitude no eixo Y. Uma peculiaridade do diagrama HR é que o eixo X está ao contrário das convenções normais, isto é, o lado esquerdo do diagrama tem as estrelas mais quentes e o lado direito tem as estrelas mais frias; assim, os valores do eixo X diminuem da esquerda para direita.

Observando o diagrama HR em detalhes, pode-se notar que grande parte da região do gráfico é um espaço vazio, ou seja, a maioria das estrelas está concentrada em uma faixa estreita que serpenteia do canto superior esquerdo ao canto inferior direito do diagrama. Essa região é chamada de *sequência principal*. Assim, uma vez que uma protoestrela começa a queimar hidrogênio em seu núcleo, ela passa rapidamente pelo estágio T-Tauri e se torna uma estrela da sequência principal, em que sua massa total determina todas as suas propriedades estruturais e sua trajetória nesse diagrama. A maioria das estrelas está na sequência principal, que se estende diagonalmente ao longo do diagrama H-R: de alta temperatura e alta luminosidade a baixa temperatura e baixa luminosidade. A posição de uma estrela ao longo da sequência principal é determinada pela sua massa. Estrelas de alta massa emitem mais energia e são mais quentes do que estrelas de baixa massa na sequência principal. As estrelas da sequência principal derivam sua energia da fusão de prótons com hélio. Cerca de 90% das estrelas estão na sequência principal. Apenas cerca de 10% das estrelas são anãs brancas e menos de 1% são gigantes ou supergigantes (Stahler; Palla, 2008; Leblanc, 2011).

Figura 4.6 – À esquerda, estrela tipo O; ao centro, estrela tipo G; e à direita, estrela tipo G

As três divisões em um interior estelar são o núcleo de queima nuclear, a zona convectiva e a zona radiativa. A energia, na forma de raios gama, é gerada exclusivamente no núcleo. A energia é transferida para a superfície de modo radiativo ou por convecção, dependendo do que for mais eficiente nas temperaturas, densidades e opacidades. O interior de três tipos estelares é mostrado na figura anterior: em vermelho, zona radiativa;

em amarelo, zona convectiva; e em cinza, núcleo. Observe que uma estrela O é cerca de 15 vezes maior que uma estrela G, e uma estrela M tem cerca de 1/10 do tamanho de uma estrela G.

As regiões de queima nuclear ocupam uma porcentagem maior do interior estelar quando se vai para estrelas de baixa massa. Estrelas de alta massa têm um núcleo muito pequeno cercado por um grande envelope. A energia liberada do núcleo estelar aquece o interior estelar produzindo a pressão que mantém uma estrela no alto. Se as estrelas fossem como carros, queimariam seu núcleo de hidrogênio até acabarem e a estrela desapareceria. Mas a fusão converte hidrogênio em hélio. Assim, o núcleo não fica vazio, mas se enche de hélio.

À medida que o suprimento de hidrogênio no núcleo começa a diminuir, a taxa de fusão diminui e a quantidade de energia gerada decai. Do equilíbrio térmico sabemos que a temperatura começará a cair e, então, a pressão também diminuirá no núcleo de fusão.

Do equilíbrio hidrostático, sabemos que uma queda na pressão significa que a região central da estrela se contrairá levemente. Isso fará com que a temperatura suba novamente e a taxa de fusão, para o hidrogênio restante no núcleo, dê um salto, mesmo que o hidrogênio do núcleo esteja quase no fim (um último suspiro). O aumento acentuado na temperatura também inicia uma queima de hidrogênio em uma casca ao redor do núcleo, uma região que antes era muito fria (menos de 15 milhões de graus) para sustentar a fusão. Nesse ponto, a concha de queima de hidrogênio torna-se importante como a única fonte de energia na estrela moribunda.

Uma vez que a casca de queima de hidrogênio é criada, a estrela dá um pequeno salto da sequência principal no Diagrama HR: torna-se um pouco mais brilhante e um pouco mais fria. A queda na temperatura da superfície ocorre porque o envelope da estrela se expande um pouco, aumentando a área da superfície, o que também aumenta a luminosidade da estrela.

Tendo em vista que o último hidrogênio é usado no núcleo de uma estrela da sequência principal envelhecida, a fusão para no núcleo e a temperatura cai e o núcleo colapsa. O núcleo em colapso converte energia gravitacional (energia potencial) em energia térmica (energia cinética). Essa energia é direcionada para a casca de queima de hidrogênio, que se expande para consumir mais combustível no interior da estrela. A casca de queima de hidrogênio gera mais energia do que o núcleo (ele tem acesso a um volume muito maior da massa da estrela) e a estrela aumenta acentuadamente em luminosidade e se expande em tamanho para se tornar uma gigante vermelha. Embora a estrela seja mais brilhante, produza mais energia, sua pressão aumenta de tal forma que sua área de superfície se torna muito grande e a temperatura da superfície da estrela cai para as regiões do tipo espectral K e M.

Todo esse processo leva vários milhões de anos, mas, no final, a estrela da sequência principal se torna uma supergigante vermelha ou uma gigante vermelha, dependendo de sua massa inicial. Observe que onde e quão rápido uma estrela evolui é determinado por sua massa na sequência principal. Estrelas do tipo O, quentes e massivas, envelhecem rapidamente e se tornam supergigantes vermelhas. Estrelas G, mais frias e menos massivas, vivem por 10 bilhões de anos, depois evoluem para gigantes vermelhas (Stahler; Palla, 2008; Leblanc, 2011).

Observe também que não vemos rastros evolutivos para estrelas com menos em que há a 0,8 massas solares. Isso ocorre porque o tempo para esses tipos de estrelas evoluírem para gigantes vermelhas é maior do que a idade atual do Universo (cerca de 15 bilhões de anos). Portanto, mesmo que uma estrela tenha nascido na primeira leva de estrelas, não houve tempo suficiente para uma estrela com massa tão baixa usar todo o seu combustível de hidrogênio. De fato, conhecemos o limite inferior da idade do Universo observando as massas das gigantes vermelhas para ver quais são as estrelas mais antigas (Stahler; Palla, 2008; Leblanc, 2011).

Pode-se resumir de maneira simples a vida de uma estrela. Estrelas com menos de 8 massas solares tem um núcleo de carbono inerte que continua a se contrair, mas nunca atinge temperaturas suficientes para iniciar a queima de carbono. No entanto, há a existência de duas cascas termicamente instáveis, nas quais a queima de hidrogênio e hélio ocorre fora de fase uma da outra. Essa pulsação térmica é característica de estrelas de ramos gigantes assintóticas.

O núcleo de carbono continua a se contrair até ser sustentado pela pressão de degenerescência de elétrons. Nenhuma contração adicional é possível (o núcleo agora é suportado pela pressão dos elétrons, não pela pressão do gás), e o núcleo forma uma anã branca. Enquanto isso, cada pulso térmico faz com que da as camadas,xternas da estrela se expandam, resultando em um período de perda de massa. Eventualmente, as camadas externas da estrela são ejetadas completamente e ionizadas pela anã branca para formar uma nebulosa planetária.

Nas estrelas com mais de 8 massas solares, o núcleo em contração atingirá a temperatura de ignição do carbono e começará a queimar. Esse processo em que há a queima do núcleo, seguido pela contração deste e a queima da casca, é repetido em uma série de reações nucleares produzindo elementos sucessivamente mais pesados até que o ferro seja formado no núcleo.

O ferro não pode ser queimado em elementos mais pesados, pois essa reação não gera energia – requer a absorção de energia para prosseguir. A estrela finalmente ficou sem combustível e entrou em colapso sob sua própria gravidade.

A massa do núcleo da estrela dita o que acontece a seguir. Se o núcleo tiver uma massa inferior a cerca de 3 vezes a do nosso Sol, o colapso do núcleo pode ser interrompido pela pressão dos nêutrons (esse é um estado ainda mais extremo do que a pressão do elétron que suporta as anãs brancas). Nesse caso, o núcleo se torna uma estrela de nêutrons. A parada repentina na contração do núcleo produz uma onda de choque que se propaga de volta pelas camadas externas da estrela, explodíndo-a em um evento supernova de Colapso do núcleo. Se o núcleo tiver uma massa superior a cerca de 3 massas solares; mesmo a pressão de nêutrons não é suficiente para resistir à gravidessade, e ele entrará em colapso completo, formando um buraco negro.

O gás ejetado se expande no meio interestelar, enriquecendo-o com todos os elementos sintetizados durante a vida da estrela e na própria explosão. Esses remanescentes de supernovas são os centros de distribuição química do Universo.

4.5 Estrelas e a implicação na evolução do Universo

Discutiremos, neste tópico, alguns dos fenômenos observados ou seja, como consequência da formação e da evolução das estrelas e a importância e as consequências em maior escala, ou seja, como a formação de estrelas afeta a galáxia, os *starburst* (explosão estelar) e as fusões de galáxias e como as estrelas podem contar sobre a formação do Universo.

As primeiras estrelas a se formarem a partir do gás H/He não enriquecido marcaram a transição crucial de um Universo homogêneo e simples para um Universo altamente estruturado e complexo no final da idade das trevas cósmicas. Hoje vivemos em um Universo cheio de objetos brilhantes. Em uma noite clara, é possível ver milhares de estrelas a olho nu. Essas estrelas ocupam apenas uma pequena parte próxima da nossa galáxia Via Láctea. De acordo com nossa compreensão atual da cosmologia, no entanto, o Universo era inexpressivo e escuro por um longo período de sua história inicial. Acredita-se que as primeiras estrelas não apareceram até talvez 100 milhões de anos após o Big Bang.

O telescópio espacial Hubble descobriu a estrela mais distante já observada, Earendel; o telescópio espacial James Webb, em sua primeira imagem científica, captou um vislumbre dessa estrela, que recebe o nome em homenagem a um personagem de *O Senhor dos Anéis*, de JRR Tolkien. A estrela cuja luz levou 12,9 bilhões de anos para chegar à Terra é tão fraca que pode ser bastante desafiador encontrá-la na nova imagem, inclusive pelo Webb. Os modelos permitem estimar que a luz detectada de Earendel foi emitida 900 milhões de anos após o Big Bang. É provável que Earendel tenha uma massa entre 50 e 500 massas solares, e uma temperatura de superfície efetiva de pelo menos 19.726 °C. Embora ainda em investigação, Earendel tem uma pequena probabilidade de ser uma estrela da primeira geração de estrelas formadas no Universo, o que significa que quase não contém outros elementos além de hidrogênio e hélio primordiais (Schauer, 2022).

Quase um bilhão de anos se passaram da formação das primeiras estrelas antes que as galáxias proliferassem pelo cosmos. Os astrônomos há muito se perguntam: Como aconteceu essa dramática transição da escuridão para a luz? Após décadas de estudo, os pesquisadores fizeram grandes avanços para responder a essa pergunta. Usando sofisticadas técnicas de simulação por computador, os cosmólogos criaram modelos que poderiam ter evoluído para as primeiras estrelas. Além disso, as observações de quasares distantes permitiram aos cientistas voltar no tempo e rever os dias finais da "idade das trevas cósmica". Os modelos indicam que as primeiras estrelas provavelmente eram bastante massivas e luminosas e que sua formação foi um evento histórico que mudou fundamentalmente o Universo e sua evolução subsequente.

Essas estrelas alteraram a dinâmica do cosmos aquecendo e ionizando os gases circundantes. As primeiras estrelas também produziram e dispersaram os primeiros elementos pesados, abrindo caminho para a eventual formação de sistemas solares como o nosso. O colapso de algumas das primeiras estrelas pode ter semeado o crescimento de buracos negros supermassivos que se formaram no coração das galáxias e se tornaram as espetaculares fontes de energia dos quasares. Em suma, as primeiras estrelas possibilitaram o surgimento do Universo que vemos hoje, desde galáxias e quasares até planetas, asteroides cometas e pessoas; sim, você é pó de estrela!

Figura 4.7 – Representação artística circular do Universo observável em escala logarítmica: a distância da Terra aumenta exponencialmente do centro para a borda formaram-se os e corpos celestes foram ampliados para apreciar suas formas

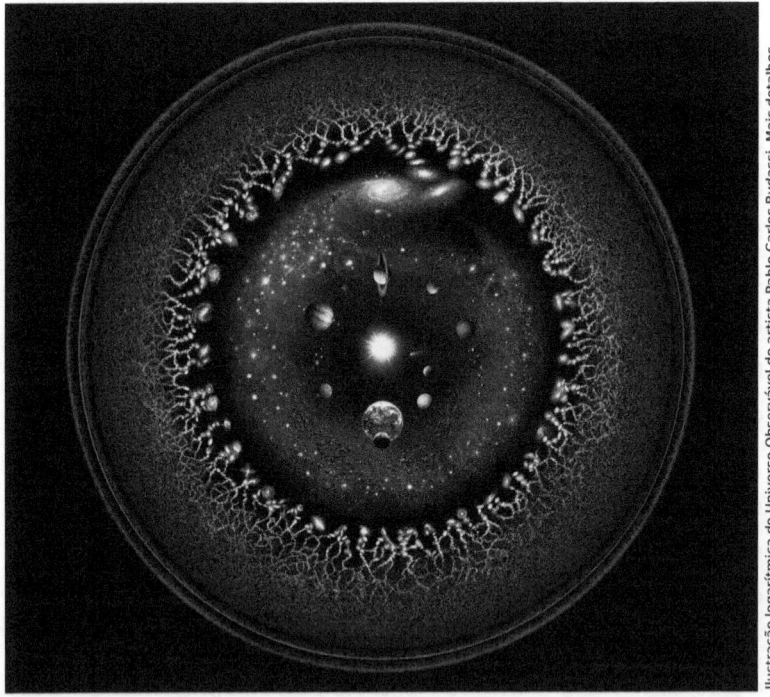

Ilustração logarítmica do Universo Observável do artista Pablo Carlos Budassi. Mais detalhes sobre a ilustração em pablocarlosbudassi.com.

Muitos avanços da astrofísica promoveram soluções para esses problemas. Os estudos recentes começam com os modelos cosmológicos padrão, que descrevem a evolução do Universo após o Big Bang. Embora o Universo primitivo fosse notavelmente homogêneo, a radiação de fundo mostra evidências de flutuações de densidade em pequena escala, pequenos aglomerados na sopa primordial. Os modelos cosmológicos preveem que esses aglomerados evoluiriam gradualmente para estruturas gravitacionalmente ligadas. Sistemas menores se formariam primeiro e depois se fundiriam em aglomerações maiores. As regiões mais densas tomariam a forma de uma rede de filamentos; e os primeiros sistemas de formação de estrelas, pequenas protogaláxias, fundiriam-se nos nós dessa rede. De maneira semelhante formando-se os aglomerados de galáxias.

O processo está em andamento: embora a formação de galáxias esteja agora quase completa, as galáxias ainda estão se agrupando em aglomerados, que, por sua vez, agregam-se em uma vasta rede filamentar que se estende por todo o Universo.

No Universo simulado, a gravidade faz com que a matéria primordial se organize em filamentos finos, como uma teia de aranha. O código de cores indica a densidade do gás, amarelo para maior, vermelho para médio e azul para menor densidade. Nas regiões de alta densidade (amarelas), o gás entrará em colapso e iniciará rajadas de formação estelar que serão os blocos de construção das galáxias.

De acordo com os modelos cosmológicos, os primeiros pequenos sistemas capazes de formar estrelas deveriam ter surgido entre 100 milhões e 250 milhões de anos após o Big Bang. Essas protogaláxias teriam sido de 100.000 a um milhão de vezes mais massivas que o Sol e teriam medido cerca de 30 a 100 anos-luz de diâmetro. Essas propriedades são semelhantes às das nuvens de gás molecular nas quais as estrelas estão se formando atualmente na Via Láctea: mas as primeiras protogaláxias teriam diferido em alguns aspectos fundamentais. Por um lado, elas teriam consistido principalmente de matéria escura, as supostas partículas elementares que se acredita serem cerca de 90% da massa do Universo. Nas grandes galáxias atuais, a matéria escura é segregada da matéria comum; com o tempo, a matéria comum se concentra na região interna da galáxia, enquanto a matéria escura permanece espalhada por um enorme halo externo. No entanto, nas protogaláxias, a matéria comum ainda estaria misturada com a matéria escura (Fagundes, 2002; Waga, 2005).

Essa hipótese sobre a formação inicial de estrelas pode ajudar a explicar algumas características intrigantes do Universo atual. Um problema não resolvido é que as galáxias contêm menos estrelas pobres em metais do que seria esperado se os metais fossem produzidos a uma taxa proporcional à taxa de formação de estrelas. Essa discrepância pode ser resolvida se a formação inicial de estrelas tivesse produzido estrelas relativamente mais massivas; ao morrer, essas estrelas teriam dispersado grandes quantidades de metais, que teriam sido incorporados na maioria das estrelas de baixa massa que vemos agora.

    Outra forte implicação para o entendimento do Universo foi a compreensão das estrelas supernovas. As supernovas são explosões poderosas de estrelas massivas que atingiram um estágio terminal em sua evolução. Uma enorme quantidade de energia é liberada durante a explosão em uma ampla gama de comprimentos de onda. A explosão da supernova causa um aumento repentino na luminosidade da estrela, e esse brilho pode ofuscar momentaneamente toda a galáxia em que ela reside.

    A explosão é produzida por um colapso catastrófico do núcleo de ferro de uma estrela massiva ou pelo colapso de uma anã branca depois de acumular massa suficiente de sua companheira para atingir o limite de Chandrasekhar. O primeiro registro de uma ocorrência de supernova remonta à data de 4.600 a.C. Um segundo registro desse evento remonta a 185 d.C.: a SN 1006, que foi documentada pelos astrônomos chineses. Posteriormente, os humanos testemunharam ao longo dos séculos uma série de eventos muito violentos que aparecem de repente no céu e iluminam a escuridão da noite por várias semanas ou meses (Al Dallal; Azzam, 2021).

O processo físico envolvido na geração de supernovas tem sido objeto de intensa pesquisa teórica e observacional durante as últimas décadas. A quantidade de energia liberada em uma explosão típica de supernova é colossal e atinge o incrível nível de cerca de 10^{44} joules. O estudo de seus espectros e curvas de luz tem sido uma ferramenta eficiente na identificação da natureza dos processos que produzem a enorme quantidade de energia liberada nessas explosões. Nos últimos quatro séculos, nossa galáxia não testemunhou uma explosão de supernova. No entanto, o avistamento de supernovas é limitado pelas capacidades observacionais e técnicas de detecção. Com o atual conjunto de satélites e telescópios baseados na Terra, provavelmente é difícil para uma supernova galáctica escapar da detecção.

 Os restos de supernovas históricas podem fornecer uma pista sobre a natureza da explosão que ocorreu. A maneira como as estrelas chegam a um estágio terminal de sua evolução como supernova não é única e depende da massa da estrela e de seu ambiente. Existem dois tipos gerais de supernova. O primeiro tipo, de origem termonuclear, é chamado *de supernova tipo I*. Distingue-se pela ausência de qualquer linha de hidrogênio em seu espectro, pois ela já teria queimado todo ele ao longo de sua evolução. Esse tipo é subdividido em subtipos Ia, Ib e Ic, dependendo dos detalhes do espectro. O tipo Ia é caracterizado pela presença de fortes linhas Si II em 615 nm e ocorre quando a massa da estrela moribunda excede o limite de Chandrasekhar de cerca de 1,4 massas solares. Os tipos Ib e Ic são designados de acordo com a presença ou ausência de linhas fortes de hélio, respectivamente.

A segunda categoria de supernova é conhecida como *supernova tipo II* e é caracterizada pela presença de fortes linhas de hidrogênio no espectro. Esse tipo de supernova ocorre em estrelas massivas cuja massa geralmente excede 8 massas solares. Nessas estrelas, a energia gravitacional é forte o suficiente para conduzir sucessivas transformações nucleares nas camadas internas da estrela. As supernovas dos tipos Ib, Ic e tipo II estão intimamente relacionadas e são produzidas pelo colapso de um núcleo estelar massivo e evoluído. Esses três tipos são chamados coletivamente de *supernovas de colapso de núcleo*. As supernovas do tipo II também são caracterizadas por um rápido aumento na luminosidade, mas seu brilho máximo é tipicamente 1,5 magnitudes mais fraca do que as supernovas do tipo Ia. O pico é seguido por uma diminuição no brilho de cerca de seis a oito magnitudes por ano.

O fato de haver, a partir do entendimento da evolução estelar, um limite máximo para a massa de uma anã branca (1,4 vezes a massa do Sol) faz com que todas as explosões de supernovas do tipo Ia sejam muito similares entre si quando comparadas com os outros tipos, e essa homogeneidade permitiu sua utilização como uma espécie de vela-padrão, tornando-se uma ferramenta fundamental para o estudo da dinâmica do Universo.

O modelo mais aceito para a formação de Supernovas do tipo Ia é o denominado *modelo de degenerado simples*. Nesse modelo, assume-se que a anã branca se encontra em um sistema binário (como acredita-se que sejam grande parte dos sistemas), de tal forma que a anã branca irá acretar (agregar, captura, receber etc.) massa de sua companheira. Se a acreção é alta o suficiente, da ordem de 10^{-7} massa solares por ano, a anã branca começa a novamente sintetizar elementos mais pesados. Em geral, a taxa de acreção é muito difícil de ser estimada, podendo variar de algumas dezenas de bilionésimos de massa solar por ano até alguns milésimos de massa solar por ano.

Em razão da natureza degenerada da matéria que compõe a anã branca, a sintetização de elementos induz a um aumento de temperatura e densidade sem expandi-la e, portanto, sem um alívio da pressão do núcleo. Subsequentemente, é iniciada a queima descontrolada de C e O, de tal forma que a energia liberada simplesmente destrói a estrela em um tempo ínfimo.

Outro marcador importante é o desenvolvimento característico do espectro óptico. Perto do momento da luz máxima, o espectro contém linhas de elementos de massa intermediária, do oxigênio ao cálcio, ejetados em altas velocidades, próximas de 10.000 km/s. Em etapas posteriores, o espectro torna-se dominado por linhas dos primeiros vários estágios de ionização do ferro, a maioria das quais se presume ter sido formada pelo decaimento do ^{56}Co. Ao contrário de outros tipos de supernovas, as tipo Ia são encontradas em todos os tipos de galáxias e não mostram preferência óbvia por regiões de formação estelar atual. Assim, a massa inicial dos progenitores estelares deve ser menor que a dos progenitores dos demais tipos.

Com esse entendimento detalhado da origem e da evolução das supernovas tipo Ia, podem-se aplicar as ferramentas teóricas para usá-las como réguas de distância. Usando esse instrumento de mediação de distância, no final da década de 1990, os resultados de estudos com supernovas do tipo Ia foram surpreendentes. Pode-se demostrar que a taxa de expansão do Universo parece estar acelerando como se dominada por uma componente cosmológica de aceleração.

Desde então, a cosmologia se utilizava das supernovas para caracterização e mapeamento do campo de velocidade das estruturas em larga escala do Universo e, consequentemente, o entendimento da dinâmica dele. Com os avanços na observação e na modelagem, as supernovas do Tipo Ia tornam-se valiosos indicadores de distância extragaláctica, trazendo importantes contribuições para a consolidação do conceito de "energia escura".

Indicações estelares

Filme

HUBBLE 3D. Direção: Toni Myers. 2010. 45 min.
Documentário.

Em maio de 2009, os astronautas da NASA embarcaram em uma missão para realizar manutenção e reparos no Telescópio Espacial Hubble. Enquanto realizam suas tarefas, o perigo e a beleza nunca estão longe. A natureza do espaço indica que mesmo a rotina mais simples pode dar errado, enquanto fotografias incríveis tiradas pelo telescópio celebram a maravilha dos arredores celestes da Terra.

Livro

HORVARTH, J. E. **Fundamentos da evolução estelar, supernovas e objetos compactos**. São Paulo: Livraria da Física, 2011.

Nesse livro, Jorge E. Horvarth apresenta a astrofísica estelar de maneira clara e focada nos elementos mais importantes, procurando formar uma compreensão global do tema com a ciência.

Site

PROJECT CLEA. Disponível em: <http://public.gettysburg.edu/~marschal/clea/CLEAhome.html>. Acesso em: 15 jun. 2023.

O Projeto CLEA (Contemporary Laboratory Experiences In Astronomy, em português, Experiências Laboratoriais Contemporâneas em Astronomia) elabora exercícios de laboratório que exemplificam técnicas astronômicas modernas utilizando dados digitais e imagens coloridas. Esses exercícios são adequados para turmas do ensino médio e da faculdade em todos os níveis, mas são configurados com padrões voltados para aulas introdutórias de astronomia destinadas a estudantes que não possuem formação em ciências. Cada exercício laboratorial CLEA inclui um programa de computador dedicado, um manual do aluno e um guia técnico para o instrutor. Os guias técnicos descrevem os formatos de arquivos, opções personalizáveis pelo usuário e algoritmos utilizados nos programas.

ESO – European Southern Observatory. **VirGo, The Virtual Archive Browser**. Disponível em: <https://archive.eso.org/cms/tools-documentation/visual-archive-browser.html>. Acesso em: 15 jun. 2023.

O Observatório Educacional Virtual é um observatório simulado que pode acessar um enorme banco de dados de informações astronômicas, tanto por meio de um conjunto de catálogos dedicados quanto por meio de bancos de dados *on-line*. Ele fornece um conjunto de telescópios ópticos e infravermelhos de vários tamanhos e um radiotelescópio. O equipamento auxiliar inclui geradores de imagens CCD e infravermelho (que produzem arquivos FITS), um fotômetro de abertura, um espectrômetro de fenda única, um espectrômetro alimentado por fibra multiobjeto e vários receptores de rádio sintonizáveis. As ferramentas de análise são fornecidas para astrometria, fotometria, análise de espectro e uma variedade de outras finalidades.

Analogias celestes

Os elementos do "grupo do ferro" são aqueles mais fortemente ligados, de modo que, acima desse elemento, as reações deixam de ser exotérmicas, interrompendo-se, portanto, a fase quiescente de queima nuclear. Os principais processos de produção dos elementos mais pesados são o processo-s e o processo-r.

O processo lento de captura de nêutrons, ou processo-s, consiste em uma série de reações em astrofísica nuclear que ocorrem em estrelas, particularmente em estrelas gigantes assintóticas. O processo-s é responsável pela criação (nucleossíntese) de aproximadamente metade dos núcleos atômicos mais pesados que o ferro.

No processo-s, um núcleo semente sofre captura de nêutrons para formar um isótopo com uma massa atômica maior. Se o novo isótopo for estável, pode ocorrer uma série de aumentos de massa, mas se for instável, ocorrerá o decaimento beta, produzindo um elemento do próximo número atômico mais alto.

O processo é lento (daí o nome) no sentido de que há tempo suficiente para que esse decaimento radioativo ocorra antes que outro nêutron seja capturado. Uma variedade de elementos e isótopos pode ser produzida pelo processo-s em decorrência da intervenção de etapas de decaimento alfa ao longo da cadeia de reação. As abundâncias relativas de elementos e isótopos produzidos dependem da fonte dos nêutrons e como seu fluxo muda ao longo do tempo. Cada ramificação da cadeia de reação do processo-s eventualmente termina em um ciclo envolvendo chumbo, bismuto e polônio.

O processo-s contrasta com o processo-r, no qual as sucessivas capturas de nêutrons são rápidas: elas acontecem mais rapidamente do que o decaimento beta pode ocorrer. O processo-r domina em ambientes com fluxos mais altos de nêutrons livres; produz elementos mais pesados e mais isótopos ricos em nêutrons do que o processo-s. Juntos, os dois processos respondem pela maior abundância relativa de elementos químicos mais pesados que o ferro.

Universo sintetizado

A evolução estelar é uma descrição da maneira como as estrelas mudam com o tempo. Em escalas de tempo humanas, a maioria das estrelas não parece mudar, mas, se olharmos por bilhões de anos, veremos como elas nascem, envelhecem e, finalmente, morrem. O fator primário que determina como uma estrela evolui é sua massa ao atingir a sequência principal.

As estrelas nascem do colapso gravitacional de nuvens moleculares frias e densas. À medida que a nuvem colapsa, ela se fragmenta em regiões menores, que se contraem para formar núcleos estelares. Essas protoestrelas giram mais rápido e aumentam de temperatura à medida que se condensam, sendo cercadas por um disco protoplanetário a partir do qual os planetas podem se formar mais tarde.

Uma vez que o hidrogênio no núcleo foi todo queimado em hélio, a geração de energia para e o núcleo começa a se contrair. Isso aumenta a temperatura interna da estrela e inflama uma casca de hidrogênio, que queima ao redor do núcleo inerte. Enquanto isso, o núcleo de hélio continua a se contrair e a aumentar de temperatura, o que leva a um aumento na taxa de geração de energia no invólucro de hidrogênio. Isso faz com que a estrela se expanda enormemente e aumente sua luminosidade, tornando-se uma gigante vermelha. A estrela queima hélio em carbono em seu núcleo por um tempo muito menor do que queimava hidrogênio. Uma vez que o hélio foi todo convertido, o núcleo de carbono inerte começa a se contrair e aumentar a temperatura. Isso inflama uma casca de queima de hélio logo acima do núcleo, que, por sua vez, é cercada por uma casca de queima de hidrogênio.

Estrelas com menos de 8 massas solares têm seu núcleo de carbono inerte: continua a se contrair, mas nunca atinge temperaturas suficientes para iniciar a queima de carbono. No entanto, a existência de duas cascas em chamas leva a uma situação termicamente instável, na qual a queima de hidrogênio e hélio ocorre fora de fase uma da outra. Essa pulsação térmica é característica de estrelas gigantes assintóticas. Estrelas com mais de 8 massas solares têm seu núcleo em contração: atingirá a temperatura para ignição de carbono e começará a queimar em neon. Esse processo de queima do núcleo, seguido de contração do núcleo e queima da casca, é repetido em uma série de reações nucleares, produzindo sucessivamente elementos mais pesados até que o ferro seja formado no núcleo.

A massa do núcleo da estrela dita o que acontece a seguir. Se o núcleo tiver uma massa inferior a cerca de 3 vezes a do nosso Sol, o colapso do núcleo pode ser interrompido pela pressão dos nêutrons (esse é um estado ainda mais extremo do que a pressão do elétron que suporta as anãs brancas!). Nesse caso, o núcleo se torna uma estrela de nêutrons. A parada repentina na contração do núcleo produz uma onda de choque que se propaga de volta através das camadas externas da estrela, explodindo-a em uma explosão de supernova de colapso do núcleo. Se o núcleo tiver uma massa maior que cerca de 3 massas solares, mesmo a pressão de nêutrons não é suficiente para suportar a gravidade, e ele entrará em colapso completo, formando, assim, um buraco negro estelar.

Uma ferramenta importante no estudo da evolução estelar é o diagrama de Hertzsprung-Russell (ou Diagrama HR), que plota as magnitudes absolutas das estrelas em relação ao seu tipo espectral (ou, alternativamente, luminosidade estelar *versus* temperatura efetiva). À medida que uma estrela evolui, ela se move para regiões específicas no Diagrama HR, seguindo um caminho característico que depende da massa e da composição química da estrela.

Autodescobertas em teste

1) Na aproximação de Eddington, a relação entre a temperatura e a profundidade ótica pode ser escrita como:

$$T^4 = \frac{3}{4} T_{ef}^4 \left(\tau + \frac{2}{3} \right)$$

Em que T_{ef} é a temperatura efetiva da estrela.

Mostre que a equação de equilíbrio radiativo pode ser obtida a partir da equação anterior, com uma definição conveniente da profundidade ótica.

2) A energia térmica de uma estrela pode ser assim escrita:

$$E_t = \frac{3}{2}\int_0^M \frac{P(r)}{\rho(r)}dM$$

Demonstre que, para uma estrela em equilíbrio hidrostático, essa energia também pode ser assim escrita:

$$E_t = 2\pi G \int_0^R M(r)\rho(r)r\,dr$$

3) Ordene as seguintes fases de evolução das estrelas para uma estrela que tem uma massa de 80% da do Sol:
I) Uma anã branca.
II) Uma nebulosa.
III) Uma gigante vermelha.
IV) Uma estrela de sequência principal.
V) Uma protoestrela.

Agora, assinale a alternativa que apresenta a sequência correta:

a) II, V, VI, III, I.
b) II, V, III, IV, I.
c) II, III, IV, V, I.
d) IV, V, II, III, I.
e) II, I, IV, III, V.

4) Por aproximadamente quanto tempo uma estrela como o Sol permanece uma estrela de sequência principal?
   a) 100 milhões de anos.
   b) 100 milhões de anos.
   c) 10 milhões de anos.
   d) 10 mil milhões de anos.
   e) 1 bilhão de anos.

5) Alpha Orionis (Betelgeuse) é uma estrela na constelação de Orion aproximadamente 724 anos-luz afastada. Sua massa é 12 vezes maior que a do Sol. Observações de Alpha Orionis sugerem que ela pode explodir como uma supernova em menos de 100.000 anos. Que tipo de estrela é a Alpha Orionis?
   a) Um gigante vermelha.
   b) Uma estrela anã branca.
   c) Uma estrela da sequência principal.
   d) Uma super gigante vermelha.
   e) Uma estrela de nêutrons.

Evoluções planetárias

Reflexões meteóricas

1) O Sol está atualmente a utilizar hidrogénio para a fusão nuclear no seu núcleo. Chegará à altura em que deixará de ter hidrogénio e elementos mais pesados, como o hélio, sofrerão a fusão. Isso fará o Sol

expandir e se tornar uma gigante vermelha. O que acontecerá quando o Sol deixar de ter elementos mais pesados que utiliza para a fusão?

2) Por que os astrônomos antigos dividiram as estrelas visíveis em classes de magnitude em vez de medir o brilho em relação ao fluxo?

Práticas solares

1) Qual é a relação entre a energia emitida pelas reações termonucleares e a famosa fórmula de Einstein $E = \Delta mc^2$?

2) Quais são os dois fatores que determinam o brilho de uma estrela no céu?

3) Ordene os sete tipos espectrais básicos do mais quente ao mais frio.

Galáxias

5

Quando Lucy, o fóssil de *Australopithecus afarensis* datado de 3,2 milhões de anos, contemplava as águas ribeirinhas durante os crepúsculos primordiais, estava longe de vislumbrar as descobertas iminentes de Edwin Hubble que ampliariam significativamente nossa compreensão do cosmos. A intrigante conjectura sobre as reflexões que Lucy poderia ter feito diante desse cenário e as incertezas que poderiam ter permeado seus pensamentos é um fascinante exercício de especulação.

Até o início do século XX, a percepção da comunidade acadêmica do cosmos estava dentro dos limites da Via Láctea. Já havia astrônomos especulando sobre a existência de outras galáxias em nosso Universo, mas ainda não existiam evidências observacionais da existência delas. Somente quando Hubble apontou o telescópio Hooker de 2,5 metros de diâmetro localizado no Observatório Mount Wilson, em Los Angeles, para a constelação de Andrômeda que nossa perspectiva mudou. Hubble estudou o que era então conhecido como a *Nebulosa de Andrômeda*, um objeto que durante séculos apareceu como uma nuvem de luz alongada.

Figura 5.1 – Possível visão deslumbrada por Lucy em um momento de contemplação e reflexão

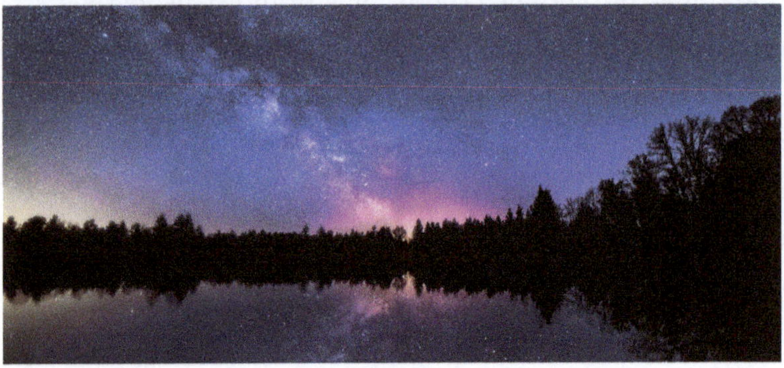
MOODSHIFT Films/Shutterstock

Em 1923, ele estudou estrelas individuais nessa "nebulosa" e seus resultados tornaram-se uma das descobertas mais transformadoras da cosmologia. Hubble descobriu sua primeira estrela variável Cefeída, um tipo de estrela usada para medir distâncias dada a forma como seu brilho oscila. Ao descobrir as estrelas variáveis Cefeídas em Andrômeda, foi possível mostrar que essas estrelas da nebulosa de Andromeda estavam muito mais distantes do que as estrelas da Via Láctea. Esse contraste de distância foi uma forte evidência de que a Nebulosa de Andrômeda era uma galáxia por si só. Hubble usou essa técnica para estudar outras chamadas "nebulosas" no Universo e concluiu que existia muito mais galáxias além da nossa. Em 1929, Hubble havia reimaginado completamente nosso lugar no Universo, um novo lar de milhões de outras galáxias, sendo possível dizer que nascia, nesse momento, o conceito de galáxia.

5.1 Nascimento das galáxias

Nossa galáxia, a Via Láctea, é um paradoxo. É apenas uma das muitas bilhões de galáxias espalhadas por todo o Universo. A Via Láctea é uma galáxia espiral grande, mas bastante normal em qualquer sentido que a palavra *normal* possa ter dentro das ciências astronômicas. Porém, é a galáxia mais conhecida que temos, do mesmo modo que o Sol é a estrela mais conhecida. É difícil obter uma imagem clara da estrutura da Via Láctea, pois estamos vivendo no interior, olhando através de uma de suas estruturas. Nunca seremos capazes de viajar longe o suficiente para ver a galáxia em sua totalidade, mas, para obter alguma perspectiva sobre o tamanho, escala e estrutura da Via Láctea, podemos estudar outras galáxias de tipos semelhantes para preencher as lacunas.

Ao combinar as duas visões, temos o "melhor dos dois mundos", um ponto de vista interno de perto e bilhões de galáxias distantes relacionadas para uma comparação sistêmica. A Via Láctea é como uma cidade enorme, cheia de vida, mas também testemunha da morte.
As estrelas estão sendo nutridas até hoje dentro de suas nuvens nebulosas de gás e poeira, e essas estrelas também estão sendo dramaticamente extintas, replantando a galáxia com matéria fresca para formar novas estrelas. É um ciclo de vida contínuo, a maior usina de reciclagem que você pode imaginar. Ainda hoje, 15 bilhões de anos após a formação da galáxia, ela ainda está evoluindo, mudando e se regenerando constantemente.

A teoria geral para a criação da galáxia é, em muitos aspectos, semelhante ao modelo de formação estelar, como visto no capítulo anterior, embora em uma escala muito mais massiva. A visão geral da estrutura teórica básica dentro da qual nossas ideias atuais sobre formação e evolução de galáxias foram desenvolvidas está baseada em vários processos físicos que desempenham um papel durante a formação e a evolução das galáxias. O atual modelo geral está em melhoria contínua com o avanço de nossa compreensão sobre a formação e a evolução das galáxias.

A cosmologia moderna não apenas especifica a geometria em grande escala do Universo, mas também tem o potencial de prever sua história térmica e o conteúdo de matéria. Como o Universo está se expandindo e cheio de fótons de micro-ondas atualmente, ele deve ter sido menor, mais denso e mais quente em épocas anteriores. O meio quente e denso no Universo primitivo fornece condições sob as quais ocorrem várias reações entre partículas elementares, núcleos e átomos. Portanto, a aplicação da física de partículas, nuclear e atômica à história térmica do Universo, em princípio, nos permite prever as abundâncias de todas as espécies de partículas elementares, núcleos e átomos em diferentes épocas. Claramente, essa é uma parte importante do problema a ser abordado pelos cientistas, porque a formação de galáxias depende crucialmente do conteúdo de matéria/energia do Universo.

Nos modelos cosmológicos atuais mais populares, geralmente consideramos um Universo composto por três componentes principais, além da matéria "bariônica": os prótons, os nêutrons e os elétrons que compõem o Universo visível. Os astrônomos encontraram várias evidências para a presença de matéria escura e energia. Embora a natureza da matéria escura e da energia escura ainda seja desconhecida, acreditamos que estas sejam responsáveis por mais de 95% da densidade de energia do Universo. Diferentes modelos cosmológicos diferem principalmente em relação: (i) às contribuições relativas da matéria bariônica, da matéria escura e da energia escura; e (ii) à natureza da matéria escura e da energia escura. No momento da escrita deste livro, o modelo mais popular é o chamado *modelo ΛCDM* (*Lambda-Cold Dark Matter*, em português, lambda--matéria escura fria): um Universo plano no qual aproximadamente 75% da densidade de energia é devido a uma constante cosmológica, em torno de 21% é devido à matéria escura "fria" (CDM), e os 4% restantes são devidos à matéria bariônica da qual as estrelas e galáxias são feitas (Waga, 2005).

Se o princípio cosmológico se mantivesse perfeitamente e a distribuição da matéria no Universo fosse perfeitamente uniforme e isotrópica, não haveria formação de estruturas. Para explicar a presença de estruturas, em particular nas galáxias, precisamos claramente de alguns desvios da uniformidade perfeita. Infelizmente, a cosmologia padrão por si só não nos fornece uma explicação para a origem dessas perturbações. Temos que ir além para buscar uma resposta. Espera-se que uma descrição clássica e relativista geral da cosmologia se desfaça muito cedo, quando o Universo é tão denso que se espera que os efeitos quânticos sejam importantes. A cosmologia padrão apresenta vários problemas conceituais quando aplicada ao Universo primitivo, e as soluções para esses problemas requerem uma extensão da cosmologia padrão para incorporar processos quânticos. Uma consequência genérica de tal extensão é a geração de perturbações de densidade por flutuações quânticas em tempos primitivos.

Acredita-se que essas perturbações sejam responsáveis pela formação das estruturas observadas no Universo atual. Uma extensão particularmente bem-sucedida da cosmologia padrão é a teoria inflacionária, na qual se supõe que o Universo passou por uma fase de expansão rápida e exponencial (chamada *inflação*) impulsionada pela energia do vácuo de um ou mais campos quânticos. Em muitos modelos inflacionários, mas não em todos, as flutuações quânticas nessa energia do vácuo podem produzir perturbações de densidade com propriedades consistentes com a estrutura observada em grande escala. A inflação, portanto, oferece uma explicação promissora para a origem física das perturbações iniciais.

Infelizmente, nossa compreensão do Universo primitivo ainda está longe de ser completa, e atualmente não podemos prever as condições iniciais para a formação da estrutura inteiramente a partir dos primeiros princípios. Consequentemente, mesmo essa parte da teoria da formação de galáxias ainda é parcialmente fenomenológica: tipicamente, as condições iniciais são especificadas por um conjunto de parâmetros que são limitados por dados observacionais, como o padrão de flutuações no fundo de micro-ondas ou a abundância atual de aglomerados de galáxias.

Tendo especificado as condições iniciais e a estrutura cosmológica, pode-se calcular como pequenas perturbações no campo de densidade evoluem em um Universo em expansão dominado por matéria não relativística, ou seja, as perturbações crescem com o tempo. Isso é fácil de entender. Uma região cuja densidade inicial é ligeiramente superior à média atrairá seus arredores um pouco mais fortemente do que a média. Consequentemente, regiões superdensas puxam a matéria em direção a elas e se tornam ainda mais densos. Por outro lado, regiões subdensas tornam-se ainda mais rarefeitas à medida que a matéria flui para longe delas. Essa amplificação de perturbações de densidade é conhecida como instabilidade gravitacional e desempenha um papel importante nas teorias modernas de formação de estruturas.

Em um Universo estático, a amplificação é um processo de fuga, e o contraste de densidade $\delta\rho/\rho$ cresce exponencialmente com o tempo. Em um Universo em expansão, no entanto, a expansão cósmica amortece os fluxos de acréscimo, e a taxa de crescimento é geralmente uma lei de potência do tempo, $\delta\rho/\rho \propto t^{\alpha}$, com $\alpha > 0$. A taxa exata na qual as perturbações crescem depende do modelo cosmológico. Nos primeiros tempos, quando as perturbações ainda estão no que chamamos de *regime linear* ($\delta\rho/\rho \propto 1$), o tamanho físico de uma região superdensa aumenta com o tempo devido à expansão geral do Universo. Uma vez que a perturbação atinge a densidade $\delta\rho/\rho \sim 1$, ele rompe com a expansão e começa a entrar em colapso (Waga, 2005).

Esse momento de "inversão", quando o tamanho físico da perturbação está no seu máximo, sinaliza a transição do regime levemente não linear para o regime fortemente não linear. O resultado do colapso gravitacional não linear subsequente depende do conteúdo de matéria da perturbação. Se a perturbação consiste em gás bariônico comum, o colapso cria fortes choques que aumentam a entropia do material. Se o resfriamento radiativo for ineficiente, o sistema relaxa para o equilíbrio hidrostático, com sua autogravidade equilibrada por gradientes de pressão. Se a perturbação consiste em matéria sem colisão (por exemplo, matéria escura fria), nenhum choque se desenvolve, mas o sistema ainda relaxa para um estado de quase equilíbrio com uma estrutura mais ou menos universal. Esse processo é chamado de *relaxamento violento*.

Figura 5.2 – Representação artistíca mostra a galáxia Via Láctea

Objetos não lineares de matéria escura em quase equilíbrio são chamados de *halos de matéria escura*. O halo azul de material ao redor da galáxia indica a distribuição esperada para a matéria escura, que foi introduzida pela primeira vez pelos astrônomos para explicar as propriedades de rotação da galáxia e agora também é um ingrediente essencial nas teorias atuais da formação e evolução das galáxias.

A estrutura dos halos prevista foi exaustivamente explorada usando simulações numéricas e desempenham um papel fundamental nas teorias modernas de formação de galáxias. Os perfis de densidade do halo, as formas, os *spins* e a subestrutura interna dependem muito fracamente da massa e da cosmologia, mas a abundância e a densidade característica dos halos dependem sensivelmente de ambos. Em cosmologias com matéria escura e matéria bariônica, como os modelos CDM, cada perturbação inicial contém gás bariônico e matéria escura sem colisão em, aproximadamente, suas proporções universais. Quando um objeto colapsa, a matéria escura relaxa violentamente para formar um halo de matéria escura, enquanto o gás atinge a temperatura virial, sendo possível estabelecer-se em equilíbrio hidrostático.

O resfriamento é um ingrediente crucial da formação de galáxias. Dependendo da temperatura e da densidade, uma variedade de processos de resfriamento pode afetar o gás. Em halos massivos, onde a temperatura virial $T_{vir} \sim > 10^7$ K, o gás é totalmente ionizado por colisão e esfria principalmente por meio da emissão de Bremsstrahlung de elétrons livres. Na faixa de temperatura 10^4 K $< T_{vir} < 10^6$ K, vários mecanismos de excitação e desexcitação podem desempenhar um importante papel (Nagamine, 2016).

A temperatura virial é uma temperatura característica de um sistema físico que está em equilíbrio estatístico e é descrita pela equação do teorema do virial. É definida como a temperatura que faria com que a energia cinética média das partículas no sistema fosse igual à metade da energia potencial média, considerando que o sistema está em equilíbrio estático.

Elétrons podem se recombinar com íons, emitindo um fóton, ou átomos (neutros ou parcialmente ionizados) podem ser excitados por uma colisão com outra partícula, depois decaindo radiativamente para o estado fundamental. Uma vez que diferentes espécies atômicas têm diferentes energias de excitação, as taxas de resfriamento dependem fortemente da composição química do gás. Em halos com $T_{vir} < 10^4$ K, prevê-se que o gás seja quase completamente neutro. Isso suprime fortemente os processos de resfriamento mencionados anteriormente. No entanto, se elementos e/ou moléculas pesadas estiverem presentes, o resfriamento ainda é possível por meio da excitação/desexcitação colisional de linhas de estrutura fina e hiperfina (para elementos pesados) ou linhas rotacionais e/ou vibracionais (para moléculas). Finalmente, em altos desvios para o vermelho ($z \sim > 6$), o espalhamento Compton inverso de fótons cósmicos de fundo em micro-ondas por elétrons no gás halo quente também pode ser um canal de resfriamento eficaz (Villela; Ferreira; Wuensche, 2004).

Com exceção do espalhamento Compton inverso, todos esses mecanismos de resfriamento envolvem duas partículas. Consequentemente, o resfriamento é geralmente mais eficaz em regiões de maior densidade. Após o colapso gravitacional não linear, o gás de choque em halos virializados pode ser denso o suficiente para que o resfriamento seja eficaz. Se os tempos de resfriamento forem curtos, o gás nunca atinge o equilíbrio hidrostático, mas se acumula diretamente na protogaláxia central. Mesmo que o resfriamento seja lento o suficiente para desenvolver uma atmosfera hidrostática, ainda pode fazer com que as regiões internas mais densas da atmosfera percam o suporte de pressão e fluam para o objeto central.

O efeito líquido do resfriamento é que o material bariônico segrega da matéria escura e se acumula como gás frio e denso em uma protogaláxia no centro do halo de matéria escura. Os halos de matéria escura, bem como o material bariônico associado a eles, normalmente têm uma pequena quantidade de momento angular.

Se esse momento angular for conservado durante o resfriamento, o gás irá girar à medida que flui para dentro, estabelecendo-se em um disco frio em equilíbrio centrífugo no centro do halo. Esse é o paradigma padrão para a formação de galáxias de disco.

À medida que o gás em um halo de matéria escura esfria e flui para dentro, sua autogravidade acabará por dominar a gravidade da matéria escura. Depois disso, ele colapsa sob sua própria gravidade e, na presença de resfriamento efetivo, esse colapso se torna catastrófico. O colapso aumenta a densidade e a temperatura do gás, o que geralmente reduz o tempo de resfriamento mais rapidamente do que reduz o tempo de colapso. Durante esse colapso descontrolado, a nuvem de gás pode se fragmentar em pequenos núcleos de alta densidade que podem, eventualmente, formar estrelas, dando origem a uma galáxia visível.

Infelizmente, muitos detalhes desses processos ainda não estão claros. Em particular, ainda não conseguimos prever a fração de massa e a escala de tempo para que uma nuvem autogravitante seja transformada em estrelas. Outra questão importante e ainda pouco compreendida diz respeito à distribuição de massa com a qual as estrelas são formadas, ou seja, a função de massa inicial (IMF, do inglês *Initial Mass Function*). A evolução de uma estrela, em particular sua luminosidade em função do tempo e seu eventual destino, é, em grande parte, determinada por sua massa no nascimento. Previsões de quantidades observáveis para galáxias modelo requerem, portanto, não apenas a taxa de natalidade das estrelas em função do tempo, mas também seu IMF.

Em princípio, deveria ser possível derivar o IMF dos princípios gerais de formação e evolução das estrelas, mas a teoria ainda não amadureceu a esse nível. Atualmente, é preciso supor um IMF *ad hoc* e verificar sua validade comparando as previsões do modelo com as observações. Com base em observações, muitas vezes distinguiremos dois modos de formação estelar: formação estelar quiescente, em discos de gás rotativamente suportados, e explosões estelares. Estas últimas são caracterizadas por taxas de formação de estrelas muito mais altas e são tipicamente confinadas a regiões relativamente pequenas (geralmente o núcleo) de galáxias. *Starbursts* requerem o acúmulo de grandes quantidades de gás em um pequeno volume e parecem ser desencadeados por fortes interações dinâmicas ou instabilidades. No momento, ainda há muitas questões em aberto relacionadas a esses diferentes modos de formação de estrelas. Que fração de estrelas se formou no modo quiescente? Ambos os modos produzem populações estelares com o mesmo IMF? Como a importância relativa dos *starbursts* aumenta com o tempo? Como veremos, essas e outras questões relacionadas desempenham um papel importante nos modelos contemporâneos de formação de galáxias.

Figura 5.3 – Imagem obtida com o instrumento MUSE, montado no Very Large Telescope do ESO, mostra a galáxia ativa Markarian 1018, a qual tem um buraco negro supermassivo em seu núcleo; os fracos laços de luz são o resultado da sua interação e fusão com outra galáxia em um passado recente

ESO/CARS survey

Outra evidência importante para o entendimento da formação de galáxias é fornecida pelos núcleos galácticos ativos (AGN), ou seja, a fase de acreção ativa de buracos negros supermassivos (SMBH) à espreita nos centros de quase todas as galáxias massivas. Esse processo libera grandes quantidades de energia, razão por que os AGN são brilhantes e podem ser vistos a grandes distâncias, podendo ser aproveitados pelo gás circundante. Embora apenas uma fração relativamente pequena das galáxias atuais contenha um AGN, as observações indicam que praticamente todos os esferoides massivos contêm um SMBH nuclear. Portanto, acredita-se que praticamente todas as galáxias com um componente esferoidal significativo passaram por uma ou mais fases AGN durante sua vida.

Quando as galáxias satélites orbitam dentro de halos de matéria escura, elas experimentam forças de maré devido à galáxia central, a outras galáxias satélites e ao potencial do próprio halo. Essas interações de maré podem remover matéria escura, gás e estrelas da galáxia – um processo chamado de *remoção de maré* – e podem perturbar sua estrutura. Acredita-se que esses processos dinâmicos desempenham um papel importante na condução da evolução das galáxias dentro de aglomerados e grupos de galáxias. Em particular, supõe-se que sejam parcialmente responsáveis pela dependência ambiental observada da morfologia das galáxias.

Os efeitos dinâmicos internos também podem remodelar as galáxias. Por exemplo, uma galáxia pode se formar em uma configuração que se torna instável em algum momento posterior. Instabilidades em grande escala podem, então, redistribuir massa e momento angular dentro da galáxia, alterando assim sua morfologia. Um exemplo bem conhecido e importante é a instabilidade da barra dentro das galáxias de disco. Um disco fino com uma densidade superficial muito alta é suscetível a uma instabilidade não axial-simétrica, que produz uma estrutura semelhante a uma barra análoga à observada em galáxias espirais barradas. Essas barras podem então sair do disco para produzir um componente elipsoidal central, o chamado *pseudobulge*. Instabilidades também podem ser desencadeadas em galáxias estáveis por meio de interações.

Assim, uma questão importante é se os tamanhos e as morfologias das galáxias foram definidos na formação ou são o resultado de um processo dinâmico posterior a sua evolução secular. As protuberâncias são particularmente interessantes nesse contexto. Elas podem ser um resquício do primeiro estágio de formação de galáxias, podem refletir uma fusão inicial que deu origem a um novo disco ou podem resultar da flambagem de uma barra. É provável que todos esses processos sejam importantes para pelo menos algumas protuberâncias e para desvendar os mistérios da evolução dessas estruturas.

5.2 Classificação das galáxias

A Figura 5.4 mostra uma coleção de imagens de diferentes tipos de galáxias. Ao inspecioná-la, verifica-se que algumas galáxias têm perfis de luz, outras têm braços espirais juntos com um bojo central elíptico, e outras ainda têm morfologias irregulares ou peculiares. Com base nessas características, Hubble ordenou as galáxias em uma sequência morfológica, que é agora referida como a *sequência de Hubble* ou *diagrama de diapasão de Hubble* (Figura 5.5).

Figura 5.4 – Diferentes tipos de galáxias

Legenda: Superior esquerdo: a galáxia elíptica gigante NGC 1399 é uma das maiores e mais brilhantes galáxias do Aglomerado de Galáxias de Fornax. Inferior esquerdo: a galáxia espiral NGC 1386 é um dos membros menores do aglomerado. Superior direito: a galáxia NGC 1381 é uma galáxia do tipo lenticular – a meio caminho entre uma elíptica e uma espiral. Inferior direito: a galáxia NGC 1365, que é um dos exemplos mais marcantes de uma galáxia espiral barrada.

O esquema de Hubble classifica as galáxias em quatro grandes classes. As galáxias elípticas são um tipo de galáxia que tem uma forma elipsoidal suave, com pouca ou nenhuma estrutura. Eles são caracterizados por seus perfis de luz suaves, com pouco ou nenhum braço espiral ou outras características que são comuns em galáxias espirais, e são divididas nos subtipos E0, E1, ..., E7, em que o inteiro é o mais próximo de 10 (1 − b/a), sendo *a* e *b* os comprimentos das eixos semieixo maior e semieixo menor. A segunda classe é chamada de *galáxias espirais*: possuem discos finos com estruturas de braços espirais. Eles são divididos em dois ramos, espirais barradas e espirais normais, de acordo com a presença ou não de uma estrutura reconhecível em forma de barra na parte central da galáxia (Alves Júnior, 2023; Huertas-Company, 2019). Em cada ramo, as galáxias são divididas em três classes, *a*, *b* e *c*, de acordo com os três critérios a seguir:

1. a fração de luz no bojo central;
2. o aperto com que os braços espirais são enrolados;
3. o grau em que os braços espirais são resolvidos em estrelas, regiões HII e presença de poeira.

Figura 5.5 – Uma representação esquemática da sequência do Hubble de morfologias de galáxias

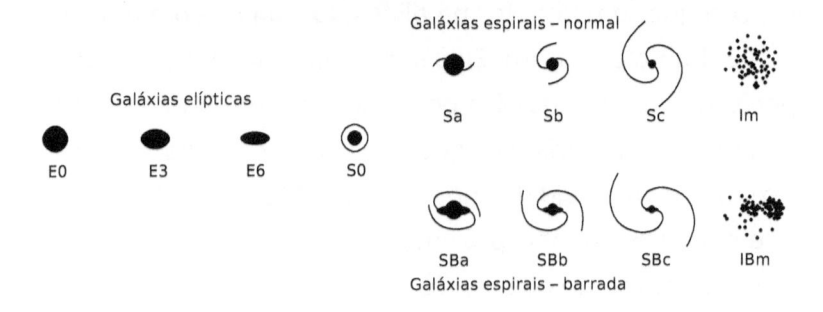

Esses três critérios estão correlacionados: espirais com um componente de protuberância pronunciado geralmente também têm braços espirais bem enrolados com regiões HII relativamente fracas e são classificadas como **Sa**. Por outro lado, espirais com protuberâncias fracas ou ausentes costumam ter braços abertos e regiões HII brilhantes e são classificadas como **Sc**. Quando os três critérios dão indicações conflitantes, Hubble dá mais ênfase à abertura dos braços espirais.

As galáxias lenticulares ou **S0** constituem uma classe intermediária entre elípticas e espirais. Como as elípticas, as lenticulares têm uma distribuição de luz suave, sem braços espirais ou regiões HII. Como espirais, eles têm um disco fino e uma protuberância, mas a protuberância é mais dominante do que em uma galáxia espiral. Eles também podem ter uma barra central, caso em que são classificados como **SB0**.

As galáxias irregulares são objetos que não têm uma protuberância dominante nem um disco rotacionalmente simétrico e carecem de qualquer simetria óbvia. Em vez disso, sua aparência é geralmente irregular, dominada por algumas regiões HII. Hubble não incluiu essa classe em sua sequência original porque não tinha certeza se ela deveria ser considerada uma extensão de qualquer uma das outras classes. Hoje em dia, os irregulares são geralmente incluídos como uma extensão das galáxias espirais.

As partes luminosas das galáxias espirais parecem variar em diâmetro de cerca de 20.000 a mais de 100.000 anos-luz. A partir dos dados observacionais disponíveis, estima-se que as massas das porções visíveis das galáxias espirais variam de 1 bilhão a 1 trilhão de Sóis (10^9 a 10^{12} massas solares). As luminosidades totais da maioria das espirais caem na faixa de 100 milhões a 100 bilhões de vezes a luminosidade do nosso Sol (10^8 a 10^{11} luminosidades solares). Nossa galáxia e M31 são relativamente grandes e massivas, como as espirais.

Há também, como vimos, considerável matéria escura dentro e ao redor das galáxias, assim como na Via Láctea; deduzimos sua presença pela rapidez com que as estrelas nas partes externas da Galáxia estão se movendo em suas órbitas (Finlay, 2003).

As galáxias elípticas mostram vários graus de achatamento, variando de sistemas que são aproximadamente esféricos até aqueles que se aproximam da planicidade das espirais. As raras elípticas gigantes atingem 10^{11}

luminosidades solares. A massa em uma elíptica gigante pode ser tão grande quanto 10^{13} massas solares. Os diâmetros dessas grandes galáxias se estendem por várias centenas de milhares de anos-luz e são consideravelmente maiores do que as maiores espirais. Embora as estrelas individuais orbitem o centro de uma galáxia elíptica, as órbitas não estão todas na mesma direção, como ocorre nas espirais. Portanto, as elípticas não parecem girar de maneira sistemática, tornando difícil estimar quanta matéria escura elas contêm.

Normalmente, as galáxias irregulares têm massas e luminosidades mais baixas do que as galáxias espirais. Galáxias irregulares geralmente parecem desorganizadas e muitas estão passando por uma atividade de formação estelar relativamente intensa.

As duas galáxias irregulares mais conhecidas são a Grande Nuvem de Magalhães e a Pequena Nuvem de Magalhães, que estão a uma distância de pouco mais de 160.000 anos-luz de distância e entre nossos vizinhos extragalácticos mais próximos. Seus nomes refletem o fato de que Fernão de Magalhães e sua tripulação, fazendo sua viagem de volta ao mundo, foram os primeiros viajantes europeus a notá-las. Embora não sejam visíveis dos Estados Unidos e da Europa, esses dois sistemas são proeminentes no Hemisfério Sul, onde parecem nuvens finas no céu noturno. Uma vez que estão apenas cerca de um décimo da galáxia de Andrômeda, eles apresentam uma excelente oportunidade para os astrônomos estudarem nebulosas, aglomerados de estrelas, estrelas variáveis e outros objetos-chave no cenário de outra galáxia, permitindo calibrar as teorias para o estudo de galáxias do Universo profundo (Finlay, 2003).

5.3 Massa e dinâmica das galáxias

A matéria luminosa compõe a parte visível de uma galáxia e tem uma distribuição bem definida que pode ser observada por diversos meios, como imagens ópticas ou espectroscopia. A matéria escura, por outro lado, é invisível e só pode ser detectada por meio de seus efeitos gravitacionais sobre a matéria visível. A distribuição da matéria escura em uma galáxia não é bem compreendida, mas se acredita que ela siga uma distribuição aproximadamente esférica, com a maior parte da matéria escura localizada na periferia da galáxia. O halo da matéria escura atua como um andaime (suporte) gravitacional para a matéria visível, ajudando a moldar e manter a galáxia unida.

Estima-se que a proporção de matéria escura para matéria visível na maioria das galáxias seja de cerca de 10:1, embora essa proporção possa variar dependendo do tamanho e do tipo da galáxia. Compreender a distribuição de massa nas galáxias é importante para estudar sua formação e evolução, bem como para entender o papel da matéria escura no Universo.

Existem várias técnicas usadas para estimar as massas das galáxias. Essas técnicas podem ser amplamente divididas em duas categorias: métodos dinâmicos e métodos estruturais. Os métodos dinâmicos usam o movimento de estrelas, gás ou outros objetos dentro de uma galáxia para estimar sua massa total. Por exemplo, a velocidade radial das estrelas pode ser medida e, a partir disso, a massa da galáxia pode ser estimada usando o teorema do virial. Esse teorema afirma que a massa total de um sistema gravitacionalmente ligado pode ser estimada a partir da velocidade média de suas partes constituintes. Os métodos estruturais usam as propriedades estruturais de uma galáxia, como seu tamanho e sua forma, para estimar sua massa. Por exemplo, a relação Tully-Fisher é uma relação empírica entre a luminosidade de uma galáxia espiral e sua velocidade de rotação que afirma que as galáxias espirais mais brilhantes giram mais rápido do que as mais fracas (Finlay, 2003).

Outro método estrutural é a relação de Faber-Jackson, que é uma relação empírica entre a luminosidade de uma galáxia elíptica e sua dispersão de velocidade central. Ela afirma que galáxias elípticas mais luminosas têm dispersões de velocidade central mais altas. Essa relação foi descoberta em meados da década de 1970 pelos astrônomos Sandra M. Faber e Robert E. Jackson, daí o nome relação Faber-Jackson. A relação Faber-Jackson é importante porque fornece uma maneira de estimar a massa total de uma galáxia elíptica a partir de sua dispersão de velocidade central, que pode ser facilmente medida. A massa de uma galáxia é difícil de determinar diretamente, mas a relação Faber-Jackson permite aos astrônomos calculá-la com base em suas propriedades observáveis (Sanders, 2010). Além disso, existem métodos que combinam informações dinâmicas e estruturais, como lentes gravitacionais fortes e fracas. Esses métodos usam a distorção da luz de galáxias distantes causada pelo campo gravitacional da galáxia lente para estimar sua distribuição de massa. Vale a pena notar que diferentes métodos têm diferentes níveis de precisão e confiabilidade, e a massa estimada de uma galáxia pode depender das suposições feitas e da qualidade dos dados usados. Portanto, uma combinação de diferentes métodos é frequentemente usada para derivar uma estimativa mais robusta da massa de uma galáxia.

A massa da galáxia de Andrômeda, também conhecida como *M31*, é estimada em cerca de $1,5 \times 10^{12}$ massas solares. Essa é uma estimativa grande, tornando Andrômeda uma das galáxias mais massivas do Universo local. A massa de Andrômeda foi estimada usando várias técnicas, incluindo a medição de sua velocidade de rotação, a distribuição de seus aglomerados globulares e lentes gravitacionais. Essas estimativas deram resultados semelhantes, fornecendo confiança no valor estimado (Evans; Wilkinson, 2000).

A tabela a seguir apresenta os limites de massa e outras propriedades para cada tipos de galáxias. As galáxias que apresentam maior e menor massa são as elípticas. As galáxias irregulares apresentam menos massa do que as espirais em média.

Tabela 5.1 – Características dos diferentes tipos de galáxias observadas

Característica	Galáxias espirais	Galáxias elípticas	Galáxias irregulares
Massa (M_{Sol})	10^9 até 10^{12}	10^5 até 10^{13}	10^8 até 10^{11}
Diâmetro (milhares de anos-luz)	15 até 150	de 3 até > 700	3 até 30
Luminosidade (L_{Sol})	10^8 até 10^{11}	10^6 até 10^{11}	10^7 até 10^9
Populações de estrelas	População I e II (jovens e velhas)	População II (velhas)	População I e II (jovens e velhas)

Fonte: Elaborado com base em Nagamine, 2016.

É claro que as galáxias não são compostas inteiramente de estrelas idênticas ao Sol. A esmagadora maioria das estrelas é menos massiva e menos luminosa que o Sol, e geralmente essas estrelas contribuem com a maior parte da massa de um sistema sem contar com muita luz. A razão massa-luz para estrelas de baixa massa é maior que 1.

Mas esses números referem-se apenas às partes internas e conspícuas das galáxias. Anteriormente foi discutida a evidência de matéria escura nas regiões externas de nossa própria galáxia, estendendo-se muito mais longe do centro galáctico do que as estrelas brilhantes e o gás. Medições recentes das velocidades de rotação das partes externas de galáxias próximas – como a galáxia de Andrômeda, da qual falamos anteriormente – sugerem que elas também têm distribuições estendidas de matéria escura ao redor do disco visível de estrelas e poeira. Essa matéria, em grande parte invisível, aumenta a massa da galáxia sem contribuir em nada para a sua luminosidade, aumentando assim a relação massa-luz. Se a matéria escura invisível estiver presente em uma galáxia, sua razão massa-luz pode chegar a 100.

Essas medições de outras galáxias apoiam a conclusão já alcançada a partir de estudos da rotação de nossa própria Galáxia. A compreensão das propriedades e da distribuição dessa matéria invisível é crucial para a compreensão das galáxias. Está se tornando cada vez mais claro que, por meio da força gravitacional que exerce, a matéria escura desempenha um papel dominante na formação de galáxias e na evolução inicial. Da mesma forma, muitos astrônomos hoje sentem que podemos estar nos aproximando de uma compreensão muito mais sofisticada da estrutura em grande escala do Universo.

5.4 Grupos e aglomerados de galáxias

Uma fração significativa das galáxias no Universo atual é encontrada em grupos e aglomerados em que a densidade numérica de galáxias é algumas dezenas a algumas centenas de vezes maior que a média. As mais densas e populosas dessas agregações de galáxias são chamadas de *aglomerados*, que normalmente contêm mais de 50 galáxias relativamente brilhantes em um volume de apenas alguns megaparsecs (Mpc) de diâmetro. As agregações menores e menos populosas são chamadas de *grupos*. A identificação do que sejam *grupo* e *aglomerado* não é bem definida. Grupos e aglomerados são os objetos mais massivos e virializados do Universo e são importantes laboratórios para estudar a evolução da população de galáxias.

Um exemplo é o grupo *Hickson Compact Group*, um grupo de galáxias que estão muito próximas umas das outras no espaço. Esses grupos de galáxias são geralmente compostos de duas a dez galáxias e receberam o nome do astrônomo canadense Paul Hickson, que os identificou pela primeira vez em 1982. As galáxias dentro de um *Hickson Compact Group* são geralmente isoladas de outras galáxias e têm velocidades relativas relativamente baixas, o que significa que são provavelmente gravitacionalmente ligados um ao outro. Eles são considerados laboratórios ideais para estudar a dinâmica das interações galácticas e para investigar os processos de formação e evolução das galáxias. Ao estudar as propriedades dos membros do *Hickson Compact Group*, os astrônomos podem obter informações sobre o papel que as interações entre as galáxias desempenham na formação da evolução do Universo (Hickson, 1997).

Figura 5.6 – Imagem do HST do *Hickson Compact Group* 87: uma intrincada dança orquestrada pelas forças gravitacionais mútuas que atuam entre elas

Grupos de galáxias são encontrados em todo o Universo e fornecem informações valiosas sobre a estrutura em larga escala deste, bem como a respeito dos

processos físicos que moldam as galáxias. Ao estudar as propriedades de grupos de galáxias, os astrônomos podem aprender sobre a dinâmica das interações galácticas, o papel que o ambiente desempenha na formação da evolução galáctica e a distribuição da matéria escura dentro e ao redor desses sistemas.

Além dos *Hickson Compact Group*, existem vários outros tipos de grupos de galáxias, incluindo grupos soltos, grupos compactos e aglomerados ricos. Esses diferentes tipos de grupos são classificados com base em seu tamanho, no número de galáxias que contêm e no nível de sua estrutura interna.

Aglomerados de galáxias são as maiores estruturas gravitacionalmente ligadas no Universo. Sua composição bariônica é dominada por gás quente que está em equilíbrio quase hidrostático dentro do poço de potencial gravitacional dominado pela matéria escura do aglomerado. O gás quente é visível através da emissão de raios X, e foi estudado extensivamente tanto para avaliar suas propriedades físicas quanto como um traçador da estrutura em grande escala do Universo.

Devido à elevada luminosidade de suas galáxias componentes, os aglomerados galácticos destacam-se como objetos observáveis a distâncias consideráveis, tornando-se, assim, ferramentas valiosas para explorações cosmológicas. Esses aglomerados não existem de maneira isolada no vasto cosmos; pelo contrário, encontram-se interligados por meio de uma intrincada teia cósmica formada por filamentos. As previsões teóricas delineiam a evolução dessa rede interconectada. Nos primórdios do Universo, a maior parte do gás na teia cósmica apresentava-se em um estado relativamente frio, em torno de ~10^4K, manifestando-se por meio de diversas linhas de absorção visíveis.

O tamanho total do Grupo Local é de 10 milhões de anos-luz de diâmetro e estima-se que tenha uma massa de 1,29 bilhão de massas solares. As maiores e mais massivas galáxias do Grupo Local são a Via Láctea, Andrômeda e a Galáxia do Triângulo. Como vimos, cada uma dessas galáxias tem uma coleção de galáxias satélites ao seu redor. Por exemplo, a Via Láctea tem a Galáxia Anã de Sagitário, a Grande Nuvem de Magalhães e a Pequena Nuvem de Magalhães. Andrômeda tem as galáxias satélites M32, M110, NGC 147, e NGC 185. A Galáxia do Triângulo pode ser um satélite de Andrômeda e também pode ter galáxias satélites. Os outros membros do Grupo Local não estão associados a outra galáxia (Hickson, 1997).

Por estarmos nele, pode-se sondar os membros do Grupo Local até magnitudes muito mais fracas do que é possível em qualquer outro grupo. Os 30 membros mais brilhantes do Grupo Local mostram uma distribuição espacial não homogênea. Exceto por alguns dos objetos mais distantes, a maioria dos membros do Grupo Local pode ser designado como satélite da Via Láctea ou Andromeda. Juntamente à sua companheira menor, a Pequena Nuvem de Magalhães, segue uma órbita de alto momento angular quase perpendicular ao disco da

Via Láctea e atualmente fica a cerca de 50 kpc do centro galáctico. Ambas as Nuvens de Magalhães têm metalicidade significativamente menor que a da Via Láctea. Todos os outros satélites da nossa Galáxia são esferoidais anões de baixa massa, sem gás e pobres em metal. Os mais massivos são os sistemas Fornax e Sagitário. Este último fica a apenas 20 kpc do centro galáctico (Mamon, 1990).

Para selecionar aglomerados (ou grupos) de galáxias da distribuição de galáxias observadas, é preciso adotar alguns critérios de seleção. Para que os *clusters* selecionados sejam dinamicamente significativos, geralmente são definidos dois critérios de seleção. Uma é que o sistema selecionado deve ter densidade suficientemente alta e a outra é que o sistema deve conter um número suficientemente grande de galáxias. De acordo com esses critérios, em 1958, George Ogden Abell, astrônomo norte americano, selecionou 1.682 aglomerados de galáxias do Palomar Sky Survey, que agora são chamados de *aglomerados de Abell*. Os dois critérios de seleção estabelecidos por Abell são: o critério de riqueza e o critério de compacidade (Abell; Corwin; Olowin, 1989).

No **critério de riqueza**, cada aglomerado deve ter pelo menos 50 galáxias membros com magnitudes aparentes $m < m_3 + 2$, em que m_3 é a magnitude aparente do terceiro membro mais brilhante. A riqueza de um aglomerado é definida como o número de galáxias membros com magnitudes aparentes entre m_3 e $m_3 + 2$.

Aglomerados ricos de Abell são aqueles com riqueza maior que 50, embora Abell também liste aglomerados pobres com riqueza na faixa de 30 a 50 (Feretti et al., 2012). O **critério de compacidade** é determinado pela distância das galáxias ao centro do aglomerado. Se estas distam menos que $1,5h^{-1}$Mpc (o raio de Abell), são selecionadas como membros (Abell; Corwin; Olowin, 1989).

Abell também classificou um aglomerado como *regular* se sua distribuição de galáxias for mais ou menos circularmente simétrica e concentrada, caso contrário, é classificado como *irregular*. Os dois aglomerados mais bem estudados, em razão de sua proximidade, são o Aglomerado de Virgem e o Aglomerado Coma (Kaastra, 2008).

O Aglomerado Coma está a mais de 300 milhões de anos-luz de distância. Nomeado após sua constelação-mãe Coma Berenices, está perto do polo norte da Via Láctea e contém milhares de galáxias. Já o Aglomerado de Virgem é um aglomerado de cerca de 2.000 galáxias cujo centro está 16,5 ± 0,1 Mpc de distância na constelação de Virgem (Kaastra, 2008).

O Aglomerado de Virgem, que é o aglomerado rico mais próximo da nossa Galáxia, é um exemplo muito representativo. Falta simetria clara e revela subestrutura significativa, indicando que o relaxamento dinâmico nas maiores escalas ainda não está completo. O Coma Cluster, por outro lado, é uma espécie bastante rara. É extremamente massivo e é mais rico que 95% de todos os *clusters* catalogados por Abell. Além disso, parece notavelmente relaxado, com uma distribuição de galáxias altamente concentrada e simétrica, sem nenhum sinal de subagrupamento significativo.

Figura 5.7 – Imagens do telescópio espacial Hubble: à esquerda, o Aglomerado Coma; à direita, o Aglomerado de Virgem

NASA, ESA, Hubble Heritage (STScI/AURA) ESO/Digitized Sky Survey 2

Para estimar a massa das galáxias, é utilizada a cinemática dela em relação ao aglomerado. As galáxias estão se movendo rapidamente em aglomerados. Para aglomerados ricos, a dispersão de velocidade na linha de visão típica, σ_{los}, de galáxias membros do aglomerado é da ordem de 1.000 km/s (Kaastra, 2008). Se o aglomerado foi relaxado para um estado dinâmico estático, o que é aproximadamente verdadeiro para aglomerados regulares, pode-se inferir uma estimativa de massa dinâmica a partir do teorema virial, demonstrado na equação a seguir:

$$M = A \frac{\sigma_{los}^2 R_{cl}}{G}$$

Em que A é um fator que depende do perfil de densidade e da definição exata do raio do aglomerado, R_{cl}.

Usando essa técnica, obtém-se uma massa característica de $\sim 10^{15}\ h^{-1}$ massas solares para aglomerados ricos de galáxias. Juntamente ao valor típico da luminosidade total em um aglomerado, isso implica uma relação massa-luz típica para aglomerados, portanto, apenas uma pequena fração da massa gravitacional total de um aglomerado está associada a galáxias. A luminosidade total de um aglomerado de galáxias pode variar significativamente, dependendo de sua massa, composição e idade. No entanto, para aglomerados típicos de galáxias massivos, a luminosidade total pode estar na faixa de 10^{14} a 10^{15} vezes a luminosidade do Sol (Kaastra, 2008).

Um exemplo de aglomerado de galáxias massivo é o aglomerado de galáxias Coma, que tem uma massa estimada em cerca de 10^{15} massas solares e uma luminosidade bolométrica de cerca de 10^{14} vezes a luminosidade do Sol. Aglomerados mais massivos do que Coma, como o aglomerado El Gordo, podem ter luminosidades ainda maiores, na faixa de 10^{15} vezes a luminosidade do Sol (Kaastra, 2008).

Muitos processos físicos são importantes em aglomerados de galáxias. Acredita-se que a física da matéria escura possa ser compreendida por meio do entendimento dos aglomerados de galáxias, embora a matéria escura não possa ser vista diretamente. A física de gás e plasmas em aglomerados é pouco compreendida e poderá ser melhor estudada usando-os como laboratórios. Por exemplo, no centro dos aglomerados é frequentemente encontrado um buraco negro supermassivo ativo, ou núcleo galáctico ativo. Esses núcleos ativos são considerados responsáveis por impedir o resfriamento rápido do meio intra-aglomerado no centro do *cluster*.

Estudar a astrofísica de aglomerados não é importante apenas por si. Os processos físicos que observamos nos aglomerados também afetam sua capacidade de serem usados como sondas da cosmologia. A ação do núcleo galáctico ativo, por exemplo, afeta a temperatura geral do meio intra-aglomerado e o brilho em raios X do *cluster* – propriedades usadas para medir a massa do *cluster*. A física do *cluster* também pode aumentar nossa capacidade de encontrar *clusters*.

Existem vários tipos de aglomerados de galáxias, incluindo aglomerados ricos, aglomerados pobres e aglomerados fósseis, que são classificados com base em seu tamanho, no número de galáxias que contêm e em sua estrutura interna. Ao estudar as propriedades desses diferentes tipos de aglomerados de galáxias, os astrônomos podem obter informações sobre a evolução do Universo e os processos que moldaram o cosmos ao longo do tempo.

Os **aglomerados ricos** são grandes estruturas compostas de centenas a milhares de galáxias, unidas por atração gravitacional mútua. Eles são caracterizados por seu alto número de galáxias e pela presença de uma grande quantidade de gás intra-aglomerado.

Os **aglomerados pobres** são menores e menos massivos, com menos galáxias e menos gás intra-aglomerado. Esses aglomerados são considerados menos evoluídos do que os aglomerados ricos e podem fornecer informações valiosas sobre os estágios iniciais da evolução das galáxias e a formação de estruturas maiores.

Os **aglomerados fósseis** são um tipo de aglomerado de galáxias caracterizado pela presença de uma grande galáxia elíptica luminosa em seu centro, cercada por um halo de gás quente emissor de raios X e menos galáxias menores. O termo *fóssil* refere-se ao fato de que esses aglomerados parecem estar em um estado relativamente evoluído, com sua galáxia elíptica central já formada e as galáxias menores tendo sido acrescidas pela galáxia central. O HCG 16 é um dos primeiros aglomerados fósseis descobertos e está localizado a cerca de 300 milhões de anos-luz de distância na constelação de Hércules. É composto por uma galáxia elíptica central rodeada por um pequeno número de galáxias menores e um halo de gás quente (Diaferio; Schindler; Dolag, 2008).

Outro exemplo é o RX J1416.4+2315, aglomerado fóssil que está localizado a cerca de 1 bilhão de anos-luz de distância na constelação de Boötes (o Boieiro). É composto por uma galáxia elíptica central e um pequeno número de galáxias menores cercadas por um halo de gás quente. Já o aglomerado fóssil NGC 6482 está localizado a cerca de 330 milhões de anos-luz de distância na constelação de Draco. É composto por uma galáxia elíptica central rodeada por um pequeno número de galáxias menores e um halo de gás quente. Esses são apenas alguns exemplos de aglomerados fósseis, e existem várias dezenas descobertos e estudados por astrônomos (Diaferio; Schindler; Dolag, 2008).

Figura 5.8 – Quatro dos sete membros do grupo de galáxias HCG 16

NASA, ESA, ESO, J. Charlton (The Pennsylvania State University)

As propriedades básicas do Universo afetam como os aglomerados se formam e crescem ao longo de suas vidas. Essas propriedades incluem a velocidade de expansão do Universo (H_0), a fração do Universo que é normal, em vez de matéria escura (Ω_m), e a força de uma misteriosa força repelente oriunda da energia escura (Ω_Λ) e serão discutidas detalhadamente na sessão Cosmologia. O que importa neste ponto do texto é que se pode medir as propriedades do Universo (fazer cosmologia) estudando a dinâmica e as propriedades físicas dos aglomerados de galáxias.

5.5 Superaglomerados de galáxias

Um superaglomerado é um grande grupo de pequenos aglomerados de galáxias ou grupos de galáxias. Eles estão entre as maiores estruturas conhecidas no Universo. A Via Láctea faz parte do grupo de galáxias Grupo Local que contém mais de 54 galáxias, que, por sua vez, faz parte do Superaglomerado de Virgem.

O grande tamanho e a baixa densidade dos superaglomerados significa que eles, ao contrário dos aglomerados, se expandem com a expansão do Hubble. O número de superaglomerados no Universo observável é estimado em 10 milhões.

A existência de superaglomerados indica que as galáxias do Universo não estão distribuídas uniformemente; a maioria delas são agrupadas em grupos e aglomerados, com grupos contendo até algumas dezenas de galáxias e aglomerados até vários milhares de galáxias. Esses grupos e aglomerados e galáxias isoladas adicionais, por sua vez, formam estruturas ainda maiores chamadas *superaglomerados*.

Na figura a seguir, destaca-se a distribuição das 60.000 galáxias mais brilhantes conhecidas. Perseu-Peixes é um superaglomerado muito proeminente. Esse superaglomerado é uma grande folha de grupos de galáxias espalhados ao redor de três ricos aglomerados: A262, A347 e A426. A426 é um aglomerado muito rico, contendo milhares de galáxias.

Figura 5.9 – Representação de todo o céu das 60.000 galáxias mais brilhantes mostra como as galáxias se agrupam em grandes formações de superaglomerados

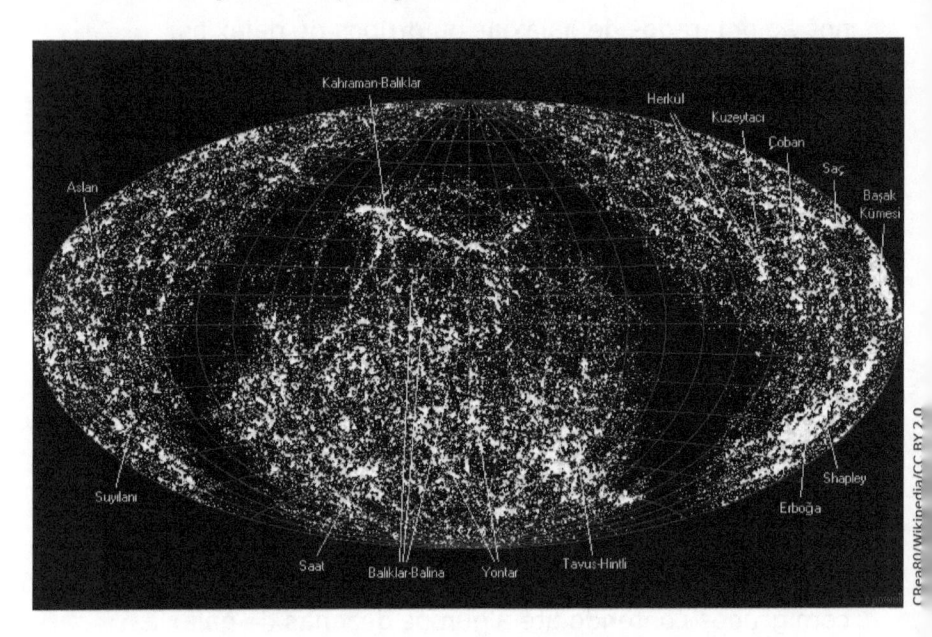

Na figura, as posições de alguns dos principais superaglomerados são marcadas, embora apenas os superaglomerados mais próximos sejam proeminentes. Apenas quatro dessas galáxias são visíveis a olho nu. A faixa grande, escura e circular é o plano de nossa própria galáxia, onde é difícil ver galáxias distantes em razão de todo o gás, a poeira e as estrelas em primeiro plano.

O Superaglomerado Coma é um superaglomerado pequeno, mas muito famoso, a cerca de 300 milhões de anos-luz de distância. Existem dois aglomerados de galáxias muito ricos aqui: A1367 e A1656, ambos contendo milhares de galáxias. A1656 é um aglomerado muito famoso, conhecido como *Aglomerado Coma*, e já em 1933 Fritz Zwicky estudou o movimento das galáxias nesse aglomerado para determinar a quantidade de matéria escura que existe no Universo. O Superaglomerado Coma fica no centro da Grande Muralha, um vasto filamento de galáxias que se estende por centenas de milhões de anos-luz, com uma de suas extremidades terminando no Superaglomerado Hércules. Foi a primeira parede de galáxias reconhecida, embora hoje existam muitas mais conhecidas (Bykov et al., 2020).

O Superaglomerado Shapley é um superaglomerado muito famoso. Embora só tenha sido descoberto em 1989, recebeu o nome de *Harlow Shapley*, que notou pela primeira vez um excesso de galáxias em parte dessa região do céu na década de 1930. O Superaglomerado Shapley é um superaglomerado maciço e muitos estudos foram realizados sobre ele. Embora não seja o maior superaglomerado conhecido, é certamente um dos mais densos. Existem duas concentrações principais – uma a 500 milhões de anos-luz e outra maior a 650 milhões de anos-luz.

Há pelo menos vinte ricos aglomerados de galáxias entre os milhares de grupos de galáxias nesse superaglomerado, incluindo três dos mais ricos aglomerados de galáxias conhecidos: A3558, A3559 e A3560 (Bykov et al., 2020).

Por fim, há Superaglomerado Horologium, que é um enorme superaglomerado a 900 milhões de anos-luz de distância. Não é tão denso quanto o Superaglomerado Shapley, mas contém um grande número de ricos aglomerados de galáxias espalhados por meio bilhão de anos-luz, tornando-o um dos maiores superaglomerados conhecidos. Essa é outra região do céu em que Harlow Shapley notou um excesso de galáxias. Pesquisas de galáxias nessa parte do céu também mostram que há um superaglomerado menor à sua frente, a 600 milhões de anos-luz de distância. O entendimento sobre ambiente local, grupo local, grupo global, aglomerados e superaglomerados permite entender o papel dessas estruturas na formação e na evolução das Galáxias (Bykov et al., 2020).

Existem vários métodos que os astrônomos usam para calcular as distâncias de superaglomerados de galáxias, dentre os quais um dos mais amplamente utilizados é o desvio para o vermelho (*redshift*). Baseia-se no deslocamento Doppler da luz, que faz com que os comprimentos de onda da luz de um objeto distante sejam deslocados para comprimentos de onda mais longos (isto é, para a parte vermelha do espectro). A magnitude dessa mudança está relacionada à velocidade com que o objeto está se afastando de nós e, portanto, à sua distância. Ao medir o desvio para o vermelho da luz das galáxias em um superaglomerado, os astrônomos podem determinar sua distância.

A vela-padrão é um método que usa o brilho de certos objetos para determinar suas distâncias. Por exemplo, as supernovas do tipo *Ia* têm um brilho intrínseco bem conhecido; comparando o brilho observado com o brilho intrínseco, os astrônomos podem determinar sua distância. Medindo as distâncias das galáxias em um superaglomerado, os astrônomos podem determinar a distância do superaglomerado como um todo.

Oscilações acústicas bariônicas (BAO) é um método que usa a impressão característica de ondas acústicas na distribuição de galáxias para determinar a distância a um superaglomerado. O sinal BAO fornece uma régua-padrão que pode ser empregada para determinar a distância até um superaglomerado, mesmo que este não seja composto de velas-padrão.

Cada um desses métodos tem seus próprios pontos fortes e limitações, e os astrônomos costumam usar uma combinação de métodos para determinar as distâncias de superaglomerados de galáxias. As distâncias aos superaglomerados de galáxias desempenham um papel crítico em nossa compreensão da estrutura em larga escala do Universo e na evolução da formação e evolução das galáxias.

Indicações estelares

Filmes

2001: UMA ODISSEIA no espaço. Direção: Stanley Kubrick. Reino Unido/EUA, 1968. 160 min.
Trata-se de um filme de ficção científica altamente aclamado e influente que foi lançado em 1968. Dirigido por Stanley Kubrick e baseado em uma história de Arthur C.

Clarke, o filme explora temas da evolução, inteligência artificial e vida extraterrestre. *2001: uma odisseia no espaço* é conhecido por seus efeitos especiais inovadores e à frente de seu tempo. O estilo visual e musical do filme, bem como seu ritmo meditativo e narrativa abstrata, tornaram-no um clássico e um marco do cinema de ficção científica.

2010: O ANO em que faremos contato. Direção: Peter Hyams. EUA, 1984. 116 min.

Nessa sequência de *2001: uma odisséia no espaço*, uma expedição conjunta soviética-americana é enviada a Júpiter para descobrir o que deu errado com os Estados Unidos. Entre os mistérios, a expedição deve explicar a aparição de um enorme monólito negro na órbita de Júpiter e o destino de H.A.L., o computador sensível do Discovery. O filme é baseado em um romance escrito por Arthur C. Clarke.

Livro

TYSON, N. D.; GOLDSMITH, D. **Origens**: catorze bilhões de anos de evolução cósmica. São Paulo: Planeta do Brasil, 2015.

Nesse livro, Neil deGrasse Tyson e Donald Goldsmith nos levam em uma viagem desde a origens do Universo passando pelo nascimento das galáxias e de estrutura grandiosas do cosmos até os planetas e a vida.

Site

SDSS VOYAGES. Disponível em: <https://voyages.sdss.org/>. Acesso em: 15 jun. 2023.

SDSS Voyages é um recurso personalizado para exploradores focados em educação do *Sloan Digital Sky Survey*. Projetado especificamente para atender às necessidades dos educadores, o SDSS Voyages fornece os caminhos e recursos de suporte necessários para permitir a descoberta liderada por alunos de uma variedade de fenômenos astronômicos usando os mesmos dados utilizados por astrônomos profissionais.

Analogias celestes

O teorema do virial é uma ferramenta matemática utilizada para descrever o equilíbrio dinâmico de sistemas gravitacionais, como estrelas, planetas, galáxias e *clusters* de galáxias. Essa ferramenta afirma que a soma dos produtos das forças gravitacionais entre as partículas de um sistema e suas velocidades relativas é igual a duas vezes a energia cinética média do sistema. Assim, a energia cinética total de um corpo autogravitante, em virtude dos movimentos de suas partes constituintes, T, com a energia potencial gravitacional, U, do corpo, é:

$$2T + U = 0$$

Reorganizando a equação anterior e fazendo algumas suposições simples sobre T $(= \dfrac{Mv^2}{2})$ e U $(= \dfrac{GM^2}{M})$ para galáxias, obtemos:

$$M = \dfrac{Rv^2}{G}$$

Em que:

- M é a massa total da galáxia;
- v é a velocidade média (combinando a rotação e a dispersão da velocidade) das estrelas na galáxia;
- G é a constante gravitacional de Newton;
- R é o raio efetivo (tamanho) da galáxia.

Essa equação é extremamente importante, pois relaciona duas propriedades observáveis das galáxias (dispersão de velocidade e raio efetivo da meia-luz) a uma propriedade fundamental, mas não observável: a massa da galáxia. Assim, o teorema do virial constitui a base de muitas relações de propriedades escalares* de galáxias.

A comparação de estimativas de massa baseadas no teorema do virial com estimativas baseadas nas luminosidades de galáxias é uma técnica usada por astrônomos para detectar a presença de matéria escura em galáxias e aglomerados de galáxias.

---

* O termo *propriedades escalares* geralmente refere-se a características que têm magnitude, mas não direção. Em oposição às propriedades vetoriais, que contam tanto com magnitude quanto com direção, as propriedades escalares representam grandezas que são completamente definidas apenas por seu valor numérico.

Universo sintetizado

Uma galáxia é uma enorme coleção de gás, poeira e bilhões de estrelas e seus sistemas solares, todos mantidos juntos pela gravidade. Vivemos em um planeta chamado *Terra* que faz parte do nosso Sistema Solar. Mas onde está nosso Sistema Solar? É uma pequena parte da Via Láctea.

Cabe destacar que até mesmo a Via Láctea, nossa galáxia, é uma espiral majestosa que contém incontáveis estrelas, planetas e outros corpos celestes, todos entrelaçados por forças gravitacionais complexas. Dentro dessa espiral grandiosa, o Sistema Solar é uma partícula ínfima, uma poeira cósmica no contexto mais amplo. Mesmo a Via Láctea não é isolada, mas parte de um vasto universo repleto de bilhões de galáxias.

Existem muitas galáxias além da nossa. O telescópio Hubble observou um pequeno trecho do espaço por 12 dias e encontrou 10.000 galáxias, de todos os tamanhos, formas e cores. Algumas galáxias são em forma de espiral, como a nossa. Eles têm braços curvos que fazem com que pareça um cata-vento. Outras galáxias são lisas e de formato oval, chamadas de *galáxias elípticas*. E existem galáxias que não são espirais ou ovais, mas têm formas irregulares e parecem bolhas. A luz que vemos de cada uma dessas galáxias vem das estrelas dentro delas.

Às vezes, as galáxias ficam muito próximas e colidem umas com as outras. Nossa galáxia, a Via Láctea, algum dia colidirá com Andrômeda, nosso vizinho galáctico mais próximo. Mas não se preocupe. Isso não acontecerá por cerca de cinco bilhões de anos. Mas, mesmo que isso aconteça amanhã, você pode não perceber. As galáxias são tão grandes e espalhadas nas extremidades que, embora colidam umas com as outras, os planetas e sistemas solares muitas vezes não chegam perto de colidir.

Autodescobertas em teste

1) Qual a forma da Via Láctea?

2) Aglomerados de galáxias não são entidades isoladas no Universo: as galáxias estão conectadas por meio de uma teia cósmica filamentar. Usando dados do *Sloan Digital Sky Survey*, uma equipe de cientistas examinou mais de 17 mil filamentos (Shen et al., 2014). Explique o conceito de filamento cósmico.

3) Qual é o nome do aglomerado de galáxias do qual a Via Láctea é parte?
   a) Grupo Local.
   b) Grupo do Escultor.
   c) Grupo de Draco.
   d) Grupo do Leão.
   e) Aglomerado de Virgem.

4) A figura a seguir mostra a visão lateral da Via Láctea.

Figura 5.10 – Via Láctea: visão lateral

Qual é a característica identificada por A?

a) Um aglomerado globular.
b) O halo galáctico.
c) O núcleo galáctico.
d) O disco.
e) Uma galáxia satélite.

5) A figura a seguir mostra a visão lateral da Via Láctea.

Figura 5.11 – Via Láctea: visão lateral

Qual é a característica identificada por B?

a) O bojo galáctico.
b) Um halo galáctico.
c) Uma galáxia satélite.
d) Um aglomerado globular.
e) O disco.

Evoluções planetárias

Reflexões meteóricas

1) Qual o significado do termo *aglomerado globular*?

2) Elabore uma definição que descreva corretamente o significado do termo *vazio* aplicado no contexto estudado neste capítulo.

Prática solar

1) Suponha que toda a massa da galáxia esteja concentrada em seu centro. A distância do Sol ao centro da galáxia é de 8 kpc e sua velocidade orbital é de 220 km/s. Utilizando esses dados, faça uma estimativa da massa da Via-Láctea em quilogramas e em massas solares. Compare seu resultado com outros que você encontrar na literatura. Eles concordam entre si? Se houver discrepância significativa, discuta as possíveis razões.

Grandes estruturas, objetos exóticos e cosmologia

6

Neste capítulo, vamos nos debruçar sobre o intrigante Meio Interestelar, onde densas nuvens de gás e poeira desempenham um papel fundamental na formação de novas estrelas e sistemas planetários. Adentraremos o curioso universo dos Exoplanetas, mundos distantes que orbitam estrelas situadas além do alcance do nosso Sistema Solar, cujas diversidades e peculiaridades nos incitam a cogitar sobre a possibilidade de vida em outras partes do cosmos. Também veremos os enigmáticos buracos negros, objetos cósmicos de extrema gravidade que deformam o espaço e o tempo de maneira inigualável, bem como os poderosos quasares, fontes de luz intensa alimentadas por imensos buracos negros supermassivos.

Observaremos ainda as magnetares, estrelas de nêutrons que se destacam por seus campos magnéticos extremamente fortes, desafiando os princípios fundamentais da física. Além disso, mergulharemos no campo da cosmologia, desvendando os segredos do Universo em sua escala mais ampla, compreendendo desde a organização de superaglomerados de galáxias até a acelerada expansão do espaço.

Nessa jornada empolgante pelas grandes estruturas e objetos exóticos do Universo, a ciência se entrelaça com a imaginação, abrindo espaço para novas descobertas que se desdobram a cada passo rumo ao melhor entendimento do mundo que nos cerca.

6.1 Meio interestelar

O céu noturno é dotado de estrelas. Portanto, é natural aceitar a existência de um meio entre essas estrelas que é chamado de *meio interestelar*. Nesse enorme volume entre as estrelas de nossa galáxia ocorrem muitos processos físicos diferentes. A energia gerada nas estrelas é absorvida e reemitida pelo meio interestelar de maneiras que podem ser usadas para indicar as condições físicas dentro desse meio. O material enriquecido em elementos pesados é expelido das estrelas, mistura-se ao gás existente e se condensa para formar novas estrelas, determinando a evolução da nossa galáxia ao longo de muitos bilhões de anos. O meio interestelar, portanto, desempenha um papel crucial na formação e na evolução de estrelas, galáxias e sistemas planetários.

Essa região do Universo é um ambiente complexo. Seu material não é distribuído uniformemente, mas consiste em diferentes faixas com temperaturas que variam de poucos graus acima do zero absoluto até regiões de formação estelar que vão aos milhões de graus celsius. A densidade do meio interestelar também varia em ordens de grandeza, mas é sempre tão baixa que rivaliza com as densidades alcançadas nas melhores câmaras de vácuo dos laboratórios da Terra.

À medida que a gravidade atrai o gás e a poeira, eles se condensam para formar regiões densas conhecidas como *nuvens moleculares*. As condições de densidade e temperatura dentro dessas nuvens podem se tornar favoráveis para que ocorra a formação estelar, levando ao colapso e à contração gravitacional de uma porção da nuvem e, consequentemente, à formação de uma protoestrela, como vimos quando tratamos da formação e da evolução de estrelas.

A densidade média do meio interestelar é da ordem de alguns átomos ou moléculas por centímetro cúbico, embora nas nuvens moleculares as densidades possam atingir até um milhão de partículas por centímetro cúbico. Mesmo as regiões interestelares densas são muitas ordens de magnitude mais diluídas do que uma atmosfera estelar típica ou os envelopes estendidos que cercam as gigantes vermelhas do tipo espectral M. Nuvens moleculares gigantes podem, eventualmente, atingir densidades de uma ou duas ordens de grandeza superiores ao valor das regiões, embora em áreas muito localizadas. O limite inferior é atingido pelo gás coronal que envolve não apenas o disco, mas toda a galáxia, e cuja densidade é semelhante à do meio intergaláctico. Observe que o melhor vácuo obtido em laboratório corresponde a pressões da ordem de aproximadamente 10^{-14} atm*, para densidades de cerca de 10^7 partículas por cm^3. Assim, uma xícara de vácuo contém cerca de 2×10^9 partículas, muito mais do que em qualquer

---

* Vácuo obtido por um tipo de bomba de vácuo que utiliza um processo de ionização para retirar moléculas gasosas de um recipiente e assim gerar um vácuo. Essa bomba de vácuo é frequentemente usada em aplicações em que é necessário obter um vácuo de alta qualidade, como em sistemas de análise de superfície, produção de semicondutores e pesquisa em física de vácuo.

situação normal encontrada no meio interestelar médio (Maciel, 2013).

Estima-se que a fração de massa da Via Láctea que está no meio interestelar esteja em torno de 1-10%. A fração exata é difícil de determinar com precisão, pois depende da definição do meio interestelar e dos métodos usados para medir sua massa. O meio interestelar, como dito, é uma mistura complexa de gás e poeira que preenche os espaços entre as estrelas em uma galáxia e pode assumir várias formas diferentes, incluindo gás neutro, gás ionizado e gás molecular. Acredita-se que a massa total do meio interestelar na Via Láctea seja da ordem de alguns bilhões de massas solares (Maciel, 2013).

Vários métodos observacionais são usados para estudar o meio interestelar, incluindo observações de rádio, uma vez que as ondas de rádio podem penetrar na poeira do meio interestelar e fornecer informações sobre a distribuição e a composição do gás. Por exemplo, observações de rádio de linhas de emissão de hidrogênio (regiões HI) e monóxido de carbono (CO) podem ser usadas para estudar nuvens moleculares e as condições dentro delas. As observações infravermelhas podem detectar a poeira no meio interestelar e fornecer informações sobre sua temperatura e distribuição. Os telescópios infravermelhos também podem observar as linhas espectrais do gás molecular para determinar sua composição e distribuição. Observações ópticas também são utilizadas no estudo da distribuição e das propriedades do gás ionizado no meio interestelar, como regiões HII, por meio de observações de linhas de emissão.

Observações de raios X são usadas para estudar o gás quente e ionizado no meio interestelar, incluindo remanescentes de supernovas e o gás quente em aglomerados de galáxias, e, por fim, pode-se citar as observações de UV fundamentais para o estudo da distribuição e das propriedades de gás altamente ionizado no meio interestelar, como o gás nas proximidades de estrelas quentes.

Na figura a seguir, vemos a estrutura de que restou de uma estrela massiva após sua explosão supernova há cerca de 11.000 anos. O núcleo da estrela colapsou, formando um pulsar, enquanto as camadas externas foram ejetadas para o meio interestelar. A evolução do material ejetado produziu filamentos que ainda podem ser observados.

Figura 6.1 – Remanescente de supernova localizado a cerca de 800 anos-luz de distância da Terra

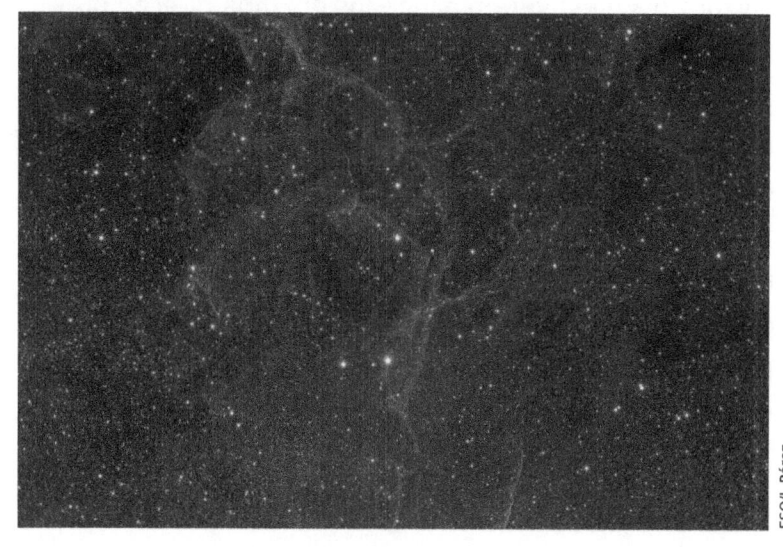

Os principais objetos astronômicos observados no meio interestelar são: nuvens moleculares, protoestrelas, regiões de formação estelar, regiões HII, restos de supernova, nuvens de poeira, gás ionizado difuso, nuvens escuras e nebulosas planetárias. Esses objetos interagem entre si e com seu ambiente de maneiras complexas, moldando o meio interestelar e afetando a formação e a evolução de estrelas e galáxias. Dos objetos apresentados, as regiões HII são importantes para a compreensão do meio interestelar por permitir o entendimento da formação de estrelas e das propriedades físicas envolvidas. Elas são as principais fontes de ionização e aquecimento no meio interestelar, permitindo assim uma compreensão do gás circundante.

Os grãos de poeira presentes no meio interestelar são responsáveis por gerar a polarização da radiação estelar, contudo, isso só ocorre se eles apresentarem alguma anisotropia e estiverem alinhados em uma direção preferencial. Esse alinhamento pode ser alcançado por meio da influência de um campo magnético, o qual é capaz de indicar a existência desse campo no meio interestelar.

O campo magnético em questão é relativamente fraco, com intensidade de aproximadamente 10^{-6} Gauss, e está associado ao disco galáctico. Ele interage com os demais componentes presentes no meio interestelar e desempenha um papel importante na dinâmica desse meio e na formação de estrelas.

O espaço interestelar contém raios cósmicos, que são partículas de alta energia, como prótons, elétrons e núcleos de elementos pesados, viajando quase à velocidade da luz pelo disco galáctico. A detecção e a análise desses raios cósmicos nos permitem estudar os processos de aceleração pelos quais eles passaram, e, portanto, as condições físicas dos locais onde foram originados.

Em 1904, Johannes Franz Hartmann propôs uma ideia de que o gás interestelar se estenderia por toda a galáxia a partir de observações da estrela sigma Orionis, um binário espectroscópico da constelação. Nessas observações, ele identificou a presença de linhas de absorção de Ca II que não mostravam o movimento orbital, ou seja, não poderiam ser produzidas nas estrelas em seu movimento co-orbital. Hartmann concluiu que existiria uma nuvem de cálcio na linha de visão de sigma Orionis que estava produzindo a absorção. Posteriormente, linhas semelhantes foram observadas nos elementos Ti, Ca, K e Fe, bem como nas moléculas CH, CN e CH. A análise dessas linhas forneceu uma maneira de determinar a composição química do gás no meio interestelar daquela região. Embora tenha sido objeto de controvérsia por um tempo, a presença desse gás foi aceita por volta de 1935 (Maciel, 2013).

Graças à missão Voyager, pela primeira vez na história uma espaçonave feita pelo homem alcançou a borda externa do nosso Sistema Solar e penetrou no espaço interestelar. Em agosto de 2012, a Voyager 1, e em novembro de 2018, a Voyager 2, cruzaram a Heliopausa, uma região teoricamente esférica ao redor do Sol definida como sendo o ponto onde o vento solar é parado pelo meio interestelar. As Voyagers descobriram a localização da Heliopausa observando um aumento de partículas de raios cósmicos galácticos e uma diminuição nas partículas de vento solar depois de cruzar essa região limítrofe (Mostafavi, 2022).

A matéria interestelar em nossa vizinhança imediata está organizada em bolhas de gás quente que emitem raios X. A explicação para a existência dessas bolhas é que o Sol está dentro de uma delas, chamada de *Bolha Quente Local*. Essa bolha é menos densa do que a densidade interestelar média e tem uma temperatura de cerca de um milhão de graus, mas como há tão pouco material quente, essa alta temperatura não afeta as estrelas ou os planetas da área em nenhum momento.

Os cientistas não têm certeza do que causou a formação da Bolha Local. A explicação mais aceita é que a formação da Bolha Local está relacionada aos ventos das estrelas e às explosões de supernovas. A região próxima às constelações de Escorpião e Centauro passou por muita formação estelar há cerca de 15 milhões de anos, produzindo estrelas massivas que evoluíram rapidamente e geraram ventos fortes e algumas explodiram em supernovas. Esses processos encheram a região com gás quente, afastando o gás mais frio e denso. A borda dessa superbolha atingiu o Sol há cerca de 7,6 milhões de anos e agora está a mais de 200 anos-luz além do Sol, na direção das constelações de Orion, Perseus e Auriga (Mostafavi, 2022).

Nos próximos anos, os dados das Voyagers, juntamente como a evolução dos meios e métodos de observação, vão continuar a impulsionar um campo da astronomia conhecido como *astroquímica*. Para exemplificar, até 2018, 204 espécies moleculares individuais, compostas por 16 elementos diferentes, foram detectadas no meio interestelar e circunstelar por observações astronômicas. Essas moléculas variam em tamanho de dois a setenta átomos e foram detectadas em todo o espectro eletromagnético, desde centímetros de comprimento de onda até o ultravioleta. O estudo do meio interestelar é de fundamental importância para o entendimento da formação dessas moléculas e, por consequência, para a evolução do Universo (Burlaga, 2015).

6.2 Exoplanetas

Existem várias razões pelas quais os cientistas estão interessados em procurar exoplanetas. Ao procurar por exoplanetas, eles são capazes de determinar quão comuns ou raros são os sistemas planetários no Universo e se existem planetas semelhantes à Terra que possam abrigar vida. Isso poderia fornecer informações valiosas sobre as condições necessárias para a vida existir e evoluir e sobre nossa própria formação. Um ponto importante é o desenvolvimento tecnológicos em áreas como óptica, instrumentação e análise de dados, que podem ter aplicações em outros campos.

A história de planetas fora do Sistema Solar, os chamados *exoplanetas*, iniciou-se em 9 de janeiro de 1992, com a descoberta, por Aleksander Wolszczan e Dale Frail, de pequenos planetas orbitando um pulsar e, logo depois, a descoberta de 51 Peg b, realizada por Michel Mayor e Didier Queloz. Esses dois momentos impulsionaram a pesquisa de exoplanetas ao ponto de hoje abranger muitas disciplinas científicas, indo da mecânica celeste até a biologia. A estatura dessa área de pesquisa foi recentemente destacada com o prêmio Nobel de 2019 concedido aos pesquisadores de exoplanetas Michel Mayor e Didier Queloz (Budrikis, 2022).

A ideia é, se houver um companheiro de massa planetário invisível orbitando uma estrela hospedeira, ambos os corpos orbitam em torno do centro de massa do sistema. Quando a estrela se aproxima do referencial da linha de visada, o espectro da estrela sofre um desvio para o azul, e quando se afasta, sofre um desvio para o vermelho, o efeito Doppler. Esse deslocamento apresenta um caráter periódico, permitindo inferir a presença do exoplaneta.

Embora o resultado tenha recebido muitas críticas, especialmente com as especulações de que esse tipo de sinal de velocidade radial poderia ser imitado por manchas estelares, descobriu-se que o sinal de velocidade radial está realmente vindo de um companheiro de massa planetária. A desvantagem do método da velocidade radial é que não sabemos a inclinação da órbita planetária, de modo que a massa planetária interpretada é sempre o menor valor possível, e a massa verdadeira pode ser muito mais pesada se estivermos observando o sistema planetário de um ponto de vista quase frontal.

Como pode ser imaginado, para revelar a pequena perturbação causada pelo companheiro planetário na velocidade radial da estrela hospedeira, é necessária uma medição muito precisa da velocidade radial, que só é possível por meio do espectrógrafo de altíssima resolução. De fato, as descobertas da maioria dos exoplanetas através do método de velocidade radial só são possíveis com o *High Accuracy Radial Velocity Planet Searcher* (HARPS), um espectrógrafo de alta precisão de 3,6 m montado no telescópio ESO (European Southern Observatory), em La Silla, no Chile.

O próximo grande passo da observação de exoplanetas veio em 1999, quanto pesquisadores detectaram o primeiro sinal de trânsito. Por meio da fotometria, foi possível detectar uma passagem de exoplaneta em frente à estrela hospedeira HD 209458. Charbonneau e seus colaboradores, em 2002, detectaram características de absorção de sódio na atmosfera do exoplaneta da ordem de grandeza de Júpiter chamado *HD 209458b*. O método de trânsito fornece grande alavancagem para o estudo da atmosfera do exoplaneta. Isso ocorre porque durante o trânsito, a luz da estrela hospedeira passará pela atmosfera do exoplaneta, revelando assim as características de absorção molecular na exosfera. Ao comparar os espectros da estrela hospedeira durante e sem trânsito, poderemos sondar a exosfera com alta razão entre o sinal e o ruído observacional. Além disso, variações de características de absorção exoférica entre diferentes ciclos de trânsito também podem lançar luzes sobre o clima dos exoplanetas (Wright; Gaudi, 2012; Zhu; Dong, 2021).

A única desvantagem do método de trânsito é que o exoplaneta é relativamente pequeno em comparação com a estrela hospedeira; assim, o escurecimento da estrela hospedeira é tão pequeno que requer precisão fotométrica muito alta, pelo menos 1% de nível, para detectar o exoplaneta por meio desse método. Esse tipo de precisão fotométrica é difícil de obter a partir do solo, onde a turbulência atmosférica é preocupante e nos impede de obter fotometria de alta precisão para estrelas fracas e/ou procurar exoplanetas menores. A busca de trânsito de telescópios terrestres foi, portanto, limitada a estrelas brilhantes. Essa limitação, no entanto, não é um problema das missões espaciais.

O telescópio espacial Kepler, lançado em 7 de março de 2009, por exemplo, permitiu o monitoramento contínuo e de alta precisão de estrelas do espaço, entregando mais de 2.000 exoplanetas via método de trânsito. Embora a espaçonave Kepler tenha enfrentado alguns problemas técnicos quando dois dos quatro giroscópios ficaram fora de serviço em meados de 2013, os cientistas conseguiram elaborar um plano para usar a pressão solar como o "terceiro" giroscópio adicional, juntamente aos dois que ainda estavam funcionando, iniciando as observações de segunda luz do Kepler (apelidadas de "K2") no final de 2013 e fornecendo dados científicos de alta qualidade até agora (Borucki, 2016).

Na época em que HD209458b foi observado com o método de trânsito, o primeiro evento de microlente gravitacional exoplanetária também foi observado. De acordo com a relatividade geral de Einstein, objetos massivos em primeiro plano induzirão uma forte curvatura do espaço-tempo, dobrando as luzes de fontes de fundo e focando sua luz gravitacionalmente. Se os objetos em primeiro plano são tão massivos quanto galáxias ou aglomerados de galáxias, a curvatura do espaço-tempo é tão forte que as fontes de fundo serão captadas em múltiplas imagens separadas por vários segundos de arcos, o que geralmente é chamado de *lente forte*. Se os objetos em primeiro plano forem de massas menores, como estrelas ou planetas, as imagens multiplicadas terão separações de apenas alguns microssegundos de arco, daí o nome de *microlente*. Embora não se possa resolver as imagens multiplicadas no regime de microlente, pode-se, no entanto, ver a variação de brilho das fontes de fundo. Bohdan Paczynski foi o primeiro a conceber a ideia de usar microlentes para procurar objetos estelares compactos e invisíveis.

Enquanto a proposta original de Paczynski era procurar por MACHOs (sigla em inglês para *Massive Compact Halo Objects*, cujos principais candidatos são: anãs marrons, júpiteres e buracos negros), em seu pós-doutorado ele estendeu a ideia e demonstrou que a microlente é capaz de detectar estrelas binárias e exoplanetas associados a estrelas. Embora Einstein tenha especulado que observar efeitos de microlente de estrelas é improvável em seu artigo da *Science* em 1936, Paczynski calculou a probabilidade de microlente por estrelas, verificando que a chance (ou a profundidade óptica) é uma em um milhão. Isso sugere que, se pudermos encontrar um campo estelar denso com mais de 1 milhão de estrelas servindo como fontes de fundo, pode-se observar os efeitos de microlentes (Sutherland, 1999).

Em 2013, foram detectados os eventos de microlentes gravitacionais exoplanetárias. Isso ocorre porque, enquanto os sinais de microlente por objetos estelares geralmente duram meses, a assinatura de microlente por exoplanetas dura apenas dias e requer um acompanhamento dedicado, de cadência muito alta e em vários locais para realmente distinguir e definir a assinatura de microlente exoplanetária de outros efeitos, como estrelas binárias, paralaxe e assim por diante.

A única desvantagem da microlente é que, ao contrário de outros métodos, o sinal exoplanetário não se repetirá, havendo apenas uma chance de entender a natureza planetária das curvas de luz da microlente. No entanto, foi demonstrado que, dadas curvas de luz bem amostradas, pode-se de fato extrair a maioria dos parâmetros planetários fundamentais, como a massa e a distância orbital, sem ambiguidade, especialmente se tiver observações simultâneas do solo e do espaço (por exemplo do telescópio espacial Spitzer), que fornecerá a paralaxe da lente e restringirá ainda mais o parâmetro da lente.

Além disso, o benefício da microlente é que ela depende apenas do sinal gravitacional do planeta, mas não utiliza as luzes da estrela hospedeira nem do próprio exoplaneta, sendo possível, portanto, detectar um exoplaneta de massa muito baixa (por exemplo, semelhante à Terra). Para órbitas muito grandes (além da linha de neve, que hoje é de 3,0 UA para o Sistema Solar), o que de outra forma não é possível com velocidade radial, trânsito ou métodos de imagem direta.

Em 2008, os astrônomos foram capazes de detectar fótons emitidos diretamente dos exoplanetas pela primeira vez. Sim, imagem direta! Isso só foi possível com a excelente resolução espacial dos instrumentos baseados em terra, juntamente com a capacidade de imagem de alto contraste fornecida pelos telescópios Keck e Gemini na época. Com essa tecnologia de ponta, não só foi possível visualizar três exoplanetas associados ao HR 8799, como também detectar seus movimentos orbitais em imagens de alta resolução espacial espalhadas por um período de quatro anos (Seager; Deming, 2010).

Figura 6.2 – HR 8799 abriga quatro super-júpiters orbitando com períodos que variam de décadas a séculos: imagens tiradas em luz infravermelha do telescópio Keck

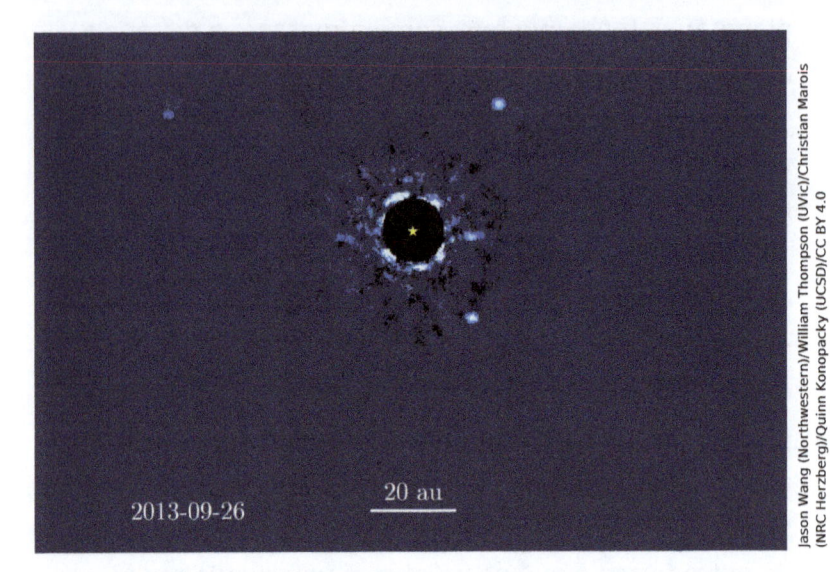

Jason Wang (Northwestern)/William Thompson (UVic)/Christian Marois (NRC Herzberg)/Quinn Konopacky (UCSD)/CC BY 4.0

A beleza dos exoplanetas de imagem direta é que, com a alta resolução espacial, pode-se até separar os fótons do exoplaneta daqueles emitidos pela estrela hospedeira, bem como alimentar a luz do exoplaneta no espectrógrafo para estudar as atmosferas exoplanetárias diretamente. Existem várias desvantagens da imagem direta, no entanto. Uma dessas desvantagens é que, embora possamos usar o coronógrafo para bloquear a luz da estrela e obter imagens de alto contraste, ainda podemos apenas sondar exoplanetas a uma distância orbital maior, onde é possível remover a contribuição de luz da estrela hospedeira adequadamente. De fato, a maioria dos exoplanetas descobertos pelo método de imagem direta estão muito longe de suas estrelas hospedeiras (dezenas a centenas de UA), apresentando desafios aos cenários de formação de planetas para o atual modelo comum por meio de acreção de núcleo ou instabilidade de disco. Atualmente, existem dois mecanismos de formação propostos para tais exoplanetas de grande separação.

O primeiro diz que os planetas são amplamente separados e as estrelas hospedeiras são formadas como sistema estelar binário ou múltiplos por meio da fragmentação de nuvens moleculares. Outra possibilidade é que esses exoplanetas de separação ampla sejam formados por espalhamento planeta-planeta, onde havia dois exoplanetas formados por acreção de núcleo no disco protoplanetário. No entanto, as órbitas desses dois exoplanetas não são estáveis e, por meio de interações dinâmicas, um exoplaneta foi espalhado a uma distância muito grande, enquanto o outro migrou para dentro e formou uma órbita muito próxima. Infelizmente, o verdadeiro mecanismo de formação de exoplanetas de grande separação ainda está em debate. Detecções de vários sistemas de exoplanetas, com um exoplaneta muito próximo e um exoplaneta de grande separação orbitando a mesma estrela hospedeira, fornecerão evidências para o desenvolvimento de uma teoria de formação planetária mais geral.

Com os progressos bem-sucedidos de vários métodos de detecção de exoplanetas, especialmente com a descoberta de mais de 3.000 exoplanetas, agora tem-se uma grande amostra de exoplanetas que nos permite realizar estudos estatísticos e responder a perguntas-chave sobre a formação e a evolução dos planetas. Para responder a essas questões, primeiro é preciso ter medidas precisas e exatas dos parâmetros exoplanetários, especialmente suas massas e seus raios. Para tanto, são usados os métodos de trânsito e velocidade radial.

O **método de trânsito** fornece uma estimativa do raio dos exoplanetas assumindo que conhecemos o raio da estrela hospedeira. Isso ocorre porque, a partir da curva de luz de trânsito, é inferida a razão do raio entre o exoplaneta e a estrela hospedeira por meio da profundidade espectral do trânsito, e, com base nas curvas de luz de trânsito, pode-se determinar a inclinação da órbita do exoplaneta, ou seja, quebrar a degeneração da questão do ângulo de inclinação desconhecido que prevalece no método da velocidade radial.

Com a grande amostra de exoplanetas em trânsito descobertos pelo telescópio espacial Kepler, agora existe uma estimativa de raio para milhares de exoplanetas. No entanto, para realmente abordar questões sobre a formação e a evolução dos planetas, falta ter um bom controle sobre o erro das estimativas de raio, que vem principalmente das incertezas nas propriedades da estrela hospedeira.

A esse respeito, o *California Kepler Survey*, com acompanhamento dedicado de alta resolução espectral de estrelas hospedeiras de planetas Kepler usando o instrumento *High Resolution Echelle Spectrometer* (Hires), montado no telescópio Keck, está fornecendo estimativas de alta precisão de aproximadamente 1.000 estrelas hospedeiras de exoplanetas Kepler, as quais, por sua vez, fornecem uma estimativa precisa do raio de aproximadamente 2.000 exoplanetas (Zhang et al., 2022).

O Telescópio Espacial James Webb conseguiu a primeira identificação de dióxido de carbono na atmosfera de um planeta em outro sistema planetário. O WASP-39b é um exoplaneta em trânsito quente (temperatura de equilíbrio planetário de 1.170 K), que orbita uma estrela do tipo G7 com um período de 4,055 dias. O planeta tem aproximadamente a mesma massa de Saturno (M = 0,28 M_{Jup}), mas é ~50% maior (R = 1,28 R_{Jup}), provavelmente devido ao alto nível de irradiação que recebe de sua estrela hospedeira. Esse planeta foi escolhido para as observações de espectroscopia de transmissão do James Webb porque as análises de dados existentes no espaço e no solo detectaram grandes características espectrais e mostraram que havia contaminação mínima do sinal planetário da atividade estelar. As principais características espectrais detectadas anteriormente foram atribuídas com confiança à absorção de sódio, potássio e vapor de água, enquanto o CO_2 foi sugerido para explicar a banda profunda em 4,5 μm visto com dados do telescópio espacial Spitzer (Gardner, 2006).

O James Webb, por meio do espectro eletromagnético oriundo da estrela e que interagiu com a atmosfera do exoplaneta WASP-39 b, mostrou fortes evidências de que continha dióxido de carbono. O grande pico no meio do espectro mostra que a atmosfera do planeta absorveu luz com comprimentos de onda em torno de 4,3 micrômetros – um sinal claro de CO_2. Um saliência menor (mostrada como três pontos acima da linha de melhor ajuste) à esquerda do CO_2, cerca de 4 micrômetros, pode representar uma molécula misteriosa que ainda está em estudo. Os resultados da quantidade de dióxido de carbono na atmosfera desse exoplaneta pode revelar detalhes sobre como o planeta se formou. Se o planeta fosse bombardeado com asteroides, isso poderia ter trazido mais carbono e enriquecido a atmosfera com dióxido de carbono. Se a radiação da estrela removesse alguns dos elementos mais leves da atmosfera do planeta, isso poderia fazê-la parecer mais rica em dióxido de carbono também. Assim, há muito trabalho pela frente para os futuros astrofísicos (Gardner, 2006).

Os avanços nos estudos exoplanetários vêm de mãos dadas com novos instrumentos e novas pesquisas. Esse é especialmente o caso do método da **velocidade radial**. Por exemplo, a Terra exercerá um sinal de velocidade radial de apenas ~ 9 cm/s. Isso está além do alcance do espectrógrafo de alta resolução de última geração. Para atingir esse objetivo, foram construídos instrumentos de última geração, tanto no *Very Large Telescope* (VLT) quanto no próximo *Extremely Large Telescope* (ELT). Por exemplo, o ESPRESSO (do inglês *Echelle SPectrograph for Rocky Exoplanet and Stable Spectroscopic Observations*), recentemente instalado no VLT, poderá atingir uma precisão de aproximadamente 10 cm/s. O instrumento CODEX (do inglês *Cosmic Dynamics Experiment*), planejado para o ELT, tem como objetivo uma precisão de aproximadamente 2 cm/s (Vernin et al., 2011).

No entanto, o principal obstáculo das medições de velocidade radial de precisão não é de natureza instrumental, mas depende, na verdade, das variações da estrela observada – por exemplo, manchas estelares, atividades magnéticas, que podem gerar sinais de velocidade radial de vários m/s e ofuscar as variações de velocidade radial dos exoplanetas, especialmente os terrestres. Um exemplo é o HD 154345, que mostrou variações de velocidade radial que, inicialmente, pensou-se serem causadas por exoplanetas companheiros, mas mais tarde acabou por ser determinado que foram provocadas por atividade estelar. Nesse sentido, é preciso monitorar as estrelas tanto fotometricamente quanto espectroscopicamente, uma vez que as observações fotométricas podem nos ajudar a determinar a influência das variabilidades estelaes nas medições de velocidade radial.

Uma pergunta que pode surgir é: Quantos exoplanetas semelhantes à Terra podem existir? Essa é uma questão fundamental que impulsiona grande parte da pesquisa de exoplanetas. Mas, inicialmente, o que significa "semelhante à Terra"? Um pequeno planeta rochoso na zona habitável de sua estrela? O planeta tem que orbitar uma estrela G? O planeta precisa ter placas tectônicas, uma atmosfera rica em oxigênio, oceanos, massas de terra ou vida inteligente?

Um exemplo de definição de "semelhante à Terra" seria um conjunto de exoplanetas do tamanho da Terra e localizados dentro ou perto da zona habitável de sua estrela. Assim, a taxa de ocorrência de planetas semelhantes à Terra pode ser simplesmente determinada por meio da razão entre o número de planetas do tamanho da Terra que detectamos com órbitas que os colocam na zona habitável de sua estrela hospedeira e o número de estrelas que observamos para o qual um trânsito de planeta do tamanho da Terra poderia ter sido detectado. Bem, uma vez que você começa a olhar em detalhes para essas quantidades simples, descobre que elas não são tão simples. Não temos conhecimento perfeito de nenhuma parte dessa relação devido à completude e à confiabilidade da amostra conhecida.

Figura 6.3 – Amostra de sistemas de exoplanetas selecionados à mão para ilustrar sua diversidade: os sistemas no topo foram descobertos pelo método de trânsito, e os sistemas inferiores, pela velocidade radial

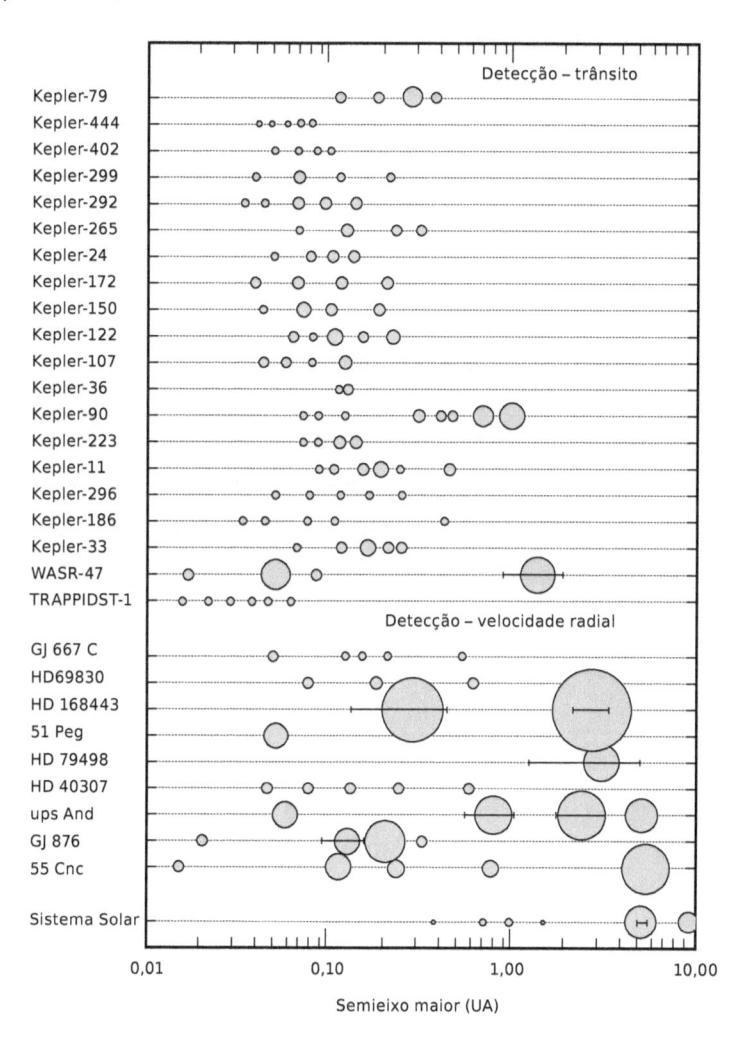

Fonte: Raymond; Izidoro; Morbidelli, 2020.

O futuro do estudo dos exoplanetas é desafiador. Nas próximas décadas, haverá um censo estatístico quase completo de exoplanetas com massas/raios maiores do que aproximadamente a da Terra e separações essencialmente arbitrárias. Além de fornecer a dados empíricos para as teorias da formação e evolução de sistemas exoplanetários, esse censo fornecerá o contexto essencial para a caracterização detalhada das propriedades dos exoplanetas e, finalmente, para nossa compreensão das condições de habitabilidade destes.

6.3 Buracos negros

Um buraco negro é uma região do espaço-tempo em que a gravidade é tão forte que nada pode escapar ou se comunicar com a região externa. As especulações sobre a existência de sistemas semelhantes remontam ao final do século XVIII. John Michell, em 1783, e, independentemente, Pierre-Simon Laplace, em 1796, discutiram a possibilidade da existência de objetos extremamente compactos, tão compactos que a velocidade de escape em sua superfície poderia exceder a velocidade da luz (Mathur, 2012). Para um corpo esfericamente simétrico de massa M e no quadro da mecânica newtoniana, verifica-se que a velocidade de escape excede a velocidade da luz c se o raio do corpo for menor que

$$R = \frac{2GM}{c^2}$$

Em que *G* é a constante universal da gravitação, também conhecida como *constante de gravitação universal* ou simplesmente *constante gravitacional*, que é uma constante física que aparece na Lei da Gravitação Universal de Newton.

Esses objetos hipotéticos eram chamados de *estrelas escuras* porque tinham de parecer escuros, sendo incapazes de emitir radiação de sua superfície. Aparentemente, a proposta de Michell e Laplace permaneceu ao nível de uma especulação teórica e ninguém tentou procurar objetos semelhantes no céu até o dia 10 de abril de 2019. Nesse dia histórico, Carlos Moedas, o comissário europeu para pesquisa, ciência e inovação, abriu a transmissão mundial para revelar a maior descoberta científica dos últimos séculos dizendo:

> A ficção muitas vezes inspira a ciência, e os buracos negros há muito alimentam nossos sonhos e curiosidade. Hoje, graças à contribuição de cientistas europeus, a existência de buracos negros não é mais apenas um conceito teórico. Esta descoberta surpreendente prova novamente como trabalhar em conjunto com parceiros em todo o mundo pode levar a alcançar o impensável e mover os horizontes do nosso conhecimento. (European Commission, 2019, tradução nossa)

No final de 1915, Albert Einstein propôs a Teoria Geral da Relatividade. A solução de buraco negro mais simples foi descoberta imediatamente depois, em 1916, por Karl Schwarzschild, que agora é chamada de *solução de Schwarzschild*. Ele descreve o espaço-tempo de um buraco negro esfericamente simétrico e eletricamente sem carga. A solução que descreve um buraco negro esfericamente simétrico com uma possível carga elétrica que não desaparece foi encontrada por Hans Reissner, em 1916, e Gunnar Nordström, em 1918, e agora é chamada de *solução de Reissner-Nordström* (Matsas, 2005).

A natureza real dessas soluções obtidas não foi compreendida por um tempo. Reissner resolveu as equações de Einstein para uma massa carregada tipo ponto, enquanto Nordström resolveu as equações para uma massa carregada esfericamente simétrica. Essas soluções eram singulares em uma superfície, que agora é conhecida como *horizonte de eventos*, mas a natureza e as implicações de tal superfície não foram compreendidas. Somente em 1958 é que David Finkelstein percebeu a natureza real dessas soluções e descreveu o horizonte de eventos como uma membrana unidirecional (uma superfície limite), de modo que tudo o que cruza o horizonte de eventos não pode mais influenciar a região externa, nem mesmo a luz. Daí o nome *buraco negro*.

Desde o final da década de 1960, as pessoas perceberam que os buracos negros da relatividade geral são objetos simples, no sentido de que são completamente especificados por um pequeno número de parâmetros: sua massa M, seu momento angular de rotação e sua carga elétrica. A solução de Schwarzschild descreve o campo gravitacional exterior de um corpo esfericamente simétrico, como, com boa aproximação, uma estrela ou um planeta. A superfície singular na solução de Schwarzschild foi inicialmente pensada para não ter implicações físicas porque sua coordenada radial é muito menor do que o raio físico de qualquer corpo astronômico típico, em que a solução externa deve ser colada com a solução interna sem vácuo, descrevendo o campo gravitacional dentro do objeto.

Nos anos 1920, sabia-se que, quando uma estrela consome todo seu combustível nuclear, ela encolhe para encontrar uma nova configuração de equilíbrio, e que em certo ponto a pressão quântica dos elétrons interrompe o colapso e o objeto se torna uma anã branca. Em 1931, o astrônomo Chandrasekhar mostrou que existe uma massa crítica, agora chamada de *massa de Chandrasekhar*, acima da qual a pressão quântica dos elétrons não pôde parar o processo e todo o corpo teve de entrar em colapso a um ponto. Tal cenário foi criticado por muitos físicos, argumentando a existência de um mecanismo ainda desconhecido capaz de impedir o colapso. Descobriu-se, então, que uma estrela morta com uma massa superior ao limite de Chandrasekhar tinha de se transformar em uma estrela de nêutrons e que a pressão quântica dos nêutrons poderia impedir o colapso. Em 1939, Robert Oppenheimer e George Volkoff descobriram que mesmo as estrelas de nêutrons têm uma massa máxima e que a pressão quântica dos nêutrons não pode parar o colapso se a massa do corpo exceder esse limite. Mais uma vez, defendeu-se a existência de um mecanismo ainda desconhecido capaz de deter o colapso.

Os quasares, que serão estudados na próxima seção, foram descobertos na década de 1950 e sua natureza foi desconhecida por muito tempo. Em 1964, Yakov Zel'dovich e, independentemente, Edwin Salpeter propuseram que os quasares eram alimentados pelo material de acreção orbitando em torno de buracos negros supermassivos. No entanto, essa ideia não foi levada muito a sério no início. Outras propostas, como a possibilidade dessas fontes serem estrelas supermassivas, foram inicialmente consideradas mais promissoras (Vikhlinin; Sunyaev; Churazov, 2005; Salpeter, 2002).

Cygnus X-1 é uma das fontes de raios X mais brilhantes do céu e foi descoberta em 1964. Em 1971, Thomas Bolton e, independentemente, Louise Webster e Paul

Murdin, descobriram que Cygnus X-1 tinha um companheiro estelar maciço. A partir do estudo do movimento orbital da estrela companheira, foi possível estimar a massa do objeto compacto. Este excedeu o valor máximo para a massa de uma estrela de nêutrons e, portanto, o objeto compacto em Cygnus X-1 foi identificado como o primeiro candidato a buraco negro de massa estelar. Tal descoberta é um marco na astrofísica dos buracos negros e ajudou a convencer a comunidade de astronomia sobre a existência de buracos negros no Universo. Desde então, obtivemos um número crescente de dados astronômicos apontando a existência de buracos negros de massa estelar em alguns sistemas binários de raios X e buracos negros supermassivos no centro de muitas galáxias (Liang; Nolan, 1984).

Para buracos negros astrofísicos, a carga elétrica deve ser completamente desprezível e, portanto, esses objetos devem ser totalmente caracterizados apenas por sua massa e momento angular de rotação. A massa é relativamente fácil de medir por meio do estudo do movimento orbital de estrelas ou gás próximo, como foi feito com Cygnus X-1 e, mais tarde, com outros buracos negros de massa estelar e supermassivos. Na última década, houve esforços significativos para medir a rotação dos buracos negros com diferentes métodos.

As duas principais técnicas são atualmente chamadas de *método de ajuste contínuo* e *espectroscopia de reflexão de raios X* (ou *método da linha de ferro*). Recentemente, houve esforços para usar buracos negros astrofísicos para testar a física fundamental, em particular a Teoria Geral da Relatividade de Einstein no regime de campo forte. Graças ao progresso tecnológico significativo e novas instalações observacionais, o experimento LIGO (do inglês *Laser Interferometer Gravitational- -Wave Observatory*) detectou pela primeira vez as ondas gravitacionais da coalescência de dois buracos negros em 2015 e a colaboração do *Event Horizon Telescope* divulgou a primeira "imagem" de um buraco negro em 2019. É curioso que o termo *buraco negro* seja relativamente recente e sua origem seja desconhecida. Não sabemos quem usou o termo primeiro. Em 1964, a jornalista Ann Ewing foi a primeira a usar esse termo em uma publicação. Foi em uma reportagem do *Science News Letter*. O termo tornou-se rapidamente muito popular depois que foi usado por John Wheeler em uma palestra em Nova Iorque em 1967 (Maggiore, 2000).

O *Event Horizon Telescope*, que é um conjunto em escala planetária de oito radiotelescópios terrestres forjados por meio de colaboração internacional, foi projetado para capturar imagens de um buraco negro. A figura a seguir é o resultado desse enorme esforço para a compreensão de um dos objetos mais complexos do Universo.

A imagem do buraco negro supermassivo no centro de Messier 87 deveria ser emoldurada e posta ao lado de *Monalisa*, no Museu do Louvre, dada sua representação.

Figura 6.4 – Primeira imagem de um buraco negro: a sombra de um buraco negro vista aqui é o mais próximo que podemos chegar de uma imagem do próprio buraco negro, um objeto completamente escuro do qual a luz não pode escapar

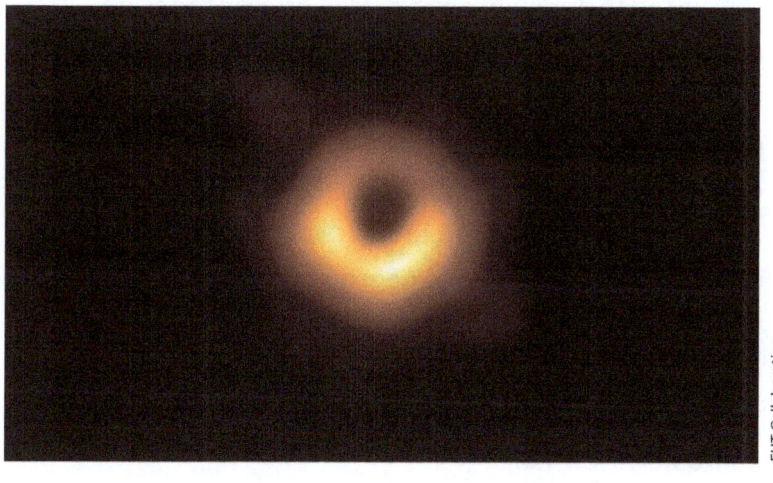

Acredita-se, agora, que existem quatro tipos principais de buracos negros se classificados por massa. Os buracos negros **primordiais** têm massas comparáveis ou inferiores à da Terra. Esses objetos puramente hipotéticos poderiam ter se formado por meio do colapso gravitacional de regiões de alta densidade na época do Big Bang. Os buracos negros **de massa estelar** têm massas entre cerca de 4 e 100 massas solares e resultam do colapso do núcleo de uma estrela massiva no final de sua vida. Os buracos negros **de massa intermediária** têm de 10^2 e 10^5 massas solares, enquanto os buracos negros **supermassivos** pesam entre 10^5 e 10^{10} massas solares e são encontrados nos centros da maioria das grandes galáxias (Novikov; Frolov, 2001).

Alternativamente, os buracos negros podem ser classificados por suas duas outras propriedades de rotação e carga. O buraco negro **de Schwarzschild**, também conhecido como *buraco negro estático*, não gira e não tem carga elétrica, caracterizando-se unicamente pela sua massa. *Kerr Black Hole* é um cenário mais realista; trata-se de um buraco negro giratório sem carga elétrica. Já o buraco negro **carregado** pode ser de dois tipos: um buraco negro carregado e não rotativo é conhecido como *buraco negro Reissner-Nordstrom*; e um buraco negro carregado e rotativo é chamado de *buraco negro Kerr-Newman*.

De acordo com a teoria clássica da relatividade geral, uma vez que um buraco negro é criado, ele durará para sempre, pois nada pode escapar dele. No entanto, se a mecânica quântica também for considerada, todos os buracos negros acabarão evaporando à medida que "vazam" lentamente a radiação Hawking. Isso significa que o tempo de vida de um buraco negro depende de sua massa, com buracos negros menores evaporando mais rápido do que os maiores. Por exemplo, um buraco negro de 1 massa solar leva 10^{67} anos para evaporar (muito mais do que a idade atual do Universo), enquanto um buraco negro de apenas 10^{11} kg evaporará em 3 bilhões de anos (Bambi, 2016).

Em setembro de 2015, o experimento LIGO detectou pela primeira vez o sinal de onda gravitacional da coalescência de dois buracos negros de massa estelar, abrindo uma janela completamente nova para a busca desses objetos no céu. Detectores de ondas gravitacionais terrestres agora prometem descobrir muitos buracos negros de massa estelar nos próximos anos. Enquanto a união de dois buracos negros de massa estelar ou de um buraco negro de massa estelar com uma estrela de nêutrons pode ser um evento bastante raro em uma única galáxia, os atuais detectores de ondas gravitacionais atingiram a sensibilidade necessária para monitorar muitas galáxias, tornando a detecção desse tipo de evento relativamente frequente, ao nível de um evento a cada poucos dias (Siffert; Aranha, 2016).

Como disse Carlos Moedas: "Esta grande conquista científica marca uma mudança de paradigma em nossa compreensão dos buracos negros, confirma as previsões da Teoria Geral da Relatividade de Albert Einstein e abre novas linhas de investigação em nosso Universo" (European Commission, 2019, tradução nossa).

6.4 Quasares

A palavra *quasar* significa "fonte de rádio quase estelar". Os *quasares* receberam esse nome porque pareciam estrelas quando os astrônomos começaram a notá-los no final dos anos 1950 e início dos anos 1960; os trabalhos de Rudolph Minkowski culminaram com a identificação do quasar 3C 295. Mas quasares não são estrelas. Os cientistas agora sabem que são galáxias jovens, localizadas a grandes distâncias de nós, com seus números aumentando em direção à "borda" do Universo visível. Como eles podem estar tão distantes e, ainda assim, serem visíveis? A resposta é que os quasares são extremamente brilhantes, até 1.000 vezes mais brilhantes que a nossa Via Láctea. Assim, pode-se dizer que eles são altamente ativos, emitindo quantidades impressionantes de radiação em todo o espectro eletromagnético, e fundamentais para o entendimento da evolução do Universo.

Allan Sandage, dos Observatórios Monte Wilson, e Palomar e Maarten Schmidt, do Instituto de Tecnologia da Califórnia (Caltech), iniciaram a busca por identificações ópticas e *redshifts* de rádio-galáxias. Ambos trabalharam com Thomas A. Matthews, que obteve posições de rádio precisas com o novo interferômetro no Owens Valley Radio Observatory operado pela Caltech. Em 1960, Sandage obteve uma fotografia de 3C 48 (Weedman, 1988).

Figura 6.5 – Mapa de rádio do quasar 3C48 feito a partir de observações do VLBA 1,4 GHz; a seta mostra 0,5 segundos de arco

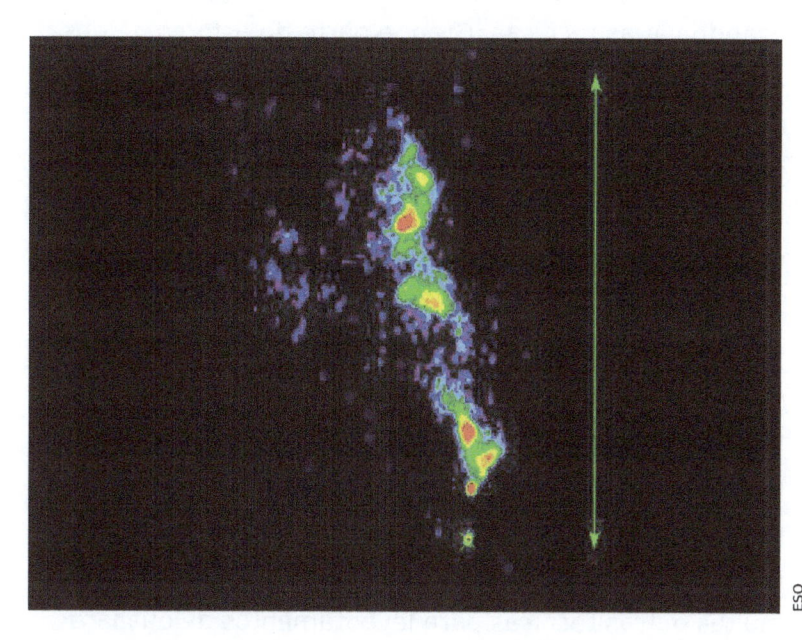

Quasares não podem ser estudados até que sejam encontrados. O propósito de qualquer levantamento que busca um quasar é simplesmente fornecer um método eficiente de descobri-los. Essa eficiência é muito melhorada se muitos quasares puderem ser encontrados com uma única observação do instrumento de detecção, portanto, é preferível que a observação tenha um campo de visão amplo o suficiente para incluir muitos quasares detectáveis. Além disso, é desejável, mas geralmente não viável, identificar um quasar apenas com a observação do levantamento, sem a necessidade de uma observação subsequente com outro instrumento. Por causa de suas assinaturas características em muitas partes diferentes do espectro, os quasares podem ser pesquisados usando várias técnicas. Grande parte do esforço de pesquisa subsequente vai para a comparação de resultados de várias técnicas, a fim de determinar se os mesmos quasares estão sendo encontrados de maneiras diferentes, ou se existem categorias de quasares visíveis para uma forma de observação, mas invisíveis para outra.

Quasares são fáceis de encontrar com telescópios ópticos; uma compilação lista mais de 40 pesquisas. A razão é porque suas características espectrais são tão diferentes da maioria das estrelas e galáxias que pesquisas ópticas com fotometria, usando apenas três comprimentos de onda efetivos, podem diferenciar a maioria dos quasares de outros objetos. Apesar de haver muitas outras técnicas para levantamentos de quasares, incluindo levantamentos de raios X e rádio, a maioria dos quasares foi descoberta opticamente, e é muito provável que continue assim.

Principalmente para encontrar quasares com base na detecção de linhas de emissão, foram realizados vários levantamentos espectrais de baixa resolução. Tais levantamentos produzem espectros em 1000Å-2000Å em todo o campo de visão do telescópio, que é usado onde as linhas de emissão são visíveis, não deixando dúvidas de que um candidato é um quasar em vez de uma estrela quente ou outro objeto.

Todos os números dados até agora se referem apenas à densidade média da superfície dos quasares no céu. Esse resultado de primeira ordem é útil para muitos cálculos que assumem que os quasares são distribuídos homogeneamente pelo céu. Se esse for realmente o caso, é uma questão importante por várias razões. As primeiras análises relevantes surgiram como consequência do questionamento da natureza cosmológica dos *redshifts* dos quasares, e esse entendimento é fundamental na formulação de uma teoria da evolução e da dinâmica do Universo.

6.5 Magnetares

Os magnetares são estrelas de nêutrons jovens e altamente magnetizadas que exibem uma ampla gama de atividade na faixa dos raios X, incluindo rajadas curtas, rajadas grandes, erupções gigantes e oscilações quase periódicas. A maior parte dessas atividades é explicada pela evolução e pelo decaimento de um campo magnético ultraforte, estressando e quebrando a crosta estelar de nêutrons, que, por sua vez, causa torções na magnetosfera externa por meio de poderosas correntes magnetosféricas. A população de magnetares detectada cresceu para cerca de 30 objetos e mostra uma conexão fenomenológica inequívoca com pulsares de rádio altamente magnetizados.

A primeira publicação relatando a detecção de um magnetar foi em 1979, quando rajadas repetidas foram captadas por instrumentos de raios X/raios gama a bordo das sondas espaciais interplanetárias Venera 11 e 12. Essas sondas estavam em sua jornada através do Sistema Solar interno em uma órbita elíptica até que as leituras de radiação a bordo de ambas as sondas, que giravam em torno de 100 contagens nominais por segundo, passaram a girar para mais de 200.000 contagens por segundo e rapidamente caiu. Onze segundos depois, os raios gama inundaram a sonda espacial da NASA (*National Aeronautics and Space Administration*) Helios 2, que também orbitava o Sol. Uma frente de onda plana de radiação de alta energia estava evidentemente varrendo o Sistema Solar. Logo alcançou Vênus e saturou o detector do *Pioneer Venus Orbiter*. Em segundos, os raios gama atingiram a Terra. Eles inundaram detectores em três satélites do Departamento de Defesa dos Estados Unidos (Kaspi; Beloborodov, 2017).

    O pulso de raios gama altamente energéticos foi 100 vezes mais intenso do que qualquer explosão anterior de raios gama detectada fora do Sistema Solar e durou apenas dois décimos de segundo. Na época, ninguém percebeu; a vida continuou calmamente sob a atmosfera protetora do nosso planeta. Felizmente, todas as 10 espaçonaves sobreviveram sem danos permanentes. O pulso forte foi seguido por um brilho mais fraco de raios gama de baixa energia, bem como raios X, que gradualmente desapareceram nos três minutos subsequentes. À medida que desaparecia, o sinal oscilava suavemente, com um período de oito segundos. Catorze horas e meia depois, outra explosão mais fraca de raios X veio do mesmo ponto no céu. Nos quatro anos seguintes, os pesquisadores detectaram 16 rajadas vindas da mesma direção. As rajadas variavam em intensidade, mas todos foram mais fracos e mais curtos do que a explosão de 5 de março.

Até o momento desse evento, os astrônomos nunca tinham visto nada semelhante. Por falta de uma ideia melhor, eles inicialmente listaram essas rajadas em catálogos ao lado das rajadas de raios gama. Embora diferissem claramente de várias maneiras, esses eventos foram monitorados. Depois do acúmulo de dados e análise foi percebido que explosões semelhantes vinham de duas outras áreas do céu, evidenciando um possível mecanismos de origem em comum. Em 1986, os astrônomos chegaram a um acordo sobre as localizações aproximadas das três fontes.

Figura 6.6 – Concepção artística da espaçonave *Fermi Gamma-ray Space Telescope*

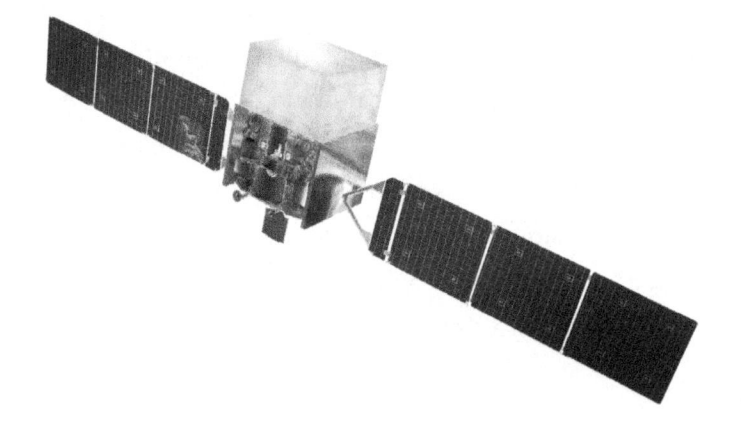

Atualmente, a maioria dos magnetares conhecidos foi descoberta por meio de suas rajadas curtas de raios X, graças a monitores sensíveis de todo o céu, como o *Burst Alert Telescope* a bordo do *Swift* e o *Gamma-ray Burst Monitor* a bordo do *Fermi*. Esses instrumentos foram projetados para estudam rajadas de raios gama, portanto, são sintonizados para encontrar rajadas breves em todo o céu. Assim, há um forte viés na população magnetar conhecida em direção a fontes com maior probabilidade, pois o instrumento não foi pensando para esse propósito exatamente. Quase todos os magnetares conhecidos compartilham propriedades de *spin* comuns e campos magnéticos dipolares de alta superfície. Dos 23 magnetares confirmados, 8 estão associados a remanescentes de supernovas e outros 2 têm possíveis associações. A normalidade dos remanescentes de supernovas magnetares desafia os modelos atuais e leva a discussões sobre sua natureza. Os modelos de formação de um magnetar partem da explosão de um núcleo de uma supergigante, e a conservação do momento angular faz com que a velocidade de rotação do núcleo de ferro giratório, que tem o tamanho da Terra, aumente para corresponder ao seu encolhimento até que o objeto esteja girando algumas centenas de vezes por segundo. Para algumas dessas estrelas de nêutrons nascentes, a velocidade de rotação parece cruzar algum tipo de limiar, deixando a estrela com um campo magnético particularmente intenso. Até o momento da escrita deste livro, realmente não está claro quais os parâmetros que definem esse limite. Pode ser simplesmente dependente da taxa de rotação inicial do núcleo de ferro ou a maneira pela qual a estrela de nêutrons se formou dos detritos estelares em colapso.

Pouco sabemos ainda sobre a naturezas dos magnetares. Até pouco tempo, era tradicionalmente aceito que esses objetos não emitiam na frequência de rádio, mas essa ideia foi desafiada pela descoberta inesperada de um magnetar que emite pulsos de rádio, uma propriedade que parece ser peculiar de alguma subclasse dessa corpos. Quando detectada, a emissão de rádio dos magnetares parece ser diferente da dos pulsares de rádio padrão: o espectro é mais plano e o fluxo e o perfil do pulso mostram fortes variações com o tempo, indicando que os mecanismos que causam a emissão (ou a topologia da região de emissão) podem ser diferentes nas duas fontes (Kaspi; Beloborodov, 2017; Stevenson, 2014).

Os modelos atuais vão percorrer um longo caminho em termos de confirmação observacional e desenvolvimento para explicar de modo satisfatório as estrelas magnateres, mas já se sabe que esses objetos são um imenso estoque de energia rotacional e magnética de nosso Universo, e um exame minucioso de curvas de luz de supernova podem trazer avanços para a astrofísica estelar.

6.6 Cosmologia

Como visto no primeiro capítulo, o homem busca uma explicação para as observações que descrevem o Universo em sua volta. Embutidas nessa busca por uma explicação estão as perguntas: De onde viemos? Para onde vamos? É difícil saber quando essas perguntas passaram a ser importantes para o homem, contudo, elas são motivadoras para a compreensão do Universo e dos mecanismos que o governam.

Todos os povos e culturas já desenvolveram alguma versão para a origem do Universo, seja um modelo matematicamente sofisticado, seja um conjunto de dogmas baseados na fé para responder à pergunta "De onde viemos?". De maneira moderna, podemos dizer que a *cosmologia* é o estudo do Universo e de seus componentes, em busca do entendimento de como funciona, como evolui e qual é seu futuro.

Na época de Isaac Newton, o Universo heliocêntrico de Nicolau Copérnico, Galileu Galilei e Johannes Kepler havia sido aceito porque nenhuma descrição sensata do movimento dos planetas poderia ser encontrada se a Terra estivesse em repouso no centro do Sistema Solar. Nessa época, o Sistema Solar e a esfera celeste eram o próprio Universo, e, assim, a humanidade foi destronada de ser o centro do Universo para viver em um planeta de tamanho médio orbitando em torno de uma estrela.

A teoria de Thomas Wright, também conhecida como a *teoria dos universos-ilha*, é uma hipótese proposta pelo astrônomo britânico Thomas Wright em 1750. Essa visão trouxe uma nova abordagem para o Universo, tendo impacto direto em Immanuel Kant. Para Kant, se a Via Láctea foi o resultado de uma nebulosa gasosa se contraindo sob a lei da gravitação de Newton, por que todo movimento não foi direcionado para um centro comum? Talvez também existissem forças gravitacionais repulsivas que espalhariam corpos em trajetórias diferentes das radiais, e talvez tais forças a grandes distâncias compensassem a atração infinita de um número infinito de estrelas? Observe que a ideia de uma nebulosa gasosa em contração constituiu o primeiro exemplo de um sistema não estático de estrelas, mas em escala galáctica, com o Universo ainda estático (Ryden, 2017; Roos, 2015; Narlikar, 2002).

Pierre Simon de Laplace refutou a hipótese de Kant em 1825. Laplace também mostrou que as grandes velocidades transversais e sua direção tiveram sua origem na rotação da nebulosa gasosa primordial e na lei de conservação do momento angular. Assim, nenhuma força repulsiva é necessária para explicar o movimento transversal dos planetas e suas luas e nenhuma nebulosa poderia se contrair a um ponto em que se esperaria que a Lua caísse sobre nós. Isso leva à uma questão: Qual foi a primeira causa da rotação da nebulosa e quando tudo começou? Essa é a pergunta que a cosmologia moderna tenta responder traçando a evolução do Universo para trás no tempo e reintroduzindo a ideia de uma força repulsiva na forma de uma constante cosmológica necessária para outros propósitos (Ryden, 2017; Roos, 2015).

Herschel e seu filho John conseguiram mapear as estrelas próximas o suficiente em 1785, concluindo corretamente que a Via Láctea era um sistema estelar em forma de disco. Eles também concluíram erroneamente que o Sistema Solar estava em seu centro, mas muitas outras observações foram necessárias antes de isso ser corrigido. Herschel fez muitas descobertas importantes, entre elas o planeta Urano e cerca de 700 estrelas binárias cujos movimentos confirmaram a validade da teoria da gravitação de Newton fora do Sistema Solar. Ele também observou cerca de 250 nebulosas difusas, que acreditou inicialmente serem galáxias distantes, mas que ele e muitos outros astrônomos mais tarde consideraram nuvens gasosas incandescentes próximas pertencentes à nossa galáxia (Ryden, 2017; Roos, 2015).

Em 1883, Ernst Mach publicou uma análise histórica e crítica da mecânica em que rejeitou o conceito de Newton de um espaço absoluto, precisamente porque era inobservável. Mach exigia que as leis da física fossem baseadas apenas em conceitos que pudessem ser relacionados a observações. Como o movimento ainda tinha de ser referido a algum referencial em repouso, ele propôs substituir o espaço absoluto por um referencial rígido idealizado de estrelas fixas. Assim, *movimento uniforme* deveria ser entendido como movimento relativo a todo o Universo. Embora Mach percebesse claramente que todo movimento é relativo, coube a Einstein dar o entendimento das leis da física como vistas por observadores em referenciais inerciais em movimento relativo um em relação ao outro (Ryden, 2017; Roos, 2015; Narlikar, 2002).

Einstein publicou sua Teoria Geral da Relatividade em 1915, mas a única solução que encontrou para as equações diferenciais altamente não lineares foi a de um Universo estático. Isso, porém, não foi tão insatisfatório, porque o Universo então conhecido compreendia apenas as estrelas da nossa galáxia, que de fato era vista como estática, e algumas nebulosas de distância desconhecida e natureza controversa. Einstein acreditava firmemente em um Universo estático até conhecer Hubble em 1929 e ficar impressionado com as evidências do que seria chamado de *Lei de Hubble* (Ryden, 2017; Roos, 2015).

Imediatamente após a relatividade geral se tornar conhecida, Willem de Sitter publicou, em 1917, outra solução para o caso do espaço-tempo vazio em estado exponencial de expansão. Em 1922, o meteorologista russo Alexandr Friedmann encontrou uma série de soluções intermediárias para as equações de Einstein que descrevem a cosmologia padrão atual. Curiosamente, esse trabalho foi ignorado por uma década, embora tenha sido publicado em periódicos amplamente lidos (Ryden, 2017; Roos, 2015).

Em 1924, Hubble mediu as distâncias de nove galáxias espirais e descobriu que elas estavam extremamente distantes. A mais próxima, a galáxia M31 Andrômeda, é agora conhecida por estar a uma distância de 20 diâmetros galácticos – o valor obtido por Hubble era de cerca de 8 diâmetros galácticos e os mais distantes a centenas de diâmetros galácticos. Essas observações estabeleceram que as nebulosas espirais são, como Kant havia conjecturado, sistemas estelares comparáveis em massa e tamanho com a Via Láctea (Ryden, 2017; Roos, 2015).

Em 1926-1927, Bertil Lindblad e Jan Hendrik Oort verificaram a hipótese de Laplace de que a galáxia realmente girava, determinando que o período era da ordem de 250 milhões de anos e a massa de cerca de 10^{11} massas solares. A demonstração conclusiva de que a Via Láctea é uma galáxia de tamanho médio, de forma alguma excepcional ou central, foi dada apenas em 1952 por Walter Baade. Isso podemos contar como o terceiro colapso da imagem antropocêntrica do mundo (Ryden, 2017; Roos, 2015).

A cosmologia moderna está na fronteira entre a ciência e a filosofia: próxima da filosofia porque faz perguntas fundamentais sobre o Universo; próxima da ciência porque procura respostas na forma de compreensão empírica pela observação e pela explicação racional. Assim, as teorias sobre cosmologia operam com uma tensão entre um desejo filosófico de simplicidade e um desejo de incluir todas as características do Universo *versus* a complexidade total de tudo. Os artigos fundadores da moderna cosmologia são: *Die Grundlage der allgemeinen Relativitätstheorie* (1916), de A. Einstein; e *A relation between the distance and radial velocity among extra-galactic nebulae* (1929), de E. Hubble.

O primeiro trata do estabelecimento da relatividade geral por Einstein, cuja descrição completa foge do escopo deste texto introdutório. Portanto, a menção do artigo de Einstein é estritamente para nortear o leitor na busca do arcabouço teórico usado para o entendimento do Universo[*].

Para entender o significado do artigo de Einstein, vamos mencionar que, no início do século XX, o Universo ainda era considerado estático. Einstein logo descobriu que suas equações de campo da relatividade geral não permitiam uma solução estática. Na verdade, o mesmo é o caso da gravidade newtoniana, como se pode facilmente entender intuitivamente: se você imaginar um Universo estático consistindo de várias galáxias uniformemente distribuídas, então, como a gravidade é uma força atrativa, sempre haverá um colapso; portanto, o Universo não pode ser estático. Einstein descobriu que a relatividade geral permitia outra força além da atrativa, comportando-se como r em vez de $-GM1M2/=r2$. Para

---

[*] Uma publicação de Einstein traduzida para português por Irene Brito que também aborda as ferramentas da relatividade geral pode ser encontrada em: <https://repositorium.sdum.uminho.pt/handle/1822/45434>.

"a constante cosmológica" suficientemente pequena, a nova força não é importante em distâncias "pequenas", relevantes para o nosso Sistema Solar. No entanto, em grandes distâncias de interesse cosmológico, essa força pode fornecer repulsão suficiente para estabilizar a situação e fornecer um Universo estático.

Agora, chegamos ao artigo de Hubble: nos anos 1920, os astrônomos começaram a medir as velocidades de galáxias distantes e descobriram que elas se afastam de nós em altas velocidades. Usando os dados disponíveis, Hubble então propôs uma relação linear entre velocidade e distância. Esta é a famosa Lei de Hubble:

$$v = H_0 d$$

Em que:

- v é a velocidade radial de uma galáxia;
- d é a distância.

A quantidade H_0 é chamada de *constante de Hubble*, embora no escopo da relatividade geral ela não seja uma constante.

Uma consequência dessa equação é que todas as galáxias recuam com uma velocidade proporcional à distância. Se olharmos para trás no tempo, segue-se que deve ter havido algum estado em que o Universo colapsa a um ponto. Esse é o famoso Big Bang. Assim, tomando a equação $v = H_0 d$ como um fato, isso vai acontecer em um tempo (t_0)

$$t_0 = 1/H_0.$$

Esse é, portanto, o tempo de vida do nosso Universo. De acordo com a relatividade geral, a situação é mais complicada, mas acontece que t_0 é de fato um limite superior para o tempo de vida do nosso Universo. A Lei de Hubble pode ser escrita de diferentes formas. Por exemplo, considerando alguma luz emitida de uma galáxia com comprimento de onda **λe**, e posteriormente observada na Terra com comprimento de onda **λo**, **c** a velocidade da luz e **v** a velocidade, então a lei Doppler não relativística fornece a relação:

$$z \equiv \frac{\lambda_o - \lambda_e}{\lambda_e} \approx \frac{v}{c}$$

A quantidade z é chamada de *desvio para o vermelho* (*red-shift* **z**) e, usando a lei Doppler não relativística e a lei de Hubble, é obtida a expressão:

$$cz \approx H_0 d$$

Agora está claro que H_0 tem a dimensão 1/tempo e, a partir de observações, encontra-se uma incerteza em H_0, que pode variar de 1 até 0.5, tendo H_0 a ordem de 5.

$$H_0 = 100h \frac{km}{sMpc}$$

Isso simplesmente expressa que o (limite superior do) tempo de vida, dado pela constante de Hubble inversa, é da ordem de 10 a 20 bilhões de anos.

Hubble realmente (super) estimou H_0, tendo $H_0 = 5$, levando a um tempo de vida da ordem de 2 bilhões de anos. Pode-se perguntar: Isso é razoável? Para responder a essa pergunta, podemos comparar o tempo de vida do Universo encontrado a partir de medições das velocidades radiais com outras idades conhecidas. Na tabela a seguir, são apresentados tempos de vida de alguns elementos do Universo.

Tabela 6.1 – Evolução da idade do Universo

Objeto	Idade (anos)
Terra	4,5G
Rocha mais antiga	3,5G
Abelhas	140,0M
Flores	10,0M
Homo erectus	1,0M
Homo sapiens	350k-100k

Fonte: Elaborado com base em Peebles, 1993.

A partir desta tabela, vemos que o tempo de vida do Universo obtido pelo Hubble é consideravelmente menor do que a idade da Terra! Essa foi uma das razões para o surgimento dos "modelos de estado estacionário", que não será aprofundado neste texto. O "problema da idade" foi aparentemente esclarecido por Baade e Sandage em 1958, que obtiveram uma idade de 10 a 20 bilhões de anos pela lei de Hubble. No entanto, recentemente o problema apareceu novamente, em parte porque se acredita que as estrelas antigas tenham uma idade que contradiz a constante de Hubble obtida do telescópio espacial Hubble, e em parte (e de forma mais convincente) porque o telescópio espacial observou galáxias fracas (ou seja, distantes) com uma idade próxima (ou maior que) a idade do Universo obtida por meio da constante de Hubble. Assim, o problema da idade está de volta! Em princípio, é claro que é crucial obter uma idade (ou melhor, um limite superior da idade, o que não torna o problema mais simples) do Universo que respeite outras estimativas conhecidas de várias idades relevantes. Mais tarde veremos que a constante cosmológica pode ajudar a resolver esse problema.

A interpretação dada para lei de Hubble é que cada "ponto" no Universo é fisicamente equivalente a qualquer outro "ponto". Isso significa que o Universo é assumido como homogêneo e invariante sob uma rotação em torno de qualquer "ponto". Esse é o princípio cosmológico, o qual define que, como não podemos ser o centro do Universo, ninguém mais deve ter essa honra. De outra forma, visto de uma escala suficientemente grande, as propriedades do Universo são as mesmas para todos os observadores. Logo, o leitor pode se perguntar: Para que tamanho o Universo é suficientemente grande? É, por exemplo, claro ao olhar para o céu que a Via Láctea não é uma estrutura homogênea. Portanto, um ponto deve ser considerado pelo menos do tamanho de uma galáxia, mas pode até mesmo ser do tamanho de um aglomerado de galáxias. Portanto, o modelo cosmológico é uma descrição em grande escala do Universo.

Imagine um sistema de coordenadas tridimensional com unidades plotadas ao longo dos eixos. Em determinado momento, duas galáxias (pontos) têm algumas coordenadas, digamos (1,2,3) e (–1,2,3). Agora, em qualquer momento posterior, essas coordenadas são as mesmas, mas as unidades plotadas nos eixos são ampliadas por um fator de escala $a(t)$. Então, as duas galáxias se afastaram, não porque suas coordenadas mudaram, mas porque as unidades foram ampliadas pelo fator de escala. Além disso, se você olhar para a situação do ponto de vista de (1,2,3) ou (–1,2,3), não importa. Em caso de dúvida, recomendamos que você verifique isso desenhando um sistema de coordenadas e, em seguida, ampliando as coordenadas. Pegue alguns pontos e verifique: parece que todos os outros estão se afastando.

O princípio cosmológico traz implicações importantes. Uma delas é que o Universo não tem uma extremidade, pois isso faria com que a suposição de homogeneidade fosse violada. Uma segunda implicação é o fato de que não existe um centro ou a suposição de que o Universo é igual em todas as direções (isotropia) não seria correta. Assim, esse princípio impõe um conjunto de regras para a geometria geral do Universo.

Diante desse cenário científico, em 1927, de modo independente, o matemático cosmólogo russo Alexander Friedmann e o astrônomo e padre belga Georges Lemaître mostraram que a Teoria Geral da Relatividade de Einstein trata de um Universo em expansão. Na análise apresentada, foi deduzido que, se hoje as galáxias se afastam, isso implica que no passado elas estiveram mais próximas. Lemaître teorizou que toda a massa do Universo esteve reunida em um único ponto, e essa proposta ficou conhecida como *hipótese do átomo primordial* (Peebles, 1993).

A ideia de um Universo que evoluiu de um estado altamente denso e, por consequência, quente da matéria que o constituía não foi aceita por todos. Essa proposta foi chamada de *Big Bang* ("grande explosão") de maneira depreciativa por seu mais forte opositor, o cosmólogo britânico Fred Hoyle, que, em uma entrevista para uma rádio, mal batizou o mais bem-sucedido modelo de descrição do Universo até o momento (Peebles, 1993).

Fritz Zwicky, astrônomo suíço, realizou uma descoberta importantíssima no início da década de 1930. Especificamente em 1933, ele deduziu que a matéria visível como a luz emitida pelas estrelas é uma fração muito pequena de toda a matéria do Universo. Ao medir as velocidades radiais de oito galáxias de um aglomerado, ele verificou que a dispersão de velocidade é muito maior do que esperado, concluindo que a densidade média de matéria do aglomerado estudado é 400 vezes maior do que a densidade estimada para as observações de matéria luminosa. Para responder a essa questão e concluir que a matéria luminosa por si só não é capaz de manter o aglomerado como um sistema ligado gravitacionalmente, deve existir nesse aglomerado uma grande quantidade de matéria não visível que ele chamou de *matéria escura* e, assim, nasceu a ideia de uma das principais componentes do Universo, como veremos mais adiante (Zwicky, 1933).

Um personagem importante para a consolidação do modelo do Big Bang é o cientista George Gamow, com cidadania russa e norte-americana. Ele e seus colaboradores propuseram um modelo para o Universo primordial. Após o Big Bang, um Universo inicialmente dominado por radiação, que é absorvida pelas partículas elementares, gerou toda a matéria que conhecemos, em um processo chamado *bariogênese*. O estudante de Gamow, Ralph Alpher, ficou com a tarefa de calcular numericamente a proporção de elementos gerados: hidrogênio, hélio e lítio – que é a previsão dos primeiros elementos formados. Apesar de algumas críticas aos detalhes da formulação, o artigo teve um grande impacto devido ao seu sucesso em descrever as abundâncias relativas dos elementos leves (Peebles, 1993).

Atualmente, os cálculos indicam que a distribuição dos elementos leves obedece às proporções apresentadas na figura a seguir. Como visto, praticamente todos os elementos mais pesados que o hélio são formados no interior das estrelas, durante a fusão nuclear que dá origem ao seu brilho ou na fase de supernovas, quando os elementos mais pesados que o Ferro (até o Urânio) são sintetizados.

Figura 6.7 – As abundâncias dos isótopos produzidos pela nucleossíntese primordial são previstas em função da razão entre bárions e fótons

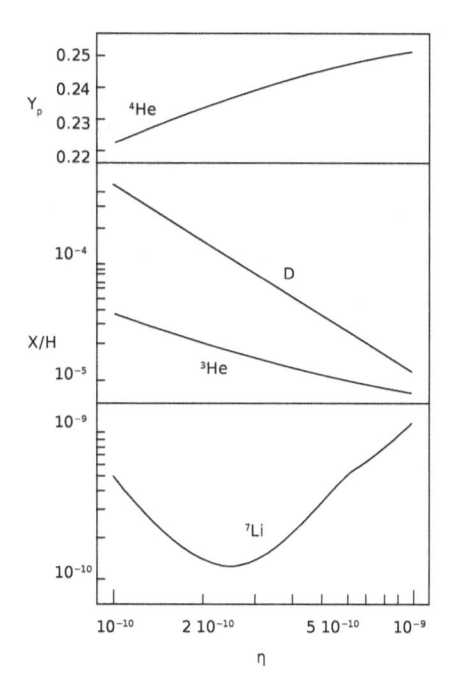

Legenda: Y_p é a abundância de ^4He por massa; D é o deutério; e η é a razão de bárions sobre fótons.
Fonte: Maciel, 2004, p. 69.

Estudar essa distribuição é importante para compreender a origem e a evolução do Universo, incluindo a formação de elementos mais pesados em estrelas e supernovas.

A radiação cósmica de fundo, um "eco" primordial da evolução inicial do Universo, havia sido prevista ainda em 1948 por Gamow, Ralph Alpher e Robert Herman, como uma premissa de uma fase extremamente quente pela qual passou o Universo. Essa radiação cósmica de fundo passa a viajar livremente a partir do momento em que os fótons passaram a viajar livremente, sem interagir com a matéria. A atual temperatura da radiação cósmica de fundo é de 2,725 kelvin, ou seja, –270 graus celsius. É um "retrato" do Universo 380 mil anos depois do Big Bang. Em 1978, Penzias e Wilson ganharam o Nobel de Física pela descoberta (Marques, 2012; Villela; Ferreira; Wuensche, 2004).

O modelo do Big Bang é apenas isso, um modelo. Não é uma teoria e, portanto, não prevê valores de parâmetros que possam restringir o tipo de Universo que habitamos. Dois parâmetros observáveis que podem restringir as propriedades físicas do nosso Universo são a densidade de massa e a taxa de expansão. A constante de Hubble, H_0, e a busca para determiná-los está em andamento. Uma vez que densidade de massa e H_0 são conhecidos, uma estimativa da idade do Universo pode ser feita.

A *taxa de expansão* é geralmente definida como o aumento da distância entre quaisquer duas partes gravitacionalmente não ligadas do Universo observável com o tempo. Essa taxa pode determinar qual quantidade de matéria no Universo é necessária para interromper a expansão observada das galáxias. Portanto, um valor maior que 1 infere que existe matéria suficiente para interromper a expansão e, em algum momento, iniciar uma contração do Universo. A contração terminaria no que é comumente referido como o "Big Crunch". Esse tipo de Universo é **fechado**. Para uma taxa de expansão menor que 1, um Universo **aberto**, a expansão do Universo sempre superará a força da gravidade associada à sua massa constituinte e a expansão continuará para sempre. Para uma taxa de expansão exatamente igual a 1, o Universo é considerado **plano ou crítico** e é finalmente equilibrado entre expansão infinita e eventual colapso, e sua expansão nunca terminará. O valor estimado para a densidade crítica é de 5×10^{-27} quilogramas por metro cúbico, ou cerca de cinco átomos por metro cúbico.

A constante de Hubble, H_0 (geralmente expressa em quilômetros por segundo por Megaparsec; ou seja, velocidade por distância, em que 1 Megaparsec é 1 milhão de parsecs, ou cerca de 3,3 milhões de anos-luz), tecnicamente não é uma constante. A expansão geral do Universo deve estar desacelerando devido aos efeitos gravitacionais, o que significa que o valor observado de

H_0 da época atual será menor do que era no passado. Esforços substanciais foram e continuam a ser feitos para medir com precisão H_0.

Um dos métodos atuais e melhores para determinar H_0 envolve a observação de estrelas cefeidas (como visto anteriormente) em galáxias distantes. O período de variação de seu brilho está relacionado ao brilho intrínseco das estrelas e, assim, pode-se calcular a distância delas e de suas galáxias hospedeiras. Uma estimativa de H_0 foi calculada em cerca de 70 km/s/Mpc, o que sugere uma idade do Universo de 14 bilhões de anos; com os erros das medidas, o Universo pode ter uma idade mínima estimada de 12 bilhões de anos (Ryden, 2017).

Uma das técnicas mais promissoras para a medição de H_0 é a observação do tempo de atraso da viagem da luz em eventos de lentes gravitacionais. Essas lentes são causadas pela curvatura gravitacional da luz de uma fonte de fundo distante e brilhante (por exemplo, um quasar) em torno de um objeto de primeiro plano massivo e menos distante (por exemplo, uma grande galáxia), agindo como uma lente. Em teoria, pode ser deduzida uma estimativa de H_0 que depende em grande parte apenas da precisão do modelo físico usado para descrever o sistema de lentes. Essa técnica produziu estimativas de H_0 com precisão de 10% ou menos, e estas também estão em torno de 70-80 km/s/Mpc (Ryden, 2017).

As primeiras indicações de que existe uma fração significativa de matéria perdida no Universo foram os estudos da rotação da nossa própria galáxia, a Via Láctea. O período orbital do Sol ao redor da galáxia nos dá uma massa média para a quantidade de material dentro da órbita do Sol. No entanto, um gráfico detalhado da velocidade orbital da galáxia em função do raio revela a distribuição de massa dentro desta, e essa distribuição não dá conta de explicar a curva de velocidades esperada a partir das leis de Kepler.

Figura 6.8 – Curva de rotação kepleriana: as velocidades orbitais diminuem à medida que se vai para maiores raios dentro da galáxia

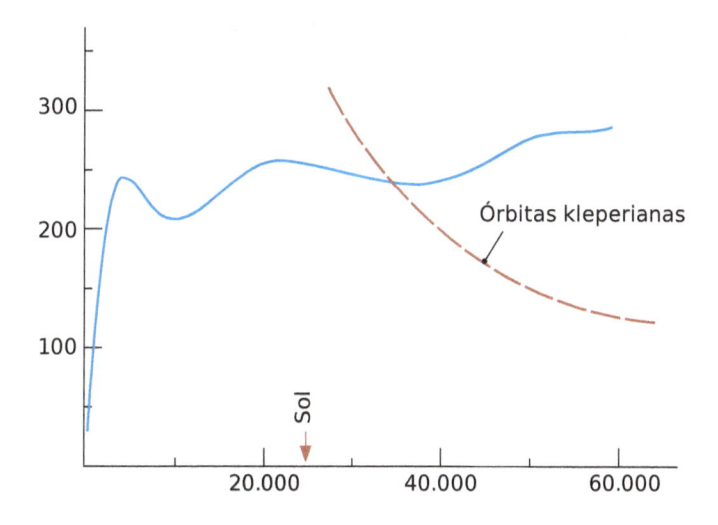

Legenda: no eixo *x*, tem-se a distância do centro galáctico em anos-luz; e no eixo *y*, a velocidade orbital (km/s). A linha em azul indica os dados observados, e a vermelha, a previsão da teoria newtoniana para a órbitas (órbitas keplerianas).

Desse modo, a curva de rotação da galáxia indica uma grande massa não observada que a está gerando. Em outras palavras, o halo de nossa galáxia é preenchido com uma misteriosa matéria escura de composição e tipo desconhecidos, supostamente.

A maioria das galáxias, como visto, ocupa grupos ou aglomerados com membros que variam de 10 a centenas de galáxias. Cada aglomerado é mantido unido pela gravidade de cada galáxia. Quanto mais massa, maiores as velocidades dos membros, e esse fato pode ser usado para testar a presença de matéria invisível. Quando essas medidas foram realizadas, verificou-se que até 95% da massa nos aglomerados não é vista, ou seja, é matéria escura. Uma vez que a física dos movimentos das galáxias é tão básica (física newtoniana pura), não há como escapar da conclusão de que a maioria da matéria no Universo não foi identificada, e que a matéria ao nosso redor que chamamos de "normal" é especial. A questão que fica é se a matéria escura é bariônica (normal) ou uma nova substância, não bariônica.

A eventual existência de matéria escura, deduzida com base em estudos dinâmicos e complementada pela investigação da abundância de elementos leves, apresenta uma lacuna notável em nossa compreensão da fração da massa total do Universo atribuída à matéria normal, ou bárions. A análise da fração de elementos leves (hidrogênio, hélio, lítio, boro) indica que a densidade de bárions no Universo representa apenas 2 a 4% da densidade total observada.

Não é surpreendente, portanto, considerar que parte substancial da massa do Universo pode ser composta de matéria escura, uma vez que a detecção de objetos requer energia, e grande parte do espaço é caracterizada por temperaturas baixas e baixa energia. Surge, então, a questão intrigante: A matéria escura pode ser uma forma de matéria normal que permanece fria e não emite energia, talvez na forma de estrelas mortas? Essa é uma pergunta que persiste neste estágio, desafiando-nos a aprofundar nossa compreensão cósmica.

Uma vez que uma estrela normal tenha usado seu combustível de hidrogênio, ela geralmente termina sua vida como uma estrela anã branca, esfriando lentamente para se tornar uma anã negra. No entanto, a escala de tempo para esfriar uma anã negra é milhares de vezes maior que a idade do Universo. Estrelas de alta massa explodirão e seus núcleos formarão estrelas de nêutrons ou buracos negros. No entanto, isso é raro. Seria necessário que 90% de todas as estrelas fossem supernovas para explicar toda a matéria escura.

Outra linha de pensamento é considerar objetos de baixa massa. Estrelas com massa muito baixa não conseguem produzir sua própria luz por fusão termonuclear. Assim, inúmeras estrelas anãs marrons poderiam compor a população de matéria escura. Ou, ainda menores, numerosos planetas do tamanho de Júpiter, ou mesmo rochas simples, estariam completamente escuros fora da iluminação de uma estrela. O problema aqui é que, para formar a massa de toda a matéria escura, é necessário um grande número de anãs marrons e ainda mais de Júpiter. Estudos estatísticos mostram que não se tem muitos desses objetos nas proximidades, razão por que presumir que eles existem nos halos das galáxias não é muito confiável.

Uma alternativa é considerar formas de matéria escura não compostas de quarks ou léptons, mas feitas de algum material exótico. Se o neutrino tivesse massa, então seria um bom candidato à matéria escura, pois interage fracamente com a matéria e, portanto, é muito difícil de detectar. No entanto, os neutrinos formados no início do Universo também teriam massa, e essa massa teria um efeito previsível no aglomerado de galáxias, o que não é visto.

Outra sugestão é que exista alguma nova partícula semelhante ao neutrino, mas mais massiva e, portanto, mais rara. Essa partícula massiva de interação fraca (WIMP, do inglês *Weakly Interacting Massive Particles*) escaparia da detecção em nossos aceleradores de partículas modernos, mas nenhuma outra evidência de sua existência foi encontrada.

As soluções propostas mais extravagantes para o problema da matéria escura exigem o uso de relíquias ou defeitos pouco compreendidos do Universo primitivo. Uma escola de pensamento acredita que defeitos topológicos podem ter surgido durante a transição de fase no final da era em que as teorias físicas eram unificadas.

Esses defeitos teriam uma forma semelhante a cordas e, portanto, são chamados de *cordas cósmicas*. As cordas cósmicas conteriam os restos presos da fase densa anterior do Universo. Sendo de alta densidade, eles também teriam alta massa, mas só são detectáveis por sua radiação gravitacional.

Por último, o problema da matéria escura pode ser uma ilusão. Em vez de perder matéria, a gravidade pode operar de modo diferente em escalas do tamanho das galáxias. Isso nos levaria a superestimar a quantidade de massa, quando a culpa é da gravidade mais fraca. Isso, porém, não é evidência de gravidade modificada em nossos experimentos de laboratório até o momento.

Com a convergência da nossa medição da constante de Hubble a uma taxa de expansão do Universo, pode-se determinar a geometria e a idade do nosso Universo. No entanto, tudo foi tumultuado recentemente com a descoberta da energia escura. A energia escura está implícita no fato de que o Universo parece estar acelerando, em vez de desacelerar, conforme medido por supernovas distantes. Essa nova observação implica que algo mais está faltando em nossa compreensão da dinâmica do Universo. Em termos matemáticos, isso significa que algo está faltando na equação de Friedmann. Essa falta de algo é a constante cosmológica.

Historicamente, assume-se que a gravidade era a única força importante no Universo e que a constante cosmológica era zero. Assim, se medirmos a densidade da matéria, seria possível extrair a curvatura do Universo (e sua história futura) como solução para a equação. Novos dados indicaram que existe uma pressão negativa, ou energia escura; assim, essa constante cosmológica não pode ser mais igual a zero.

A cosmologia apresenta muitos desafios e é um ramo promissor para os futuros físicos e astrônomos. Enquanto observacionalmente inferimos um valor baixo da taxa de expansão do Universo, existem argumentos a favor de um valor alto, próximo de 1, se não igual a ele. Esses argumentos são movidos por preocupações teóricas baseadas em dois grandes problemas com o modelo do Big Bang (Zimdahl, 2021):

1. **Problema da planicidade cosmológica** – Os modelos-padrão de Friedman-Lemaître têm a taxa de expansão aproximadamente 1 no Big Bang e depois evoluem para longe de 1. Modelos começando com a taxa de expansão ligeiramente superior a 1 desenvolvem rapidamente valores maiores de 1 à medida que o Universo envelhece. Universos com a taxa de expansão um pouco menor que 1 possuem rapidamente valores menores da taxa de expansão. Nossos limites inferiores observados para a taxa de expansão de 0,1-0,3 ainda são, com base nesses cenários, muito próximos de um Universo com taxa de expansão igual a 1, ou seja, plano.

2. **Problema do horizonte** – Ocorre por decorrência da velocidade finita da luz e da regularidade observada do Universo. Os mapas de radiação de fundo do COBE (*Cosmic Background Explorer*) foram, apesar de pequenas irregularidades, suaves para 1 parte em 10.000 em todo o céu. Como, então, a radiação que vem de uma parte do céu "sabe" quão forte deve ser para concordar com uma precisão tão notável da radiação da parte oposta do céu? O cerne do problema está no fato de que a radiação de fundo de 2,7° K foi emitida quando o Universo tinha aproximadamente 300.000-500.000 anos de idade. No entanto, com base no tempo de viagem da luz (ou seja, informação), nesse estágio, apenas regiões do céu dentro de 2 graus podem estar em contato. Essa é a distância do horizonte. Portanto, podemos esperar ver "desigualdades" no fundo do céu em escalas de 2 graus. Em vez disso, de alguma forma, a radiação sabia o quão forte tinha de ser em uma escala global ou "universal" para produzir um campo de radiação tão regular.

Essa é apenas uma breve introdução dos aspectos gerais da construção do nosso conhecimento do Universo e de nós. Desvendar as leis físicas e as estruturas permite que desvendemos nossa própria existência. Na Figura 6.9 consta um diagrama que mostra nosso entendimento de como nosso Universo evoluiu, e é possível que algum hidrogênio do seu corpo tenha sido forjado 13,8 bilhões de anos, fazendo de você a própria origem do Universo.

Figura 6.9 – Ilustração do Universo desde sua origem até os dias atuais

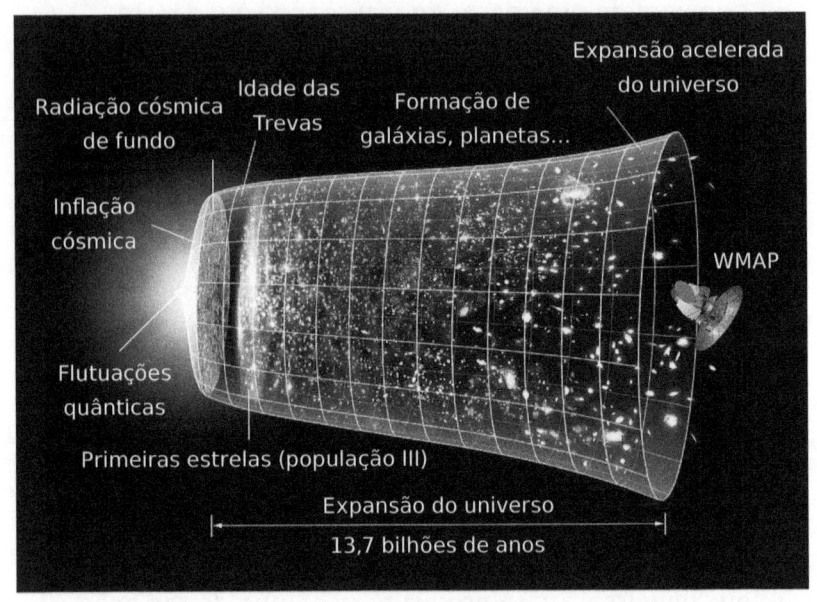

O fundo cósmico de micro-ondas (CMB) revela informações preciosas sobre os estágios iniciais, representados pela era quântica e a inflação cósmica. Durante a formação das primeiras estrelas, ocorreram flutuações quânticas, marcando o início da estruturação cósmica. A idade das trevas testemunhou a formação de galáxias e planetas. A aceleração da expansão do universo, evidenciada pela observação do WMAP, é um fenômeno chave. A linha do tempo estende-se ao longo de 13,7 bilhões de anos, destacando a expansão contínua do cosmos.

Indicações estelares

Filme

K-PAX – o caminho da luz. Direção: Iain Softley. EUA, 2001. 121 min.

Prot, personagem de Kevin Spacey, não só tem um nome inusitado, como também surpreende com sua resistência a todo tipo de medicação. Ele também tem um conhecimento surpreendente de astrofísica. Ele afirma ser do planeta K-Pax e, portanto, é considerado um paciente psiquiátrico. Os outros pacientes acreditam em sua história e competem para ver quem viajará com ele para K-Pax em algumas semanas.

THE WANDERING Earth. Direção: Frant Gwo. China, 2019. 125 min.

Trata-se de um filme de ficção científica chinês de 2019 baseado em uma história de Liu Cixin. O filme acompanha a jornada da Terra através do espaço enquanto a humanidade tenta encontrar uma nova casa para o planeta depois que o Sol começa a se expandir e ameaça sua existência. A trama apresenta uma série de desafios científicos e tecnológicos que a equipe de personagens precisa superar para sobreviver. *The Wandering Earth* é aclamado por sua fidelidade a conceitos científicos reais, além de sua trama emocionante e visuais de efeitos especiais impactantes.

Livro

GLEISER, M. **A dança do Universo**. São Paulo: Companhia das Letras, 2006.

Trata-se de um livro bem-conceituado sobre ciência, filosofia e cosmologia. Ele explora a natureza da ciência e como ela se relaciona com questões maiores sobre a vida, o Universo e nossa compreensão do mundo. É uma leitura interessante e informativa para aqueles que estão interessados em ciência e em como ela se conecta com questões mais amplas de filosofia e existência humana.

Site

EXOPLANET. Disponível em: <http://exoplanet.eu/>. Acesso em: 15 jun. 2023.

A Enciclopédia dos Planetas Extra-Solares (*Encyclopedia of Extrasolar Planets*) oferece uma interface para transferir dados diretamente para as ferramentas de plotagem e análise do Observatório Virtual, como TOPCAT ou Aladin.

Analogias celestes

Os planetas órfãos são objetos interestelares de massa planetária, portanto, menores que as estrelas e as anãs marrons, e sem um sistema planetário hospedeiro. Tais objetos foram ejetados do sistema planetário no qual se formaram ou nunca foram gravitacionalmente ligados a nenhuma estrela ou anã marrom. Só a Via Láctea pode ter de bilhões a trilhões de planetas órfãos. Alguns objetos de massa planetária podem ter se formado de maneira semelhante às estrelas, e a União Astronômica Internacional propôs que tais objetos sejam chamados de *anãs submarrons*. Um exemplo possível é Cha 110913-773444, que pode ter sido ejetado e se tornado um planeta desonesto, ou formado por conta própria para se tornar uma anã submarrom.

Figura 6.10 – Cha 110913-773444

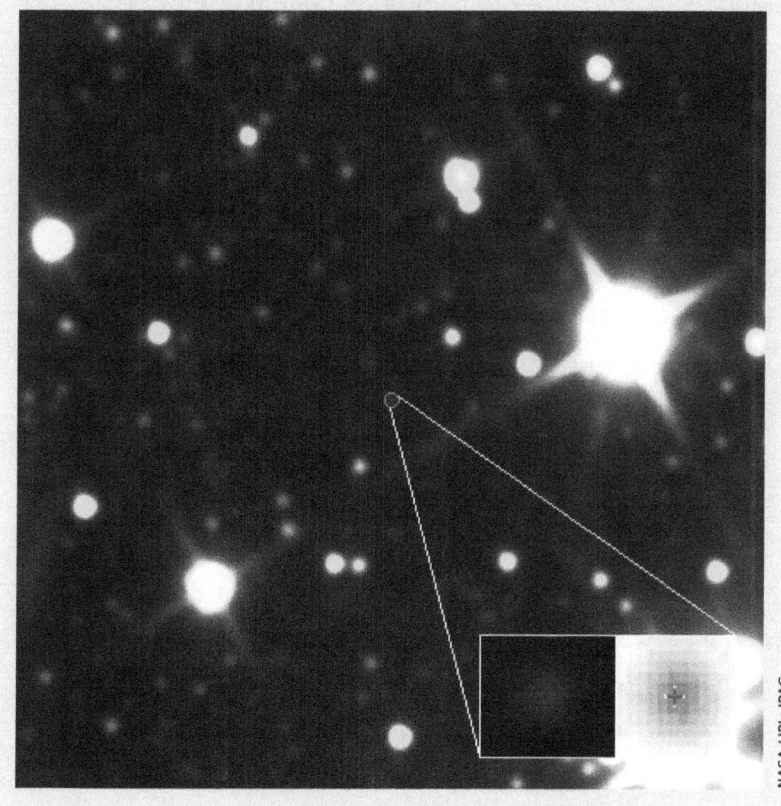

Os planetas interestelares geram pouco calor e não são aquecidos por uma estrela. No entanto, especula-se que alguns objetos do tamanho de planetas à deriva no espaço interestelar poderiam sustentar uma atmosfera espessa que não congelaria. Essas atmosferas seriam preservadas pela opacidade da radiação infravermelha distante induzida pela pressão de uma espessa atmosfera contendo hidrogênio.

A natureza e a origem desses planetas órfãos ainda são amplamente ilimitadas devido à falta de grandes amostras homogêneas para permitir uma análise estatística de suas propriedades. Até agora, a maioria dos órfãos foi descoberta usando métodos indiretos; as pesquisas de microlentes provaram ser particularmente bem-sucedidas para detectar esses objetos até algumas massas terrestres. No entanto, a natureza efêmera dos eventos de microlente impede qualquer observação de acompanhamento e caracterização individual. Vários estudos identificaram planetas órfãos em jovens aglomerados estelares e no campo galáctico, mas suas amostras são pequenas ou heterogêneas em idade e origem.

Usando observações e dados de arquivo de vários observatórios do NOIRLab da NSF (*National Science Foundation*) e observações de telescópios ao redor do mundo e em órbita, os astrônomos descobriram pelo menos 70 novos planetas órfãos em uma região próxima da Via Láctea. Trata-se da maior amostra de tais planetas encontrados em um único grupo e quase dobra o número conhecido em todo o céu. A descoberta dessa população lança luz sobre a origem dos planetas órfãos, mas qual é o mecanismo real permanece desconhecido.

Universo sintetizado

A busca humana por respostas sobre o Universo e suas origens envolve questões fundamentais como: "De onde viemos?" e "Para onde vamos?". Diferentes culturas e povos ao longo da história desenvolveram modelos e crenças para explicar a origem do Universo. A cosmologia moderna estuda o Universo e seus componentes para entender sua evolução e seu destino, com avanços científicos, como a relatividade geral de Einstein, trazendo novas perspectivas. O meio interestelar, uma região entre as estrelas da galáxia, é composto por gás e poeira e desempenha um papel crucial na formação de estrelas, galáxias e sistemas planetários. Suas características são estudadas por meio de observações em diferentes espectros. A presença de gás interestelar foi comprovada por observações estelares, e as sondas Voyager trouxeram informações sobre o espaço interestelar.

A busca por exoplanetas é motivada pelo interesse em encontrar sistemas planetários fora do Sistema Solar e identificar planetas semelhantes à Terra que possam sustentar vida. Diferentes técnicas, como o método de velocidade radial e o de trânsito, são usadas para detectar exoplanetas, e avanços tecnológicos impulsionam essas pesquisas. Os buracos negros são regiões do espaço-tempo com gravidade intensa, onde nada, nem a luz, pode escapar. Sua existência foi comprovada em 2019, e a teoria quântica prevê que emitem radiação Hawking e, eventualmente, evaporam. Os quasares são galáxias jovens, altamente brilhantes e ativas, encontradas a grandes distâncias do nosso sistema solar e cuja densidade média é importante para entendermos a dinâmica do Universo. Os magnetares são estrelas de nêutrons altamente magnetizadas, exibindo atividades como rajadas curtas e erupções na faixa dos raios X. Sua natureza ainda é pouco compreendida, e pesquisas continuam para desvendar seus segredos e sua relevância na astrofísica estelar.

 A exploração do Universo e suas origens é uma jornada emocionante e contínua, impulsionada pelo desejo humano de desvendar os mistérios cósmicos. À medida que avançamos na compreensão do espaço interestelar, dos exoplanetas, dos buracos negros, dos quasares e dos magnetares, mais perguntas surgem, estimulando ainda mais pesquisas e descobertas. Esses avanços científicos não apenas nos proporcionam conhecimentos fundamentais sobre o cosmos, mas também nos ajudam a entender nosso lugar no Universo e nossa conexão com o vasto cenário cósmico. A busca por respostas sobre as origens e o destino do Universo continuará inspirando gerações futuras de cientistas e exploradores, abrindo caminho para um conhecimento cada vez mais profundo e significativo de nossa existência no cosmos.

Autodescobertas em teste

1) Os buracos negros influenciaram nosso planeta?

2) Qual é o exoplaneta mais próximo da Terra?

3) Radiação cósmica de fundo de micro-ondas foi emitida como radiação_____ logo após o Big Bang. Tem viajado através do espaço desde então, e a expansão do Universo causou o_____ do comprimento de onda da radiação. Agora, foi detectada a radiação de fundo como radiação_____.

   Assinale a alternativa que completa corretamente as afirmações do enunciado:

   a) gama, diminuir, gama.
   b) micro-ondas, aumento, onda de rádio.
   c) micro-ondas, diminuir, gama.
   d) micro-ondas, aumento, micro-ondas.
   e) gama, aumento, micro-ondas.

4) Qual das seguintes observações é considerada evidência da existência de matéria escura?
   a) O desvio para o vermelho de galáxias distantes tem sido observado como sendo proporcional à distância deles longe de nós.

b) Observou-se que as galáxias giram mais devagar do que o esperado.

c) Buracos negros supermassivos têm sido observados no centro de cada galáxia.

d) A expansão do Universo foi observada como sendo acelerada.

e) Dados de exoplanetas e aglomerados de galáxias dentro do modelo padrão.

5) Os quasares são _____ ativos de galáxias. Um buraco negro gigante, situado no centro de uma galáxia, que "engole" a matéria próxima. Antes da matéria ser acrescida ao buraco negro, ela forma um _____ em rotação. Cargas aceleradas nesse disco (elétrons e íons) emitem um amplo espectro de _____, desde ondas de rádio até os raios X.

Assinale a alternativa que completa corretamente as afirmações do enunciado:

a) núcleos, disco de acresção, radiação.
b) elementos, núcleo, espiral.
c) núcleos, ciclone, radiação.
d) discos, eixo, radiação.
e) elementos, disco de acresção, espiral.

Evoluções planetárias

Reflexões meteóricas

1) O que aconteceria se os você caísse em um buraco negro?

2) Qual é a principal diferença entre a emissão de rádio dos magnetares e dos pulsares regulares?

3) Qual é a causa da forte Umissão de raios X dos magnetares?

Práticas solares

1) Os exoplanetas são semelhantes à Terra?

2) Existe vida em algum dos exoplanetas?

3) Se buracos negros são invisíveis, como se descobre coisas sobre eles?

4) É possível que um buraco negro "engula" uma galáxia inteira?

5) O que é a poeira interestelar e como ela é detectada?

Para onde vamos?

A história da astronomia é um relato fascinante da busca humana por compreender o Universo e sua origem. Desde as práticas religiosas e mitológicas antigas até as descobertas e os avanços mais recentes na astronomia moderna, essa ciência tem desempenhado um papel fundamental no desenvolvimento da humanidade.

A observação do céu sempre foi uma atividade essencial para diversas culturas ao redor do mundo. Civilizações antigas, como os babilônios, egípcios, maias e gregos, utilizavam a astronomia para aperfeiçoar seus calendários, prever eventos astronômicos importantes e entender o papel dos astros em suas crenças e mitologias. A medida que o pensamento científico evoluía, a astronomia se distanciou das interpretações mitológicas e se transformou em uma disciplina científica com o objetivo de compreender a natureza do Universo.

A evolução dos instrumentos e das técnicas de observação também foi crucial para os avanços na astronomia. Desde os primeiros telescópios criados por Galileu Galilei no século XVII até os observatórios modernos equipados com tecnologia de ponta, como radiotelescópios e telescópios espaciais, essas ferramentas permitiram aos astrônomos obterem uma visão mais clara e precisa do cosmos, revelando detalhes sobre planetas, estrelas, galáxias e outros corpos celestes.

Ao longo dos séculos, a astronomia registrou inúmeras descobertas e teorias revolucionárias que moldaram nossa compreensão do Universo. A teoria heliocêntrica proposta por Nicolau Copérnico no século XVI, que colocava o Sol no centro do sistema solar, desafiou a visão geocêntrica dominante da época. As leis de Kepler, formuladas por Johannes Kepler no início do século XVII, descreveram os movimentos dos planetas em suas órbitas ao redor do Sol. Mais tarde, no século XX, a teoria da relatividade de Albert Einstein transformou nossa concepção de espaço, tempo e gravidade. E a teoria do Big Bang, baseada em observações cosmológicas, descreve a origem do Universo como uma explosão primordial há bilhões de anos.

A astronomia é uma ciência interdisciplinar e está intimamente relacionada com outras áreas do conhecimento, como a física, a química e a biologia. A física é essencial para entender os processos e as forças que governam os movimentos dos astros: a química nos fornece informações sobre a composição das estrelas e outros corpos celestes; e a biologia é relevante para explorarmos a possibilidade de vida em outros planetas e a origem da vida na Terra.

A importância da astronomia para a sociedade é ampla e diversificada. A navegação, por exemplo, depende do conhecimento das posições dos astros para determinar a localização em alto-mar. A agricultura também se beneficiou historicamente do entendimento dos ciclos celestes, como o movimento dos astros que influenciam as estações do ano e as épocas de plantio e colheita. A astronomia desempenha um papel crucial na previsão do tempo e no estudo do clima espacial, que afeta as comunicações e os sistemas de energia na Terra. Além disso, a exploração espacial, baseada em conceitos astronômicos e com o uso de telescópios espaciais e sondas, tem permitido o avanço da nossa compreensão do cosmos e a busca de evidências de vida em outros planetas.

É importante destacar que o modelo do Big Bang, embora seja um marco fundamental na cosmologia, não é uma teoria completa em si, e sim um modelo que descreve o início do Universo. Dessa forma, ele não prevê valores específicos para parâmetros que poderiam restringir o tipo de Universo em que vivemos, sendo apenas uma versão atual do nosso conhecimento, que será modificado e aperfeiçoado ao longo das próximas gerações e depende de cada um que está neste momento estudando e buscando desvendar o Universo.

Glossário

Aberração cromática: distorção que faz com que uma imagem pareça difusa quando cada comprimento de onda entra em um material transparente e se concentra em um ponto diferente.

Anã negra: é um tipo teórico de estrela que se acredita representar o estágio final da evolução de uma anã branca. As anãs brancas são os remanescentes de estrelas de baixa à média massa que esgotaram seu combustível nuclear e colapsaram para um tamanho aproximadamente do mesmo tamanho da Terra, com uma densidade cerca de um milhão de vezes maior que a densidade da água.

Bárions: são partículas subatômicas que compõem a matéria. Eles são compostos de quarks e léptons, que são considerados partículas fundamentais. Os bárions são partículas estáveis que formam os núcleos dos átomos. Eles incluem prótons e nêutrons, que são os componentes desses núcleos. Os prótons têm carga elétrica positiva, enquanto os nêutrons não têm carga elétrica.

CCD: dispositivo de carga acoplada, ou CCD (do inglês *charge-coupled device*), é um tipo de câmera digital. Ele usa um sensor de imagem de estado sólido e tem tempos de resposta rápidos. As câmeras que usam CCDs se tornaram o padrão na indústria fotográfica. Inúmeras fotos e vídeos são feitos com câmeras CCD todos os dias.

Chandrasekhar: Ubrahmanyan Chandrasekhar foi um astrofísico indiano-americano que fez contribuições significativas para nossa compreensão das estrelas e sua evolução. Ele nasceu em 19 de outubro de 1910, em Lahore, Índia (agora no Paquistão), e morreu em 21 de agosto de 1995, em Chicago, Illinois. Chandrasekhar é mais conhecido por seu trabalho sobre o limite superior teórico da massa das anãs brancas, que agora é conhecido como *limite de Chandrasekhar*. Ele mostrou que, se uma anã branca ultrapassar esse limite, ela sofrerá um colapso gravitacional e poderá se tornar uma estrela de nêutrons ou um buraco negro. Esse trabalho foi fundamental para estabelecer nossa compreensão atual dos estágios finais da vida de uma estrela e foi uma grande contribuição para o campo da astrofísica.

Constante cosmológica: é um termo nas equações da relatividade geral que descreve a quantidade de densidade de energia no vácuo do espaço. Essa densidade de energia pode ser pensada como uma forma de energia escura que atua como uma força repulsiva, fazendo com que a expansão do Universo se acelere.

Constante de curvatura: a constante de curvatura, também conhecida como *constante cosmológica*, é um termo que foi introduzido pela primeira vez por Albert

Einstein como uma forma de descrever a curvatura geral do Universo. Na teoria original da relatividade geral de Einstein, a constante de curvatura foi introduzida como um meio de equilibrar a atração gravitacional da matéria e da energia no Universo, que, de outra forma, faria com que o Universo colapsasse ou se expandisse a uma taxa descontrolada.

Constante de Hubble (H_0): constante de proporcionalidade na relação entre as velocidades de afastamento das galáxias, medidas pelos seus *redshifts*, e as suas distâncias. É expressada em unidades de (km/s)/Mpc. A constante de Hubble é uma medida da taxa de expansão do Universo, e o seu inverso é a idade que o Universo teria se tivesse se expandido com taxa constante desde o Big Bang.

Disco protoplanetário: é um disco de matéria (cuja composição teorizada é de 99% gás e 1% de material sólido, na forma de pó) em órbita de torno de uma estrela recém-formada, como do tipo T-Tauri ou Herbig.

Efeito doppler: é um fenômeno físico que ocorre quando uma fonte de ondas se move em relação a um observador. O efeito foi descrito pela primeira vez por Christian Doppler, um matemático e físico austríaco, no século XIX. Esse efeito pode ser observado com a luz. Por exemplo, as estrelas podem se mover em relação a nós, e isso afeta a cor da luz que elas emitem. Se uma estrela se aproxima de nós, a frequência da luz aumenta, fazendo com que sua cor aparente se torne mais azul. Se uma estrela se afasta de nós, a frequência da luz diminui, fazendo com que sua cor aparente se torne mais vermelha.

Emissão de Bremsstrahlung: é um tipo de radiação eletromagnética produzida quando partículas carregadas, como elétrons, são aceleradas ou desaceleradas à medida que passam por um material. *Bremsstrahlung* é um termo alemão para "radiação de frenagem".

Equação do Lens Maker: a equação do fabricante de lentes é uma fórmula que nos dá uma relação entre a distância focal, o índice de refração e os raios de curvatura das duas esferas usadas nas lentes. Na Equação X, tem-se que *f* é a distância focal (metade do raio de curvatura), *n* é o índice de refração do material usado, R_1 é o raio de curvatura da esfera 1 e R_2 é o raio de curvatura da esfera 2.

$$\frac{1}{f} = (n-1)\left(\frac{1}{R_1} - \frac{1}{R_2}\right)$$

Equinócio: momento em que o Sol, em seu movimento anual aparente, corta o equador celeste, fazendo com que o dia e a noite tenham igual duração.

Estrela: corpo celeste produtor e emissor de energia, com luz própria, cujo deslocamento na esfera celeste é quase imperceptível ao observador na Terra.

Estrelas de nêutrons: objetos extremamente densos e compactos que se formam quando uma estrela massiva sofre uma explosão de supernova. Durante essa explosão, as camadas externas da estrela são expelidas para o espaço enquanto o núcleo colapsa sob a influência da gravidade, resultando em um objeto compacto com um diâmetro de apenas alguns quilômetros e uma massa que pode chegar a 1,4 vezes a massa do Sol.

Estrelas variáveis: estrelas cuja luminosidade varia em uma escala de tempo menor que 100 anos.

Exoplanetas: planetas que tem sua formação em discos planetários em torno de estrelas que não o Sol, dando origem a outros sistemas planetários.

Foco: (do telescópio) ponto onde os raios de luz convergem por um espelho ou lente e se encontram.

GUT: acrônimo para *Grand Unification Theory*, que designa as teorias que buscam a unificação das forças forte, fraca e eletromagnética em um único formalismo. Quando a temperatura do Universo era mais elevada que cerca de 1014-15 GeV, a matéria era descrita por essa teoria. Abaixo desse patamar, a força forte desacoplou-se, originando as partículas constituídas de quarks, por um lado, e, por outro, de léptons, que, por sua vez, obedecem à interação eletrofraca.

Halo de matéria escura: é uma estrutura hipotética na galáxia composta de matéria escura. A matéria escura é uma forma de matéria que não emite, absorve ou reflete luz, o que a torna invisível aos nossos olhos e aos telescópios óticos. No entanto, sua existência é deduzida por meio de suas interações gravitacionais com outras formas de matéria, como estrelas e galáxias.

Horizonte de eventos: é um limite em torno de um buraco negro além do qual nenhuma luz ou matéria pode escapar de sua atração gravitacional. É o ponto sem retorno, onde a atração gravitacional é tão forte que nem a luz consegue escapar dela. O horizonte de eventos é definido como o limite além do qual a velocidade de escape é maior que a velocidade da luz, o que significa que qualquer coisa que o atravesse é efetivamente preso pelo buraco negro e nunca pode escapar.

Hot dark matter: é um tipo de matéria escura que se acredita ter uma alta velocidade e se mover na velocidade da luz ou perto dela. Foi proposto pela primeira vez como uma maneira de explicar por que algumas estruturas no Universo, como aglomerados de galáxias, parecem ter se formado mais rapidamente do que se fossem compostas apenas de matéria escura fria. Esta é um tipo de matéria escura que se acredita mover-se relativamente devagar e ter uma velocidade baixa. A diferença entre matéria escura fria e matéria escura quente é importante porque afeta como a matéria escura se aglomera sob a influência da gravidade.

Inflação: cenário de evolução do Universo quando transições de fase induzida pelos campos quânticos da GUT forçaram a expansão acentuada deste por volta de 10^{-34} s. Esse processo nos permite entender por que razão o material contido fora do nosso atual horizonte causal pode ter as mesmas propriedades físicas daquele observado no Universo local.

Lambda CDM: cenário cosmológico de matéria escura fria ao qual se adiciona a constante cosmológica para reproduzir a aceleração recente do Universo.

Lua: Lua é um satélite natural do planeta Terra. O termo *lua* refere-se ao satélite natural de qualquer planeta.

Nucleossíntese: a nucleossíntese é o processo pelo qual os núcleos atômicos são formados a partir de partículas menores, como prótons e nêutrons. É um aspecto essencial da evolução do Universo, pois explica como os elementos mais pesados, como carbono, oxigênio e ferro, foram formados a partir dos elementos mais leves criados no Big Bang.

Ocular: lente de aumento utilizada para visualizar a imagem produzida pela lente objetiva ou espelho primário de um telescópio

Período: intervalo de tempo ou espaço entre estados idênticos de um sistema físico cujas propriedades variam periodicamente.

Perturbação planetária: é a ocorrência de movimentos imprevistos que os corpos celestes realizam. Basicamente, ocorrem pequenas variações em suas órbitas, devido à influência dos demais planetas do Sistema Solar.

Planeta: astro sem luz própria que gira em torno de uma estrela e reflete sua luz.

Princípio cosmológico: é um conceito fundamental na cosmologia moderna que afirma que a estrutura em grande escala do Universo é homogênea e isotrópica, o que significa que parece a mesma em todas as direções e em todos os locais. Em outras palavras, não há direção ou localização especial no Universo, e as leis e os processos físicos que o regem são os mesmos em todos os lugares.

Pulsar: um pulsar é um tipo altamente especializado de estrela que só pode ser encontrado nos confins mais distantes do Universo. Além disso, os pulsares são extremamente poderosos e estão entre as fontes mais intensas de radiação eletromagnética em todo o Universo. Cientificamente falando, um pulsar é um corpo estelar extraordinariamente denso e superintenso que contém uma estrela de nêutrons.

Radiação de Hawking: partículas emitidas por um buraco negro. O campo gravitacional intenso no entorno desses objetos pode gerar pares de partículas virtuais, algumas das quais podem viver o suficiente para escapar. Para um buraco negro de massa equivalente ao Sol, a temperatura de Hawking é da ordem de 10-7 K, mas em buracos negros pouco massivos, com cerca de 1.012 kg, essa temperatura pode atingir cerca de 1011 K. O resultado é que os miniburacos negros devem sofrer um intenso processo de evaporação durante a evolução do Universo.

Solstício: cada uma das duas datas do ano em que o Sol, em seu aparente movimento no céu, atinge o maior grau de afastamento angular do equador.

Taxa de craterização: é à taxa na qual as crateras são formadas em uma superfície, geralmente devido à colisão de objetos com essa superfície. O termo é frequentemente utilizado em astronomia para descrever a taxa de formação de crateras em planetas, luas e outros corpos celestes.

Universo: o conjunto de todas as coisas que existe. O espaço, juntamente com a energia e o conjunto de todos os corpos celestes conhecidos e desconhecidos que ele contém; cosmos, metagaláxia.

Referências

ABELL, G. O.; CORWIN JR., H. G.; OLOWIN, R. P. A Catalog of Rich Clusters of Galaxies. **Astrophysical Journal Supplement Series**, v. 70, p. 1-138, May 1989.

ALBUQUERQUE, V. N. de; LEITE, C. O caso Plutão e a natureza da ciência. **Revista Latino-Americana de Educação em Astronomia**, n. 21, p. 31-44, 2016. Disponível em: <https://www.relea.ufscar.br/index.php/relea/article/view/233>. Acesso em: 20 nov. 2023.

AL DALLAL, S.; AZZAM, W. J. A Brief Review of Historical Supernovae. **International Journal of Astronomy and Astrophysics**, v. 11, n. 1, p. 73-86, Jan. 2021.

ALMIRANTE, A. O. de et al. **Uma aplicação alternativa para agrupamento de galáxias**. 73 f. Dissertação (Mestrado em Computação Aplicada) – Universidade Estadual de Feira de Santana, Feira de Santana, 2017. Disponível em: <http://tede2.uefs.br:8080/bitstream/tede/579/2/Adilson_Almirante_biblioteca.pdf>. Acesso em: 20 nov. 2023.

ALVES JÚNIOR, P. J. F. **Hubble e a expansão do Universo**. Disponível em: <http://www.univasf.edu.br/~militao.figueredo/MNPEF/fisicacomtemporanea/Monografias/Hubble%20e%20a%20Expansao%20do%20Universo%20-%20Pedro%20Feitosa.pdf>. Acesso em: 15 jun. 2023.

ARANA, J. M. **Astronomia de posição**. Presidente Prudente, 2000. Notas de aulas.

ARENDT, H. Man's Conquest of Space. **The American Scholar**, v. 32, n. 4, p. 527-540, 1963.

BALZER, A. Why Are the Inner and Outer Planets So Different? **Owlcation**, 6 oct. 2022.

BAMBI, C. (Ed.). **Astrophysics of Black Holes**: From Fundamental Aspects to Latest Developments. Berlin: Springer, 2016.

BENDJOYA, P.; ZAPPALÀ, V. Asteroid Family Identification. In: BOTTKE, W. F. et al. (Ed.). **Asteroids III**. Tucson, AZ: University of Arizona Press, 2002. p. 613-618.

BERSKI, F.; DYBCZYNSKI, P. A. Gliese 710 will Pass the Sun Even Closer. **Astronomy & Astrophysics**, v. 595, n. L10, nov. 2016.

BIAZZO, K. et al. (Ed.). **Demographics of Exoplanetary Systems**: Lecture Notes of the 3rd Advanced School on Exoplanetary Science. Berlin: Springer Nature, 2022.

BORGES, S. V.; RODRIGUES, C. V.; COELHO, J. G. Busca de uma corroboração observacional para o modelo de pulsar de anã branca para os magnetares. In: SEMINÁRIO DE INICIAÇÃO CIENTÍFICA E INICIAÇÃO EM DESENVOLVIMENTO TECNOLÓGICO E INOVAÇÃO, 2015, São José dos Campos.

BORUCKI, W. J. Kepler Mission: Development and Overview. **Reports on Progress in Physics**, v. 79, n. 3, Mar. 2016.

BROWN, E. W. A. B. A Short History of Astronomy. **Bulletin of the American Mathematical Society**, v. 7, n. 4, p. 187-188, 1901.

BRUBAKER, L. The Conquest of Space. In: MACRIDES, R. (Ed.). **Travel in the Byzantine World**: Papers from the Thirty-Fourth Spring Symposium of Byzantine Studies, Birmingham, April 2000. New York: Routledge, 2017. p. 235-257.

BUDRIKIS, Z. 30 Years of Exoplanet Detections. **Nature Reviews Physics**, v. 4, n. 5, May 2022.

BURLAGA, L. Voyager Observations of the Magnetic Field in the Heliosheath and the Local Interstellar Medium. **Journal of Physics – Conference Series**, n. 642, 2015.

BYKOV, A. M. et al. (Ed.). **Clusters of Galaxies**: Physics and Cosmology. New York: Springer, 2020.

CAMPOS, D. F. Newton: textos, antecedentes e comentários. **Episteme**, Porto Alegre, v. 16, p. 157-158, 2003. Resenha. Disponível em: <https://zenodo.org/record/6476083/files/episteme-16-10-campos.pdf>. Acesso em: 20 nov. 2023.

CESARONE, R. J.; SERGEYEVSKY, A. B.; KERRIDGE, S. J. Prospects for the Voyager Extra-Planetary and Interstellar Mission. **Journal of the British Interplanetary Society**, v. 37, n. 3, p. 99-116, 1984.

CLEMENT, M. et al. Pythagoras: His Life, Teaching, and Influence by Christoph Riedweg. **Mathematical Intelligencer**, v. 33, p. 153-154, July 2011.

CODE, A. D.; SAVAGE, B. D. Orbiting Astronomical Observatory: Review of Scientific Results. **Science**, v. 177, n. 4045, p. 213-221, Jul. 1972.

COORDONNÉES galactiques: qu'est-ce que c'est? **Futura**. Disponível em: <https://www.futura-sciences.com/sciences/definitions/univers-coordonnees-galactiques-23/>. Acesso em: 15 jun. 2023.

COPERNICUS, N. **De revolutionibus orbium coelestium, libri VI**. Paris: M. J. Hermann, 1927 [Nuremberg: Johann Petreius, 1543].

COSTA, I. F. da; MAROJA, A. de M. Astronomia diurna: medida da abertura angular do Sol e da latitude local. **Revista Brasileira de Ensino de Física**, v. 40, n. 1, p. 4-13, 2018. Disponível em: <https://www.scielo.br/j/rbef/a/6SSW7cwdDmbTsbhMXCDLC9z/?lang=pt>. Acesso em: 30 jun. 2023.

D'ABBEVILLE, C. **Histoire de la Mission des Peres Capucins en l'Isle de Maragnan et terres circonuoisines**. Paris: François Huby, 1614.

DALLE ORE, C. M. et al. Detection of Ammonia on Pluto's Surface in a Region of Geologically Recent Tectonism. **Science Advances**, v. 5, n. 5, May 2019.

DÁVILA, H. Microbiografias: Eratóstenes, Hiparco. **Boletín do Observatorio Astronómico de Quit**o, p. 75-79, 1990.

DELPORTE, E. **Délimitation scientifique des constellations (tables et cartes)**. Cambridge: Cambridge University Press, 1930.

DE LUCA, N. **Mecânica celeste**. Curitiba: Ed. da UFPR, 1982.

DEUTSCHE DIGITALE BIBLIOTHEK. **Bildnis Des Thales Milesius**. Disponível em: <https://www.deutsche-digitale-bibliothek.de/item/MIGXNFMEF6A6FVW2VPQ7JW4GKQO5HDVO>. Acesso em: 15 jun. 2023.

DIAFERIO, A.; SCHINDLER, S.; DOLAG, K. Clusters of Galaxies: Setting the Stage. In: KAASTRA, J. (Ed.). **Clusters of Galaxies**: Beyond the Thermal View. New York: Springer, 2008. p. 7-24.

DREYER, J. L. E. **History of the Planetary Systems from Thales to Kepler**. Cambridge: Cambridge University Press, 1906. Revised by WH Stahl as: A History of Astronomy from Thales to Kepler. London: Dover Publications, 1953.

DUBOSE, S. Presocratic Philosophy. **The Southern Journal of Philosophy**, v. 5, n. 2, p. 143-151, 1967.

EALES, S. **Origins**: how the Planets, Stars, Galaxies, and the Universe Began. Berlin: Springer Science & Business Media, 2007.

EINSTEIN, A. **Einstein's Miraculous Year**: Five Papers that Changed the Face of Physics. Princeton, NJ: Princeton University Press, 2005.

EUROPEAN COMMISSION. **Breakthrough Discovery in Astronomy**: First Ever Image of a Black Hole. 2019. Disponível em: <https://www.youtube.com/watch?v=Dr20f19czeE>. Acesso em: 15 jun. 2023.

EVANS, N. W.; WILKINSON, M. I. The Mass of the Andromeda Galaxy. **Monthly Notices of the Royal Astronomical Society**, v. 316, n. 4, p. 929-942, 2000.

EXOPLANET – The Extrasolar Planets Encyclopaedia. Disponível em: <http://www.exoplanet.eu/>. Acesso em: 15 jun. 2023.

FAGUNDES, H. V. Modelos cosmológicos e a aceleração do Universo. **Revista Brasileira de Ensino de Física**, v. 24, n. 2, p. 247-253, jun. 2002. Disponível em: <https://www.scielo.br/j/rbef/a/pNZ8G5nSBwf9pc6WPGfpryB/abstract/?lang=pt>. Acesso em: 20 nov. 2023.

FERETTI, L. et al. Clusters of Galaxies: Observational Properties of the Diffuse Radio Emission. **The Astronomy and Astrophysics Review**, v. 20, n. 54, p. 1-60, May 2012.

FESTOU, M. C.; KELLER, H. U.; WEAVER, H. A. (Ed.). **Comets II**. Tucson, AZ: University of Arizona Press, 2004.

FINGER, G. et al. Infrared Arrays at the European Southern Observatory. In: PHILIP, A. G. D.; JANES, K. A.; UPGREN, A. R. (Ed.). **New Developments in Array Technology and Applications**: Proceedings of the 167th Symposium of the International Astronomical Union, held in the Hague, the Netherlands, August 23–27, 1994. Berlin: Springer Science & Business Media, 1995.

FINLAY, W. H. **Concise Catalog of Deep-Sky Objects**: Astrophysical Information for 500 Galaxies, Clusters and Nebulae London: Springer, 2003.

FORBES, G. **History of Astronomy**. New York: G. P. Putnam's Sons, 1909.

FOUNTAIN, G. H. et al. The New Horizons Spacecraft. **Space Science Reviews**, v. 140, p. 23-47, 2008.

FREEDMAN, W. L.; MADORE, B. F. The Hubble Constant. **Annual Review of Astronomy and Astrophysics**, v. 48, p. 673-710, Sept. 2010.

GALILEI, G. **Sidereus, nuncius, or, A Sideral Message**. Sagamore Beach, MA: Science History Publications, 2009.

GARDNER, J. P. et al. The James Webb Space Telescope. **Space Science Reviews**, v. 123, p. 485-606, 2006.

GARIN, E. **Ciência e vida civil no Renascimento italiano**. Tradução de Cecília Prada. São Paulo: Ed. da Unesp, 1996.

GEHRZ, R. D. et al. The NASA Spitzer Space Telescope. **Review of Scientific Instruments**, v. 78, n. 1, Jan. 2007.

GILLESPIE, S. K. John William Draper and the Reception of Early Scientific Photography. **History of photography**, v. 36, n. 3, p. 241-254, 2012.

GILMOZZI, R.; SPYROMILIO, J. The European Extremely Large Telescope (E-ELT). **The Messenger**, v. 127, n. 11, p. 3, Mar. 2007.

GRAßHOFF, G. **The History of Ptolemy's Star Catalogue**. Berlin: Springer Science & Business Media, 2013.

HAYASHI, C.; NAKAZAWA, K.; NAKAGAWA, Y. Formation of the Solar System. In: BLACK, D. C.; MATTHEWS, M. S. (Ed.). **Protostars and Planets II**. Tucson, AZ: University of Arizona Press, 1985. p. 1100-1153.

HEISENBERG, W. The Debate Between Plato and Democritus. In: WILBER, K. **Quantum Questions**: Mystical Writings of the World's Great Physicists. Boston: Shambala, 2001. p. 46-55.

HICKSON, P. Compact Groups of Galaxies. **Annual Review of Astronomy and Astrophysics**, v. 35, p. 357-388, Sep. 1997.

HOFSTADTER, M. et al. Uranus and Neptune Missions: A Study in Advance of the Next Planetary Science Decadal Survey. **Planetary and Space Science**, v. 177, p. 104680, Nov. 2019.

HOSTI, B. P. O que é a classificação espectral das estrelas e pra que ela serve? **Espaço Tempo**, 20 fev. 2021. Disponível em: <https://www.espacotempo.com.br/classificacao-espectral-de-estrelas/>. Acesso em: 15 jun. 2023.

HUERTAS-COMPANY, M. et al. The Hubble Sequence at z~ 0 in the IllustrisTNG Simulation with Deep Learning. **Monthly Notices of the Royal Astronomical Society**, v. 489, n. 2, p. 1859-1879, Oct. 2019.

HUYGENS, C. Tratado sobre a luz. Tradução de Roberto de Andrade Martins. **Cadernos de História e Filosofia da Ciência**, supl. 4, p. 1-99, 1986.

KAASTRA, J. (Ed.). **Clusters of Galaxies**: Beyond the Thermal View. New York: Springer, 2008.

KALIRAI, J. Scientific Discovery with the James Webb Space Telescope. **Contemporary Physics**, v. 59, n. 3, p. 251-290, July 2018.

KASPI, V. M.; BELOBORODOV, A. M. Magnetars. **Annual Review of Astronomy and Astrophysics**, v. 55, p. 261-301, Aug. 2017.

KOHLHASE, C. E.; PENZO, P. A. Voyager Mission Description. **Space Science Reviews**, v. 21, n. 2, p. 77-101, 1977.

KOYRÉ, A. **Estudos galilaicos**. Tradução de Nuno Ferreira da Fonseca. Lisboa: Publicações Dom Quixote, 1992.

KUHN, T. S. **A Revolução Copernicana**. Lisboa: Edições 70, 2002.

LANKFORD, J. (Ed.). **History of Astronomy**: an Encyclopedia. New York: Routledge, 2013.

LEBLANC, F. **An Introduction to Stellar Astrophysics**. Chichester, West Sussex: John Wiley & Sons, 2011.

LEITE, D. de O.; PRADO, R. J. Espectroscopia no infravermelho: uma apresentação para o Ensino Médio. **Revista Brasileira de Ensino de Física**, v. 34, n. 2, p. 1-9, 2012. Disponível em: <https://www.scielo.br/j/rbef/a/QbZCxNqrv3B7nYTHzwtrmFm/abstract/?lang=pt>. Acesso em: 20 nov. 2023.

LÉNA, P.; LEBRUN, F.; MIGNARD, F. **Observational Astrophysics**. Berlin: Springer Science & Business Media, 2013.

LES DIFFÉRENTS systèmes de coordonnées en astronomie. **Cité Sciences et Industrie**, 2022. Disponível em: <https://www.cite-sciences.fr/fileadmin/fileadmin_CSI/fichiers/vous-etes/enseignant/Documents-pedagogiques/_documents/Ressources-en-ligne/Fiche1-SystemesCoordonnees.pdf>. Acesso em: 15 jun. 2023.

LIANG, E. P.; NOLAN, P. L. Cygnus X-1 Revisited. **Space Science Reviews**, v. 38, n. 3-4, p. 353-384, 1984.

LIMA, F. P. et al. Relações céu-terra entre os indígenas no Brasil: distintos céus, diferentes olhares. In: MATSUURA, O. T. (Org.). **História da Astronomia no Brasil**. Recife: Cepe, 2013. p. 88-130.

LIMA, F. P.; MOREIRA, I. de C. Tradições astronômicas tupinambás na visão de Claude D'Abbeville. **Revista da SBHC**, Rio de Janeiro, v. 3, n. 1, p. 4-19, jan./jun. 2005. Disponível em: <http://www.sbhc.org.br/resources/download/1320065767_ARQUIVO_artigos_1.pdf>. Acesso em: 15 jun. 2023.

LISSAUER, J. J.; PATER, I. de. **Fundamental Planetary Science**: Physics, Chemistry and Habitability. New York: Cambridge University Press, 2013.

LISKE, J. et al. Cosmic Dynamics in the Era of Extremely Large Telescopes. **Monthly Notices of the Royal Astronomical Society**, v. 386, n. 3, p. 1192-1218, May 2008.

MACIEL, W. J. Formação dos elementos químicos. **Revista USP**, São Paulo, n. 62, p. 66-73, jun./ago. 2004. Disponível em: <https://www.revistas.usp.br/revusp/article/view/13342/15160>. Acesso em: 15 jun. 2023.

MACIEL, W. J. General Overview of the Interstellar Medium. In: MACIEL, W. J. **Astrophysics of the Interstellar Medium**. New York: Springer, 2013. p. 1-15.

MAGGIORE, M. Gravitational Wave Experiments and Early Universe Cosmology. **Physics Reports**, v. 331, n. 6, p. 283-367, July 2000.

MAMON, G. A. Dynamical Theory of Dense Groups of Galaxies. In: Sulentic, J. W.; Kell, W. C.; Telesco, C. M. (Ed.). **Paired and Interacting Galaxies**: International Astronomical Union Colloquium n. 124. Washington: NASA, Office of Management, Scientific and Technical Information Division, 1990. (NASA Conference Publication, v. 3098). p. 609-618.

MARICONDA, P. R.; VASCONCELOS, J. **Galileu e a nova física**. São Paulo: Odysseus, 2006.

MARQUES, T. Radiação cósmica de fundo: características e atualidades. **Caderno de Física da UEFS**, v. 10, n. 1-2, p. 45-52, 2012. Disponível em: <https://docplayer.com.br/10788541-Radiacao-cosmica-de-fundo-caracteristicas-e-atualidades.html>. Acesso em: 20 nov. 2023.

MARTIN, B.; KIM, D. W. How do You Build a Mirror for One of the World's Biggest Telescopes? **Phys.Org**, 15 Jan. 2016. Disponível em: <https://phys.org/news/2016-01-mirror-world-biggest-telescopes.html>. Acesso em: 15 jun. 2023.

MATHUR, S. D. Black Holes and Beyond. **Annals of Physics**, v. 327, n. 11, p. 2760-2793, Nov. 2012.

MATSAS, G. E. A. Gravitação semiclássica. **Revista Brasileira de Ensino de Física**, v. 27, n. 1, p. 137-145, 2005. Disponível em: <https://www.scielo.br/j/rbef/a/JgPdTcrbQzYdbHsMtVmKtvD/>. Acesso em: 20 nov. 2023.

MCELWAIN, M. W. et al. The James Webb Space Telescope Mission: Optical Telescope Element Design, Development, and Performance. **Publications of the Astronomical Society of the Pacific**, v. 135, n. 1047, p. 1-34, May 2023.

MCKAY, A. J. et al. The Peculiar Volatile Composition of CO-Dominated Comet C/2016 R2 (PanSTARRS). **The Astronomical Journal**, v. 158, n. 3, 2019.

MEIER, D. L. Black Hole Astrophysics: the Engine Paradigm. Berlin: Springer Science & Business Media, 2012.

MICHEL, P.; DEMEO, F. E.; BOTTKE, W. F. (Ed.). **Asteroids IV**. Tucson, AZ: University of Arizona Press, 2015.

MOSTAFAVI, P. et al. Shocks in the Very Local Interstellar Medium. **Space Science Reviews**, v. 218, n. 4, p. 1-41, 2022.

MOTHE-DINIZ, T.; ROCHA, J. F. V. da. O Sistema Solar revisto. **Ciência & Ensino**, v. 1, n. 2, 2008.

MOURÃO, R. R. de F. **Copérnico**: pioneiro da revolução astronômica. São Paulo: Odysseus, 2004. (Coleção Imortais da Ciência).

MURRAY, C. D.; DERMOTT, S. F. **Solar System Dynamics**. Cambridge: Cambridge University Press, 1999.

NAGAMINE, K. et al. Galaxy Formation and Evolution. **Space Science Reviews**, v. 202, n. 1-4, p. 79-109, 2016.

NARLIKAR, J. V. **An Introduction to Cosmology**. 3. ed. Cambridge: Cambridge University Press, 2002

NEUGEBAUER, O.; SWERDLOW, N. M. **Mathematical Astronomy in Copernicus's De Revolutionibus**. New York, Berlin, Heidelberg, Tokyo: Springer-Verlag, 1984.

NEWTON, R. R. **The Origins of Ptolemy's Astronomical Parameters**. Baltimore: Johns Hopkins Unviersity Applied Physics Laboratory; Center for Archaeoastronomy, University of Maryland, 1982.

NOVIKOV, I. D.; FROLOV, V. P. Black Holes in the Universe. **Physics-Uspekhi**, v. 44, n. 3, p. 291, Mar. 2001.

OLIVEIRA FILHO, K. de S.; SARAIVA, M. de F. O. **Astronomia e astrofísica**. 2. ed. São Paulo: Livraria da Física, 2004.

O MOVIMENTO aparente do Sol. **Museu de Astronomia e Ciências Afins**. Disponível em: <http://site.mast.br/exposicoes_hotsites/exposicao_temporaria_faz_tempo/movimento_sol.html>. Acesso em: 15 jun. 2023.

OPITOM, C. et al. High Resolution Optical Spectroscopy of the N2-Rich Comet C/2016 R2 (PanSTARRS). **Astronomy & Astrophysics**, v. 624, n. A64, Apr. 2019.

ORTIZ, R. **Luz & radiação**. Disponível em: <http://each.uspnet.usp.br/ortiz/classes/Light.pdf>. Acesso em: 15 jun. 2023.

PEEBLES, P. J. E. **Principles of Physical Cosmology**. Princeton, NJ: Princeton University Press, 1993.

PESSAH, M.; GRESSEL, O. (Ed.). **Formation, Evolution, and Dynamics of Young Solar Systems**. Cham, Switzerland: Springer International Publishing, 2017.

PRIALNIK, D.; BARUCCI, M. A.; YOUNG, L. A. (Ed.). **The Trans-Neptunian Solar System**. Amsterdam: Elsevier, 2019.

RAYMOND, S. N.; IZIDORO, A.; MORBIDELLI, A. Solar System Formation in the Context of Extra-Solar Planets. In: MEADOWS, V. et al. (Ed.). **Planetary Astrobiology**. University of Arizona Press, 2020.

RIBEIRO, A. de O. Estudo da distribuição taxonômica dos asteróides do cinturão principal a partir da fotometria do Catálogo Sloan Digital Sky Survey MOC3. REUNIÃO ANUAL DA SOCIEDADE ASTRONÔMICA BRASILEIRA, 35., 2010, Passa Quatro.

RIDPATH, I. (Ed.). **A Dictionary of Astronomy**. 2. ed. New York: Oxford University Press, 2012.

ROOS, M. **Introduction to Cosmology**. 4. ed. New York: John Wiley & Sons, 2015.

ROY, A. E. The Origin of the Constellations. **Vistas in Astronomy**, v. 27, p. 171-197, 1984.

ROZENTAL, I. L. **Big Bang Big Bounce**: how Particles and Fields Drive Cosmic Evolution. Berlin: Springer Science & Business Media, 2012.

RYDEN, B. **Introduction to Cosmology**. 2. ed. Cambridge: Cambridge University Press, 2017.

RUSSELL, B. **História do pensamento ocidental**: a aventura das ideias dos pré-socráticos a Wittgenstein. Tradução de Laura Alves e Aurélio Rebello. Rio de janeiro: Ediouro, 2001.

RUSSELL, C. T.; RAYMOND, C. A. The Dawn Mission to Vesta and Ceres. In: RUSSELL, C. T.; RAYMOND, C. A. (Ed.). **The Dawn Mission to Minor Planets 4 Vesta and 1 Ceres**. New York: Springer Science & Business Media, 2012. p. 3-23.

SALPETER, E. E. A Generalist Looks Back. **Annual Review of Astronomy and Astrophysics**, v. 40, n. 1, p. 1-25, Sep. 2002.

SANDERS, R. H. The Universal Faber-Jackson Relation. **Monthly Notices of the Royal Astronomical Society**, v. 407, n. 2, p. 1128-1134, Sep. 2010.

SCHAUER, A. T. P. et al. On the Probability of the Extremely Lensed z= 6.2 Earendel Source Being a Population III Star. **The Astrophysical Journal Letters**, v. 934, n. 1, 2022.

SCHEFTER, J. **The Race**: the Complete True Story of how America beat Russia to the Moon. New York: Anchor, 2010.

SCOVILLE, N. et al. Cosmos: Hubble Space Telescope Observations. **The Astrophysical Journal Supplement Series**, v. 172, n. 1, p. 38-45, Sept. 2007.

SEAGER, S.; DEMING, D. Exoplanet Atmospheres. **Annual Review of Astronomy and Astrophysics**, v. 48, n. 1, p. 631-672, 2010.

SEIDELMANN, P. K.; HOHENKERK, C. Y. **The History of Celestial Navigation**: Rise of the Royal Observatory and Nautical Almanacs. Cham, Switzerland: Springer International Publishing, 2020.

SHAYLER, D. J.; HARLAND, D. M. **The Hubble Space Telescope**: From Concept to Success. New York: Springer, 2016.

SHEEHAN, W.; HOCKEY, T. **Jupiter**. London: Reaktion Books, 2018.

SHEN, Y. et al. The Sloan Digital Sky Survey Reverberation Mapping Project: Technical Overview. **The Astrophysical Journal Supplement Series**, v. 216, n. 1, p. 1-25, Aug. 2014.

SIFFERT, B. B.; ARANHA, R. F. A primeira detecção direta de ondas gravitacionais. **Com Ciência**, 2016. Disponível em: <https://www.comciencia.br/comciencia/handler.php?section=8&edicao=125&id=1524>. Acesso em: 15 jun. 2023.

SPOHN, T.; BREUER, D.; JOHNSON, T. V. (Ed.). **Encyclopedia of the Solar System**. 3. ed. Amsterdam: Elsevier, 2014.

SPRINGEL, V.; FRENK, C. S.; WHITE, S. D. M. The Large-Scale Structure of the Universe. **Nature**, v. 440, n. 7088, p. 1137-1144, Apr. 2006.

STAHLER, S. W.; PALLA, F. **The Formation of Stars**. Hoboken: John Wiley & Sons, 2008.

STERN, S. A. The New Horizons Pluto Kuiper Belt Mission: an Overview with Historical Context. **Space Science Reviews**, n. 140, p. 3-21, 2008.

STERN, S. A. et al. The Pluto System After New Horizons. **Annual Review of Astronomy and Astrophysics**, v. 56, n. 1, p. 357-392, 2018.

STERN, A.; GRINSPOON, D. **Chasing New Horizons**: Inside the Epic First Mission to Pluto. New York: Picador, 2018.

STEVENSON, D. S. **Extreme Explosions**: Supernovae, Hypernovae, Magnetars, and Other Unusual Cosmic Blasts. New York: Springer; London: Heidelberg-Dordrecht, 2014.

SUTHERLAND, W. Gravitational Microlensing: a Report on the MACHO Project. **Reviews of Modern Physics**, v. 71, n. 1, p. 421-434, Jan. 1999.

SWERDLOW, N. M.; NEUGEBAUER, O. **Mathematical Astronomy in Copernicus' De Revolutionibus**: in Two Parts. Berlin: Springer Science & Business Media, 2012.

TEMPEL, E. et al. Friends-of-Friends Galaxy Group Finder with Membership Refinement-Application to the Local Universe. **Astronomy & Astrophysics**, v. 588, p. A14, 2016.

THOREN, V. E.; CHRISTIANSON, J. R. **The Lord of Uraniborg**: a Biography of Tycho Brahe. Cambridge: Cambridge University Press, 1990.

TUCKER, R. H. Ptolemy's Catalogue of Stars: A Revision of the Almagest. **Science**, v. 43, n. 1122, jun. 1916.

VALADARES, E. de C. **Newton**: a órbita da Terra em um copo d'água. São Paulo: Odysseus, 2003.

VERNIN, J. et al. European Extremely Large Telescope Site Characterization I: Overview. **Publications of the Astronomical Society of the Pacific**, v. 123, n. 909, p. 1334-1346, Nov. 2011.

VIKHLININ, A. A.; SUNYAEV, R. A.; CHURAZOV, E. M. International Conference on Cosmology and High Energy Astrophysics (Zel'dovich-90) Moscow, 20-24 December 2004. **Physics–Uspekhi**, v. 48, n. 5, p. 533-535, May 2005.

VILLELA, T.; FERREIRA, I.; WUENSCHE, C. A. Cosmologia observacional: a radiação cósmica de fundo em microondas. **Revista USP**, São Paulo, n. 62, p. 104-115, jun./ago. 2004. Disponível em: < https://www.revistas.usp.br/revusp/article/view/13346>. Disponível em: 20 nov. 2023.

WAGA, I. Cem anos de descobertas em cosmologia e novos desafios para o século XXI. **Revista Brasileira de Ensino de Física**, v. 27, n. 1, p. 157-173, 2005. Disponível em: <https://www.scielo.br/j/rbef/a/mHkGCJLdDGnhQgGwTQfxxGj/?format=pdf>. Acesso em: 20 nov. 2023.

WALL, W. **A History of Optical Telescopes in Astronomy**. Cham, Switzerland: Springer, 2018.

WEBBER, W. R.; LOCKWOOD, J. A. Voyager and Pioneer Spacecraft Measurements of Cosmic Ray Intensities in the Outer Heliosphere: Toward a New Paradigm for Understanding the Global Solar Modulation Process: 1. Minimum Solar Modulation (1987 and 1997). **Journal of Geophysical Research – Space Physics**, v. 106, n. A12, p. 29323-29331, 2001.

WEEDMAN, D. W. **Quasar Astronomy**. Cambridge: Cambridge University Press, 1988.

WILLIAMS, B. A. O. **Platão**: a invenção da filosofia. Tradução de Irley Fernandes Franco. São Paulo: Ed. da Unesp, 2000.

WRIGHT, J. T.; GAUDI, B. S. Exoplanet Detection Methods. **arXiv preprint arXiv**, v. 2, 1210.2471, Oct. 2012.

YAN, H. et al. First Batch of $z \approx$ 11–20 Candidate Objects Revealed by the James Webb Space Telescope Early Release Observations on SMACS 0723-73. **The Astrophysical Journal Letters**, v. 942, n. 1, p. L9, 2022.

ZHANG, Y. et al. Echelle Grating Spectroscopic Technology for High-Resolution and Broadband Spectral Measurement. **Applied Sciences**, v. 12, n. 21, Oct. 2022.

ZHU, W.; DONG, S. Exoplanet Statistics and Theoretical Implications. **Annual Review of Astronomy and Astrophysics**, v. 59, p. 291-336, 2021.

ZIMDAHL, W. Big Bang & energia escura: problemas atuais da cosmologia. **Cadernos de Astronomia**, v. 2, n. 1, p. 106-114, 2021. Disponível em: <https://periodicos.ufes.br/astronomia/article/view/33624>. Acesso em: 20 nov. 2023.

ZIMMERMAN, R. **The Universe in a Mirror**: The Saga of the Hubble Space Telescope and the Visionaries Who Built it. Princeton, N.J.: Princeton University Press, 2010.

ZWICKY, F. Die rotverschiebung von extragalaktischen nebeln. **Helvetica Physica Acta**, v. 6, p. 110-127, 1933.

Segredos universais comentados

HORVATH, J. E. **High-Energy Astrophysics**: A Primer. Basel: Springer Nature, 2022.

No decorrer do século XXI, avanços tecnológicos e científicos têm lançado luz sobre questões outrora obscuras e aparentemente inalcançáveis no século precedente. Tal categoria abarca objetos compactos resultantes de evolução estelar, supernovas, núcleos galácticos ativos, surtos gama e, mais recentemente, ondas gravitacionais – esta última revelando-se uma nova janela para o mundo físico. Nesse contexto, sob o embasamento de sua vasta experiência como professor dedicado ao tema, Jorge E. Horvath apresenta essa obra, meticulosamente elaborada para servir de elo entre as disciplinas fundamentais da física e o fronteiriço universo dos temas explorados, buscando conferir semelhante nível de complexidade a ambos. Essa exposição, portanto, cumpre o papel de preparar e introduzir a abordagem abrangente dos fenômenos mais fascinantes e intricados que a astrofísica contemporânea investiga nos dias atuais, suscitando o interesse tanto dos estudantes quanto do público em geral.

HORVATH, J. E. **O ABCD da astronomia e astrofísica**.
São Paulo: Livraria da Física, 2008.

A astronomia, fundindo-se com a física e a matemática, e nutrindo-se de outros campos do saber, empreende-se como um notório âmago do conhecimento. O presente livro, enlaçando-se de modo contemporâneo às distintas áreas da astronomia, preza sobremaneira pela astrofísica estelar, pela cosmologia e pelo emergente campo da astrobiologia. A complexidade matemática foi mantida parcimoniosamente, sem, contudo, ceder em concessões ao rigor expositivo. Acerca disso, agregam-se sete apêndices, que conferem material auxiliar de notável interesse. Os tópicos essenciais do currículo escolar, a exemplo da estrutura da Terra e outros temas correlatos, são aqui abordados e revisitados de forma abrangente e entrelaçada com outros assuntos.

MOREIRA, J. L. K. **Astrofísica observacional**: do ultravioleta ao infravermelho próximo. Rio de Janeiro: Clube de Autores, 2020.

Essa obra se destina aos estudiosos de astrofísica que almejam mergulhar na senda observacional, bem como aos profissionais em busca de esclarecimentos. Orientada à explanação dos diversos aspectos desse campo, simultaneamente complexo e estimulante, convida-os a abrir este livro no capítulo de seu interesse, possibilitando-lhes adentrar no tema ou aprofundar seus saberes de forma plena e sem amarras.

OLIVEIRA FILHO, K. de S.; SARAIVA, M. de F. O. **Astronomia e astrofísica**. 2. ed. São Paulo: Livraria da Física, 2004.

Esse livro foi concebido com o fito de conceder acesso a indivíduos desprovidos de qualquer entendimento prévio da astronomia e com escasso conhecimento matemático. Embora algumas seções compreendam derivações matemáticas, tais como insolação solar, marés e leis de Kepler generalizadas, a inabilidade de compreendê-las de forma integral não compromete a apreensão do conteúdo geral do texto. As explicações relativas à evolução estelar e à cosmologia matemática requerem uma proficiência sólida nas disciplinas de Matemática e Física. Mesmo que o leitor opte por omitir as partes mais matemáticas, almeja-se que obtenha uma perspectiva abrangente da astronomia e da astrofísica.

SPARROW, G. **50 ideias de astronomia que você precisa conhecer**. Tradução de Helena Londres. São Paulo: Planeta do Brasil, 2018.

Essa obra, elucubrada sob a perspectiva do renomado astrofísico Neil de Grasse Tyson, revela-se uma leitura essencial para os que almejam compreender os enigmas do cosmos e a beleza infinita do Universo. Em 50 ensaios concisos, são abordadas teorias ancestrais e temas contemporâneos da astronomia, explorando conceitos fundamentais, como migração planetária, exoplanetas, estrelas pulsantes, galáxias ativas e a intrigante matéria escura. O livro é uma inestimável jornada que amplia a compreensão sobre a vastidão celeste e os mistérios que o permeiam.

Gabarito galáctico

Capítulo 1

Autodescobertas em teste

1) O homem primitivo, mesmo desprovido de linguagem formal, podia, "diariamente", ver a sucessão de momentos claros (dia) e momentos escuros (noite), e que isso se repetia ao longo de toda sua existência. Assim, a utilização desse ciclo como padrão se tornou algo intrínseco.
2) O movimento de translação é o responsável pela ocorrência das estações do ano. Por meio dele, o planeta gira em torno do Sol, dando origem, junto com a inclinação do eixo terrestre, às características das estações.
3) c. A revolução científica não teve ligação direta com a legitimação política do absolutismo ou com o poder da Igreja Católica. Ela estava diretamente conectada à tradição de especulações científicas.
4) d. Newton não chegou a conhecer Galileu, dada a distância temporal entre um e outro. As influências que Newton recebeu de Galileu foram indiretas, por meio das obras deste.

5) e. Para a cosmologia aristotélico-ptolomaica, o mundo apresentava uma organização harmônica, disposta em esferas celestes e no mundo sublunar, ou terrestre. Nesse esquema, o planeta Terra estava no centro e permanecia imóvel.

Evoluções planetárias

Reflexões meteóricas

1) A importância da experiência, da observação e do método científico como instrumentos de descrição do mundo.

2) A teoria heliocêntrica de Copérnico foi uma inovação fundamental na teoria planetária que influenciou a obra de muitos cientistas e astrônomos notáveis. Entre eles, destaca-se Johannes Kepler, astrônomo alemão que utilizou as ideias de Copérnico para desenvolver suas leis do movimento planetário. Kepler descobriu que as órbitas dos planetas não eram circulares, como Copérnico havia proposto, mas sim elípticas. Outro cientista influenciado pela teoria heliocêntrica de Copérnico foi Galileu Galilei, físico e astrônomo italiano que, ao observar os planetas com um telescópio, confirmou que eles orbitavam o Sol, e não a Terra, o que apoiou ainda mais a teoria heliocêntrica. Isaac Newton, físico inglês, também foi influenciado pela teoria heliocêntrica e desenvolveu a Lei da Gravitação Universal, que explicava como os planetas orbitavam o Sol. Essa lei foi baseada, em parte, na teoria de Copérnico.

Práticas solares

1) Na visão de Aristóteles, cada um dos corpos estava embutido em uma esfera, e o corpo e a esfera eram feitos de éter, uma substância cristalina que era lisa, pura, imutável e divina. A teoria de separação feita por Aristóteles, de que o céu era imutável e perfeito e o mundo sublunar era mutável e imperfeito, está ligada a uma visão teológica do cosmos.

2) Inicialmente, a maioria das observações sistemáticas estava associada à definição do ano em benefício da cobrança precisa dos impostos. Para os governos da época, conhecer a data em termos de sua posição dentro de um ciclo solar tornou-se importante para a cobrança de impostos e o controle da mão de obra.

Capítulo 2

Autodescobertas em teste

1) O primeiro problema era a aberração cromática, um fenômeno no qual os raios de luz de diferentes comprimentos de onda são transmitidos em pontos focais diferentes; o segundo problema era o tamanho dos telescópios.

2) A atmosfera em que estamos mergulhados filtra alguns tipos de ondas eletromagnéticas vindos não só da estrela mais brilhante do nosso céu, mas também dos outros astros. Ela nos protege de raios

nocivos para a saúde ao impedir que estes cheguem até a superfície, como acontece com o ultravioleta, os raios X e os raios gama. Desse modo, com os telescópios espaciais pode-se analisar essas faixas dos espectros eletromagnéticos e, assim, entender os processos físicos que se manifestam nessas faixas.

3) c. A Lua estará próxima aos planetas Marte, Vênus e Saturno na região da Constelação Ocidental de Capricórnio.
4) Correta.
5) a. Foi uma missão espacial não tripulada do programa Luna, da União Soviética. Em 3 de fevereiro de 1966, a Luna 9 se tornou a primeira espaçonave a conseguir um pouso de sobrevivência em um corpo celeste.

Evoluções planetárias

Reflexões meteóricas

1) O enunciado do exercício fala de uma característica conhecida como *independência dos raios de luz*. De acordo com esse princípio, dois ou mais raios de luz podem se cruzar sem sofrer quaisquer mudanças em sua trajetória.
2) Ela estuda um espectro de absorção, que é o espectro constituído por um conjunto de riscas ou bandas negras, ou quedas no brilho que se obtém pelo espectroscópio quando se faz passar a luz proveniente de uma fonte luminosa através de um gás. As bandas se formam em

posições que coincidem com aquelas em que se formariam as bandas espectro de emissão da mesma substância e são características de cada substância.

Práticas solares

1) Usando a equação para a área de um círculo, $A = (\pi d^2)/4$ temos para:

- A área de 1 m telescópio $(\pi d^2)/4 = (\pi\ 1m)2/4 = 0{,}79\ m^2$
- A área de 4 m telescópio é $(\pi d^2)/4 = (\pi\ 4m)2/4 = 12{,}6\ m^2$

2) Sabendo que 1 ano-luz é igual $9{,}461 \times 10^{12}$ km, basta multiplicar $9{,}461 \times 10^{12}$ km por 7.000 e teremos que $9{,}461 \times 10^{12}$ km $\times$ 7.000 $= 6{,}6227 \times 10^{16}$ km.

Capítulo 3

Autodescobertas em teste

1) A excentricidade de uma órbita elíptica é um parâmetro que descreve a forma da elipse e é calculada como a razão entre a distância focal e o semieixo maior da elipse. A seguir, elencam-se os planetas do Sistema Solar, ordenados de forma decrescente em relação à sua excentricidade:

- Mercúrio: excentricidade de aproximadamente 0,206.
- Marte: excentricidade de aproximadamente 0,093.
- Vênus: excentricidade de aproximadamente 0,007.
- Terra: excentricidade de aproximadamente 0,017.

- Netuno: excentricidade de aproximadamente 0,010.
- Urano: excentricidade de aproximadamente 0,046.
- Júpiter: excentricidade de aproximadamente 0,049.
- Saturno: excentricidade de aproximadamente 0,056.

Lembrando que a excentricidade varia de 0 a 1. Quanto mais próxima de 0, mais próxima a órbita é de um círculo, e quanto mais próxima de 1, mais alongada é a elipse. Portanto, Mercúrio é o planeta com a órbita mais excêntrica do Sistema Solar, seguido por Marte, Vênus, Terra, Netuno, Urano, Júpiter e Saturno, este último com a órbita menos excêntrica entre os planetas listados.

2) Assumindo $mv^2/R = GmM/R^2$, em que m é a massa do planeta, M é a massa do Sol, v é o módulo da velocidade linear do planeta e R é o raio da órbita, no modelo proposto, o raio e o semieixo maior da órbita são idênticos. Se o planeta leva um tempo T para dar uma volta completa ao redor do Sol, temos: $v = 2\pi R/T$.

3) d. Os planetas são corpos celestes que orbitam em torno do Sol. Ademais, esses corpos têm forma arredondada, ou seja, apresentam equilíbrio estático. Essas são duas das principais características dos planetas do Sistema Solar.

4) e. O planeta Mercúrio é o mais interno do Sistema Solar, ou seja, é o mais próximo do Sol. Ele é um planeta de diâmetro pequeno, muito denso e formado por estruturas rochosas. Em Mercúrio, não há satélites naturais, como luas.

5) b. A teoria da nebulosa é a mais aceita para explicar a formação do Sistema Solar. Ela indica que a constituição do Sol e dos planetas derivou de uma grande nuvem de poeira e gás. Essa nuvem se formou ao longo de bilhões de anos e seria a principal responsável pela formação dos corpos celestes.

Evoluções planetárias

Reflexões meteóricas

1) Com a descoberta de um objeto perigoso, tem-se hoje quatro maneiras de amenizar o desastre. A primeira possibilidade envolve medidas regionais de evacuação do local de impacto. Uma segunda ação adota a estratégia de enviar uma espaçonave para voar perto de um asteroide, sendo ele de tamanho pequeno ou médio; a gravidade da nave mudaria lentamente a órbita do objeto perigoso. Para mudar o caminho de um asteroide ou cometa grande, é possível colidir com algo em alta velocidade ou usar a solução clássica de detonar ogivas nucleares em sua superfície.

2) Os asteroides, sendo remanescentes dos processos que levaram à formação do Sistema Solar, trazem em sua composição explicações da composição inicial do material que constituiu o Sistema Solar.

Práticas solares

1) $L_j = M_j\sqrt{GM_\odot a} = 2\times 10^{50}\,gcm^2\,s^{-1}$.

   Esse resultado implica que a segregação substancial de massa e momento angular deve ter ocorrido durante (e subsequente ao) processo de formação estelar.

2) II, III, VI, VII.

Capítulo 4

Autodescobertas em teste

1) A profundidade óptica pode ser definida p τ r
   $$d\tau = -K_R dr$$

   $$\frac{dT^4}{dr} = \frac{dT^4}{dT}\frac{d\tau}{dr} = \left(\frac{3}{4}T_{ef}^4\right)(-k_R)$$

   Em que k_R é o coeficiente médio de Rosseland. O fluxo total é

   $$F \simeq \sigma T_{ef}^4 = \frac{ac}{4}T_{ef}^4$$

   Em que:

   $$a = \frac{4\sigma}{c} = 7,57\times 10^{-15}\,ergcm^{-3}K^{-4}$$

   Usando estas equações:

   $$-\frac{3}{4}k_R\frac{4F}{ac} = \frac{dT^4}{dr}$$

   $$F = -\frac{ac}{3k_R}\frac{dT^4}{dr} = -\frac{4ac}{3k_R}T^3\frac{dT}{dr}$$

2) Da equação de continuidade
$$dM = 4\pi r^2 \rho \, dr$$

$$E_t = \frac{3}{2}\int_0^R \frac{P(r)}{\rho(r)} 4\pi r^2 \rho(r)\,dr = 6\pi \int_0^R P(r) r^2\,dr$$

Integrando por partes com
$P = u$, $dP = du$
$r^2 dr = dv$, $v = \dfrac{r^3}{3}$
obtemos

$$\int_0^R P(r) r^2\,dr = \left[\frac{P(r) r^3}{3} - \int \frac{r^3}{3}\,dP\right]_0^R$$

$$E_t = 6\pi \left[\left(\frac{P(r) r^3}{3}\right)_0^R - \int_0^R \left(\frac{r^3}{3}\right)\left(-\frac{GM\rho(r)}{r^2}\right)dr\right]$$

Em que usamos a equação de equilíbrio hidrostático. O primeiro termo do segundo membro é nulo, portanto:

$$E_t = 2\pi G \int_0^R M(r) \rho(r) r\,dr$$

3) a. Uma estrela com até 7 M☉, sendo 1 M☉ equivalente à massa do Sol, pode ser considerada de baixa massa. Ela pode queimar por bilhões de anos, realizando a fusão de elementos em seu interior.

4) c. O sol passará cerca de 10 bilhões de anos na sequência principal. Uma estrela 10 vezes mais massiva permanecerá por apenas 20 milhões de anos.

Uma anã vermelha, que tem metade da massa do Sol, pode durar de 80 a 100 bilhões de anos, o que é muito mais do que a idade do Universo, que é de 13,8 bilhões de anos.

5) d. Betelgeuse é uma estrela muito grande, luminosa e fria, classificada como uma supergigante vermelha de tipo espectral M1-2 Ia-ab.

Evoluções planetárias

Reflexões meteóricas

1) No ciclo de vida das estrelas, o Sol passará por isso e a fusão nuclear parará no centro. Em decorrência da gravidade, o Sol colapsará e se tornará uma anã branca.

2) Os astrônomos antigos dividiram as estrelas visíveis em classes de magnitude em vez de medir o brilho em relação ao fluxo, principalmente por causa da resposta não linear do olho humano à intensidade da luz. Isso significa que uma estrela que tem um fluxo observado dez vezes maior do que uma estrela vizinha não parecerá dez vezes mais brilhante ao olho humano. A resposta não linear do olho humano torna difícil e impraticável a medição da intensidade da luz em relação ao fluxo. Por isso, os astrônomos antigos desenvolveram um sistema de classificação que mede melhor o brilho em relação ao olho humano. Nesse sistema, as estrelas são divididas em classes de magnitude aparente, que são baseadas na aparência

visual das estrelas, e é medida a luminosidade percebida pelo olho humano em vez da intensidade real da luz. O sistema de magnitude aparente ainda é usado hoje em dia como uma medida prática do brilho das estrelas, mas os astrônomos também usam outras técnicas e outros equipamentos para medir o fluxo real de luz das estrelas.

Práticas solares

1) A relação entre a energia emitida pelas reações termonucleares e a famosa fórmula de Einstein, $E = \Delta m c^2$, é que a energia liberada na reação nuclear é igual à diferença de massa entre os reagentes e produtos da reação multiplicada pelo quadrado da velocidade da luz. Essa fórmula é uma das mais famosas da física e estabelece que massa e energia são equivalentes e intercambiáveis. Portanto, em uma reação nuclear, a massa inicial dos reagentes é convertida em energia, e a quantidade de energia liberada é proporcional à quantidade de massa convertida de acordo com a fórmula $E = \Delta m c^2$, em que E representa a energia liberada, Δm é a diferença de massa entre os reagentes e produtos, e c é a velocidade da luz no vácuo.

2) Existem dois fatores principais que determinam o brilho de uma estrela no céu. A luminosidade de uma estrela é a quantidade total de energia que ela emite por unidade de tempo. A luminosidade é determinada pela taxa de fusão nuclear no núcleo da estrela, que,

por sua vez, depende de sua massa e idade. Estrelas maiores e mais quentes tendem a ser mais luminosas. A distância da estrela em relação à Terra é outro fator importante que determina seu brilho aparente no céu. A quantidade de luz que uma estrela emite é distribuída igualmente em todas as direções, e a intensidade da luz diminui com o quadrado da distância. Isso significa que, à medida que uma estrela se afasta da Terra, sua luz é espalhada por uma área cada vez maior e sua intensidade aparente diminui. Por outro lado, uma estrela mais próxima da Terra, independentemente de sua luminosidade, aparecerá mais brilhante no céu.

3) Os sete tipos espectrais básicos, em ordem do mais quente para o mais frio, são: O (azul), B (azul-branco), A (branco), F (amarelo-branco), G (amarelo), K (laranja) e M (vermelho).

Capítulo 5

Autodescobertas em teste

1) A Via Láctea integra a classe de galáxias que normalmente apresentam um bojo central e um disco composto basicamente de estrelas, gás e poeira. Atualmente, é no disco que se mantém praticamente toda a atividade de formação estelar. Nas espirais, ditas *normais* e indicadas pelo símbolo S, os braços espirais se estendem até praticamente atingir a região central. Nas espirais barradas (SB), os braços

se originam a partir de uma barra que se estende até o centro. As galáxias espirais são classificadas em Sa, Sb e Sc, ou SBa, SBb, e SBc, dependendo do grau de abertura dos braços.

2) Em cosmologia, *filamento cósmico* é uma estrutura onde se organizam as galáxias. Tratam-se das maiores estruturas conhecidas no Universo, consistindo em paredes de superaglomerados de galáxias ligados gravitacionalmente. Essas formações maciças semelhantes a fios podem atingir a ordem de 160 a 260 milhões de anos-luz e formam os limites entre grandes vazios.

3) a
4) d
5) a

Evoluções planetárias

Reflexões meteóricas

1) *Aglomerado globular* é a denominação dada a um tipo de aglomerado estelar cujo formato aparente é esférico e cujo interior é muito denso e rico em estrelas antigas, podendo, inclusive, ter até um milhão de estrelas, mantidas juntas pela ação da gravidade.

2) Um vazio é uma grande região do espaço na qual existem relativamente poucas galáxias.

Práticas solares

1) Inicialmente mostre que $V^2 = (GM)/R$. Logo,

   $M = (V^2 R)/G = (220 \times 10^3)^2 \times 2{,}464 \times 10^{20}/ 6{,}67 \times 10^{-11} = 1{,}79 \times 1.041$ kg $= (9 \times 10^{10}) \times$ (massa do Sol)

   A distribuição de matéria na galáxia não está toda concentrada no centro, como foi suposto. Além disso, há muita matéria nas regiões da galáxia além de 8 kpc, a qual não foi contabilizada neste cálculo.

Capítulo 6

Autodescobertas em teste

1) Quando uma estrela massiva explode, ela distribui pelo espaço elementos necessários para a vida, como carbono, nitrogênio e oxigênio. As fusões entre duas estrelas de nêutrons, dois buracos negros ou uma estrela de nêutrons e um buraco negro também espalham elementos como estes, que podem um dia se tornar parte de novos planetas. As ondas de choque de explosões estelares também podem desencadear a formação de novas estrelas e novos sistemas estelares. Então, em certo sentido, devemos nossa existência na Terra a explosões e eventos de colisão que formaram buracos negros há muito tempo.

2) O exoplaneta mais próximo da Terra foi descoberto no verão passado. Acontece que está em torno de nossa estrela mais próxima, Próxima Centauri, cerca de quatro anos-luz de distância. Mas não faça as malas

tão cedo! Com nossa tecnologia atual, levaria talvez 80.000 anos para chegar lá! É assim que as estrelas estão distantes umas das outras. Talvez um dia desenvolvamos tecnologia para realmente voar até lá e dar uma olhada por nós mesmos.

3) e
4) b
5) a

Evoluções planetárias

Reflexões meteóricas

1) A explicação do interior dos buracos negros vem da teoria da relatividade geral. Se observarmos um buraco negro de longe, só poderemos ver regiões fora do horizonte de eventos, mas, se alguém caísse ali, experimentaria outra "realidade". No horizonte de eventos, sua percepção do espaço e do tempo mudaria completamente. Os buracos negros distorcem o espaço e o tempo devido à sua alta densidade. Isso causa algo conhecido como *dilatação do tempo gravitacional*. Se você observar à distância um objeto que cai em um buraco negro, verá esse processo em velocidade reduzida. O objeto também parecerá diminuir à medida que se aproxima do horizonte de eventos, levando um tempo aparentemente infinito para alcançá-lo.

2) A principal diferença é que a emissão de rádio dos magnetares é geralmente irregular e variável, enquanto a emissão de rádio dos pulsares regulares é regular e consistente.

3) A forte emissão de raios X dos magnetares é causada pela liberação repentina de energia magnética armazenada no campo magnético extremamente forte da estrela.

Práticas solares

1) Alguns exoplanetas se parecem com a Terra, mas outros são semelhantes aos planetas Júpiter e Saturno. Ainda, muitos exoplanetas têm órbitas bastante excêntricas, ao passo que a Terra tem uma órbita quase circular. Um planeta com uma órbita excêntrica a uma distância variável da estrela passa mais tempo na região mais distante, de acordo com a Segunda Lei de Kepler.

2) Até o momento não se pôde detectar a existência de vida e de condições à vida. Existem centenas de bilhões de estrelas na nossa galáxia, e no Universo existem centenas de bilhões de galáxias (cada uma com bilhões de estrelas). Além disso, ao menos 75 % das estrelas são acompanhadas de planetas com um grande número na zona habitável. É, então, muito difícil pensar que as condições e os processos que conduziram a aparição da vida na Terra não possam ser encontrados em outros planetas fora do Sistema Solar.

3) É verdade que nenhuma luz, de qualquer tipo, pode escapar do horizonte de eventos de um buraco negro, o que os torna invisíveis. No entanto, se ele for ativo, ou seja, estiver se alimentando de qualquer tipo de matéria, muita coisa observável acontece ao redor deles. Por exemplo, o gás é sugado pelo buraco negro; a matéria é esticada e começa a girar ao redor dele antes de cair no horizonte de eventos e, nesse processo, essa matéria emite raios X que podem ser detectados.

4) Não há como um buraco negro devorar uma galáxia inteira, porque o alcance gravitacional dos buracos negros supermassivos existentes no meio das galáxias não é grande o suficiente para alcançar todos os objetos da galáxia. Na verdade, ele não consegue nem mesmo engolir as estrelas mais próximas do centro galáctico.

5) A poeira interestelar é composta por pequenas partículas, como grãos de silicato e de carbono, que se encontram no meio interestelar. Ela pode ser detectada por meio da absorção e da dispersão da luz emitida por estrelas e galáxias distantes, causando um escurecimento e um avermelhamento da luz observada. Outra maneira de detectar a poeira interestelar é por meio da sua emissão de radiação infravermelha, que é captada por telescópios especializados.

Sobre o autor

Anderson de Oliveira Ribeiro é doutor (2010-2014) e mestre (2008-2014) em Astronomia pelo Observatório Nacional; mestre (2021-2023) em Engenharia de Produção pela Universidade Federal Fluminense (UFF); e bacharel em Física (2004-2008) pela Universidade do Estado do Rio de Janeiro (UERJ). Conduziu pesquisa de pós-doutorado no Observatório Nacional, trabalhando no projeto J-Plus nos anos de 2014 e 2015. Também participou do programa institucional de bolsas de doutorado sanduíche no exterior, realizado no Complexo Astronômico El Leoncito (CASLEO) em San Juan, na Argentina. Em 2023, foi homenageado com o asteroide número 31412 Andersonribeiro pela União Astronômica Internacional. Atuou como professor auxiliar na UERJ entre 2010 e 2012 e atua como professor no Centro Universitário Geraldo Di Biase, lecionando nos cursos de Engenharia de Produção e Engenharia Mecânica, e no Departamento de Ciências Exatas da Escola de Engenharia Industrial Metalúrgica de Volta Redonda da UFF. Tem experiência na área de astronomia, com foco em astrofísica do Sistema Solar, com ênfase nos seguintes temas: Sistema Solar, Dinâmica de Pequenos Corpos do Sistema Solar e Análise de Dados Fotométricos.

Os papéis utilizados neste livro, certificados por instituições ambientais competentes, são recicláveis, provenientes de fontes renováveis e, portanto, um meio responsável e natural de informação e conhecimento.

MISTO
Papel | Apoiando
o manejo florestal
responsável
FSC® C103535

Impressão: Reproset